超声速/高超声速边界层的转捩机理及预测

周 恒 苏彩虹 张永明 著

谨以此书恭贺母校天津大学(原北洋大学)120周年华诞

科学出版社
北 京

内 容 简 介

本书主要研究超声速/高超声速边界层的转捩机理及预测。其中，第 1 章研究转捩机理，即转捩过程中的什么物理过程导致转捩过程具有突变的性质。第 2 章研究转捩预测问题，即如何预测转捩发生的位置。这是正确预测飞行器气动力和气动热的前提。第 3 章介绍一种在转捩问题研究中很有用的数学方法，即抛物化稳定性方程方法。第 4 章对与转捩问题有关，但又不够成熟和系统化的感受性问题，进行综合性的概述。

本书可供航空航天部门及从事空气动力计算和研究的技术人员阅读，也可作为高等院校空气动力学等专业的教师、研究生及科研单位的相关研究人员的参考书。

图书在版编目(CIP)数据

超声速/高超声速边界层的转捩机理及预测/周恒，苏彩虹，张永明著.
—北京：科学出版社，2015
ISBN 978-7-03-043482-1

Ⅰ.①超… Ⅱ.①周…②苏…③张… Ⅲ.①超声速边界层-边界层转捩-研究②高超声速边界层-边界层转捩-研究 Ⅳ.①O354.4②O357.4

中国版本图书馆 CIP 数据核字(2015)第 038235 号

责任编辑：裴 育 / 责任校对：桂伟利
责任印制：徐晓晨 / 封面设计：蓝正设计

科学出版社 出版
北京东黄城根北街 16 号
邮政编码：100717
http://www.sciencep.com
北京建宏印刷有限公司 印刷
科学出版社发行 各地新华书店经销
*
2015 年 3 月第 一 版 开本：720×1000 1/16
2021 年 2 月第三次印刷 印张：13 1/2 插页：1
字数：263 000

定价：128.00元

(如有印装质量问题，我社负责调换)

前　　言

转捩问题的研究可以追溯到19世纪末。1883年，Reynolds通过圆管中的流动实验发现管中流动存在层流和湍流两种流态，在雷诺数较小时为层流，而在雷诺数增加并超过一定值（即临界雷诺数）时则变为湍流。随之转捩问题就和湍流问题同时出现。前者关注的是在雷诺数变大时层流为何及如何变为湍流，后者关注的是湍流的本质是什么。起初对这两个问题感兴趣的只是科学家，特别是对转捩问题，因为当时的工程技术界并没有感觉到转捩问题的重要性。

最先感受到转捩问题对其发展有重要意义的是航空技术。而近年来随着航天技术向近空间的发展，转捩问题日益受到人们的重视。但迄今为止，转捩预测问题仍然是一个尚未完全解决的问题。

作者从20世纪80年代开始，对流动稳定性的线性和非线性理论做了较多的工作，主要是针对不可压缩流。有些成果已写入周恒和赵耕夫合著的《流动稳定性》一书中。近十几年来，作者转而研究超声速/高超声速边界层的转捩问题。在转捩过程的机理、转捩预测、抛物化稳定性方程在转捩问题研究中的应用等几个方面，取得了若干成果。本书主要就是讲述这几个方面的成果。

作者已发表了17篇与本书内容有关的论文，它们实际上就是本书的基础。由于牵涉到的问题复杂，之前也没有人进行过类似工作，所以今天回头再看，这17篇文章难免有不足或疏忽之处。对此，书中尽可能地做了一些补充计算和分析。

本书由天津大学周恒、苏彩虹、张永明共同撰写而成，其中苏彩虹的研究工作主要反映在第2章中，张永明的研究工作主要反映在第3章中，在补充计算上苏彩虹也做了大量的工作。此外，还要特别提到罗纪生，本书很多工作中牵涉到的数值计算问题，或是他人在罗纪生的帮助及指导下解决的，或是由罗纪生本人直接解决的，对本书内容也做出了重要的贡献。本书第4章所涉及的是迄今尚未有系统性成果的一个领域，作者在此方面也没有做过系统性的工作，因此其主要内容是专门约请英国帝国理工学院的应用数学家吴雪松（Xuesong Wu）教授撰写的。在此对罗纪生及吴雪松教授表示感谢。

本书主要是针对对转捩预测有需求的工程技术人员以及对转捩预测问题的研究有兴趣的高校师生和研究人员而写的。对读者来说，只要学过流体力学，并对流动稳定性理论（主要是线性稳定性理论）有所了解，阅读第1、2章就没有太大的困难。第3章是有关转捩预测研究的一个有用的方法，适合从事转捩预测研究工作的读者阅读。第 4 章是一个综述性的内容,目的是让读者对感受性问题有一些基本的了解。书中各章内容之间互有联系,又相对独立。如果只对其中某一方面感兴趣,读者可以直接选读对应章节。

本书的出版得到了中国科学院学部工作局的资助,作者对此深表感谢。

目　　录

第 1 章　转捩过程的机理

1.1　转捩及其预测问题的概述

转捩问题的研究可以追溯到 19 世纪末，它是和湍流问题同时出现的。其中心问题是流动的雷诺数变大时层流为何及如何变为湍流。起初对这个问题感兴趣的只是科学家，因为当时的工程技术界并没有感觉到转捩问题的重要性。

解决转捩的科学问题，最初是以流动稳定性问题的形式出现的。人们认为，外界的扰动会通过某种途径进入管中，如街道车辆的行驶会引起地面的振动，从而在管内引发某种形式的扰动而影响管中的流动。如果被引发的扰动不断增大，则最终将导致转捩。反之，如果扰动衰减，则不会引发转捩。的确，在采取措施尽量隔离外界的扰动后，可以大大推迟转捩的发生。因此，研究层流中扰动的稳定性，成为解决转捩问题的重要一步。1908 年，Orr 和 Sommerfeld 提出了研究流动中小扰动稳定性的方程，即现在人们熟知的 Orr-Sommerfeld 方程（O-S方程），它是流动稳定性线性理论的基石。

1904 年，Prantdl 提出了边界层的概念。但直到十几年后，人们才逐步广泛地认识到其重要性。随之发现边界层的流动同样存在层流和湍流两种流态，并相应地将对 O-S 方程的研究和边界层流结合起来。Prandtl 本人也曾对流动稳定性问题做过研究。而且，他第一个指出，人们长期以来认为黏性总是有利于稳定的概念，在流动稳定性问题中并不正确。

对 O-S 方程的研究并不是一帆风顺，其中出现的一个参数，即雷诺数通常很大，使得方程的解的性质很复杂。直到 1924 年，当时还是 Sommerfeld 指导下的博士，后来成为著名物理学家的 Heisenberg 才在其博士论文中，针对平面槽道流论证了在雷诺数很大时 O-S 方程确实有不稳定解。1929 年，Prandtl 的学生 Tollmien 具体算出了平板边界层的临界雷诺数，随后在 1933 年 Schlichting 也在这个问题上做出了贡献。由于这种解的数学形式表达了一种行进波，这种波就被称为 Tollmien-Schlichting 波（T-S 波）。但即使如此，关于 O-S 方程数学性质的研究仍未完成。著名华裔学者林家翘（C. C. Lin）在这方面有很大的贡献。他在 1945 年连续发表了三篇有关这方面的文章，基本解决了这一问题。之后虽然还有人在线性稳定性理论上做工作，但主要是在数学上尽量完善其理论，对流动稳定性理论后来的发展已没有很大的影响了。

到那时为止，针对槽道流及边界层流，人们已找到线性稳定性理论的临界雷诺数，即小于该雷诺数时，所有的小扰动都是稳定的，而大于该临界雷诺数时，存在不稳定的小扰动。但对圆管流，则找不到临界雷诺数，看起来所有的小扰动都是稳定的，也无法从数学上加以证明。但无论是哪种情况，临界雷诺数都和实验中雷诺数增大而发生转捩时的雷诺数没有直接关系。例如，槽道流的理论临界雷诺数约为5720(以半槽道宽及槽道中心层流流速为参考量)，而实验中雷诺数到1000时就有可能发生转捩。对边界层流，临界雷诺数约为1700(以边界层名义厚度及来流速度为参考量)，而实验中发生转捩时的雷诺数非常分散。对圆管流，虽然似乎临界雷诺数(以圆管半径及圆管中心层流速度为参考量)应是无穷大，但在一般的实验中雷诺数在2000左右就可能发生转捩。而在采取了尽可能减少外界扰动的措施后，如对实验台采取严格的隔振措施，对实验管道供水水箱中的水经长期摆放，直到几乎完全静止以减小其中残余的扰动，管道和水箱的连接口尽量做得光滑等，则转捩发生时的雷诺数可以达到十万的量级。

为了解决这些矛盾，人们试图通过发展流动稳定性的非线性理论来说明问题。到20世纪80年代，主要的非线性理论有Stuart的弱非线性理论，Herbert的二次不稳定性理论，Craik的三波共振理论，Kachanov的一般共振理论等。有关问题可参考周恒和赵耕夫合写的《流动稳定性》一书。但所有这些理论，也只是说明了从层流到湍流的转捩问题的一部分现象。

从工程技术界的角度讲，直到第二次世界大战结束，并没有对转捩问题有很大兴趣。到20世纪50年代，较大型的民用客机开始得到发展。由于飞机所受的阻力影响了油耗，而飞机所受的阻力中，摩擦阻力约占总阻力的一半。而层流边界层和湍流边界层所产生的摩擦阻力相差很多，因此边界层转捩预测问题开始受到重视。要正确预估飞行器所受阻力，首先就要正确预测转捩位置。而且在某些飞行状态，如当飞机的攻角稍大时，机翼后部边界层可能出现分离，而分离在何处发生则和其前面的边界层是否已转捩及转捩位置有关。而转捩位置和分离位置都会影响到气动升力和力矩，因此转捩预测受到了航空技术界的重视。

由于航空技术界对转捩预测的关注，相应地就有人提出了基于线性流动稳定性理论的转捩预测方法，即现在熟知的e^N方法。

但是，真正将这一方法用于解决具体的工程实际问题，却不是当时就能做的。因为首先，该方法要计算很多不同波数和频率的不稳定波的增长倍数，这就要解很多次O-S方程的特征值。这在还没有高速计算机以及适用的计算方法前，是无法实际操作的。其次，如前面已经提到过的，线性稳定性理论和实际转捩雷诺数并没有直接的联系，因此即使解决了计算问题，仍然无法解决转捩预测问题。

20世纪70年代，计算机技术进入大规模集成电路时期，各种计算方法也得到飞速发展;到80年代初,就有了快速有效地计算O-S方程特征值的方法,于是基于e^N方法的转捩预测方法才有可能被用于实际问题中。但在对转捩问题研究的深度不够的条件下,只能在很大程度上加上实验或经验,才能在线性稳定性计算的基础上提出半经验的转捩判据。此外,转捩的实验也是很难做的,特别是对跨声速和超声速的情况。不仅对风洞本身的背景扰动有很高的要求,而且从风洞结果推测飞行条件下的结果也缺乏可靠的模型律。另外,这种判据没有普适性,要针对每一类问题专门做实验,才能给出新的转捩判据。但即使如此,从公开发表的文献看,迄今为止,西方发达国家的航空界,基本上都用这一方法做飞机边界层的转捩预测,而且认为这是唯一一个在理论上还说得过去的方法。

在20世纪70年代以前,航天技术还主要集中于火箭技术,转捩预测并不是他们很关注的问题。因为火箭上升及其搭载物返回大气层时在大气层中飞行时间都很短,阻力预测准确度对其发展影响较小。从热防护设计的角度看,虽然在火箭搭载物返回大气层后,有热防护设计问题,且层流边界层和湍流边界层的热传导系数相差很大,似乎转捩预测很重要。但在返回过程中,总会经历一个边界层全部是层流,然后从后部开始发生转捩,且转捩位置很快向前移动,导致几乎全部是湍流的过程。在做热防护设计时,为了可靠,总是会按全湍流设计,实际上转捩预测对热防护设计的影响也不大。但美国在20世纪70年代,就开始了能在大气层中做长距离飞行的高超声速飞行器的研制,这使得他们从那时候起,开始重视高超声速飞行器边界层的转捩预测研究。他们采用了理论、计算、实验(包括风洞和飞行实验)高度结合的方法,做了大量的工作,积累了大量实验结果。即使如此,在2006年的*Annual Review of Fluid Mechanics*上有一篇文章"Critical Hypersonic Aerothermodynamic Phenomena",其中引了美国NASA著名科学家Bushnell在1997年的一篇文章中所说的话:"历史上人类在预测所有高超声速(甚至超声速)飞行器的转捩时几乎从来没有成功过。"可见至少到2006年,他们仍然认为转捩预测问题远未解决。

我国从20世纪50年代开始接受了钱学森先生的建议,先集中力量发展航天技术,主要是火箭技术,航空技术没有成为发展重点。因此,航空技术在很长一段时间内,主要是从苏联购买飞机和引进部分技术,而民用航空几乎没有自主的发展。到20世纪80年代,开始从西方国家购买民用客机,军用技术也开始自主发展,近年来又开始研发大飞机,这使得我国的航空界开始重视边界层转捩预测问题。而现在,我国也已开展能在大气中长距离飞行的高超声速飞行器的研制,于是航天界也对转捩预测有了实际需求。但我国在这方面的基础比较薄弱。虽然过去在高等学校里有一些人研究流动稳定性,但仅限于理论研究,没有和工程实际问题相结合。而在工程技术界,更没有人从事有关的研究。因此,缺乏像美国那样的高校、研究单位、工程技术研发部门紧密结合,以及理论、计算、实验紧密结合的合理体制，急需从各个方面加强改进。

下面简要说明转捩问题到底包含哪些内容，为什么是一个难题。

一般认为，转捩是由流动中的扰动失稳导致的。由小扰动失稳导致的转捩称为自然转捩。飞行器边界层在高空低背景扰动环境下发生的转捩一般就属于自然转捩。图 1.1.1 显示了平板边界层中自然转捩的过程，它包括几个具有不同特征的阶段。

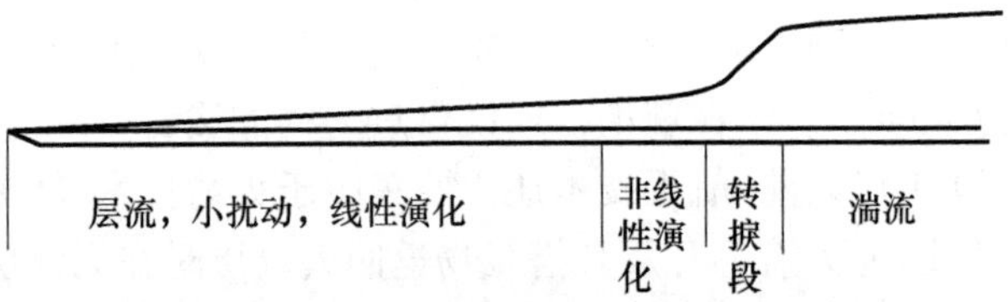

图 1.1.1 平板边界层中转捩发生的过程

(1) 感受阶段：自由流中的扰动通过某种途径在平板边界层内触发了相应的扰动。如果其幅值很小，则按流动稳定性理论，将以行进波即 T-S 波的形式出现。此时流动仍是层流。

(2) 层流中扰动的演化：在扰动幅值很小时，其演化属于线性阶段。如果边界层相对于这种扰动是不稳定的，扰动幅值将增长。在此阶段，可以认为各个不同的波独自演化，互不干扰，层流剖面也不受影响。当幅值增长到一定大小时，非线性因素将起作用。此时波与波之间将相互影响，波与平均流也相互影响，并使平均流剖面发生变化。

(3) 转捩段：表现为扰动幅值急剧增大，频谱急剧变宽，层流剖面迅速转变为湍流剖面。相应地，壁面摩擦系数也将急剧增加，可达数倍之多。而对高超声速边界层，壁面热传导系数在转捩过程中也会有数倍的跃增。

转捩问题的研究，就是要从科学上说明这三个阶段的规律，并找到预测转捩位置的方法。

如果在边界层中一开始就存在较大的扰动，以至于从扰动被引发(通过某种感受性)到转捩之间，没有一个扰动缓慢演化的过程，即没有上述第二阶段的过程，则这种转捩被称为 bypass 转捩。本书的研究主要是在自然转捩方面，只在个别问题上牵涉到 bypass 转捩问题。

一百多年来，人们对上述第二阶段的问题研究得最多，至少在小扰动线性化理论，可以说已基本弄清楚了。但非线性演化阶段虽然经过多年研究，也提出了若干个理论，如弱非线性理论、二次失稳理论、谐波共振理论，但还不能说已穷尽了各种可能。第一阶段的问题，则从 20 世纪 80 年代起，才开始引起人们的注意。对不可压缩边界层的感受性问题研究得已较充分，对超声速/高超声速边界层的感受性问题，也有一些进展。但要将结果用到实际转捩预测中，不但还需做更充分的基础研究，而且必须知道实际背景扰动的特征。对飞行器问题来说，目前公开的资料中，没有见到通过实际飞行实验得到的数据，甚至连扰动幅值大小的平均值都没有，更不要说其尺度及频率的分布等更细致的资料了。而没有这些资料，即使感受性问题从科学上来说已经研究得很充分，也无法将其用于解决实际问题。

对于第三阶段的问题，通常被描述如下：非线性作用导致越来越多的谐波被激发，使流动变得越来越复杂，而流动的复杂性正是湍流的特征。因此，非线性导致的流动复杂化就是转捩的原因或根本机理。

但这一说法并没有解决问题，因为：

(1) 非线性作用的确导致更多的谐波被激发，但它并不能直接使扰动总能量急剧增长，而只是使扰动能量在各谐波间重新分配(这一点在后文会有说明)。

(2) 湍流和层流在平均流剖面上有巨大的差别，而转捩是层流剖面快速变为湍流剖面的过程。层流剖面可以很快地变为湍流剖面的原因，并不能简短地用非线性作用导致更多的谐波被激发来解释。因此，在转捩段起根本性作用的因素是什么，或转捩的机理是什么，还需要有另外一种更有说服力的解释。

至于转捩预测问题，则需要有一个扰动演化到何等程度转捩开始的判据。这一判据应该尽可能地不依赖或少依赖于经验。

本章研究的问题是转捩过程的机理。转捩过程是指从层流快速转为湍流的过程，对应于图 1.1.1 中的转捩段。这一段通常很短，约几十个名义边界层厚度，流动的性质却发生了根本性的变化。从层流段中扰动的有规则流动，变为湍流段中扰动的随机或具有混沌性质的流动，伴随着的是平均流剖面的快速变化，壁面摩擦系数和扰动能量的急剧增加。如果是高超声速边界层，则还有壁面热传导系数的急剧增加。

在这一段中究竟发生了什么，使得上述快速变化得以出现，即什么是转捩的根本机理？本章的主要内容针对的就是这一问题。

1.2　平面槽道流的转捩机理

王新军等最早研究了不可压缩平面槽道流的转捩机理[1]。

本书主要关注超声速、高超声速边界层转捩，似乎与不可压缩槽道流无关。但不可压缩槽道流是一种最简单的有转捩问题的流动，而且有精确的扰动能量方程和O-S 方程特征值问题的展开定理可被用来分析和解释转捩过程中的现象。这可以作为说明其他转捩问题的基础，因此要首先讨论这一问题。

本书采用的研究方法是，用直接数值模拟(DNS)方法模拟整个转捩过程，然后分析在转捩段中的现象，寻找该过程的内在机理。

平面槽道流也称为平面 Poiseuille 流。由于它是平行流，可以用时间模式 DNS。在流向和展向取一定长度作为计算域，并在这两个方向上取周期性条件。

计算域在流向和展向也要有足够的大小，以保证充分发展湍流得以存在。例如，为能反映近壁区的相干结构，流向长度要保证转捩为湍流后至少要相当于几千个黏性长度，展向也要有几百个黏性长度或甚至更大。因为充分发展湍流的相干结构平均流向长度约为 1000 个黏性长度，而近壁区的流向低速条纹间的展向间距平均值约为 100 个黏性长度。

这类的 DNS 现在已有很多学者做过，因此其具体做法，如采用什么格式和算法，如何验证网格是否足够密，如何给边界条件等，这里不再赘述，读者可以参考有关文献。

时间模式转捩的 DNS，要给定计算的初始条件。初始条件为层流速度加初始的扰动速度。这里所引入的扰动由三个 T-S 波组成，其初始速度的形式如下：

$$a_1 u_1(y) e^{i(\alpha_1 x+\beta_1 z)} + a_2 u_2(y) e^{i(\alpha_2 x+\beta_2 z)} + a_3 u_3(y) e^{i(\alpha_3 x+\beta_3 z)} \tag{1.2.1}$$

其中，x 是流向坐标，z 是展向坐标，y 是法向坐标；α_i 和 $\beta_i (i=1,2,3)$ 分别是 x 和 z 向的波数；$u_i=(\hat{u}_i,\hat{v}_i,\hat{w}_i)^{\mathrm{T}} (i=1,2,3)$ 是解层流剖面的 O-S 方程特征值问题得到的特征速度矢量，其归一化条件为 $\max|\hat{u}_i|=1$，$\hat{u}_i$ 是扰动的流向速度分量；$a_i (i=1,2,3)$ 是扰动幅值。式(1.2.1)写成复数形式，实际的波由其实数部分代表。

一共考察了 6 种情况，具体参数如表 1.2.1 所示。前两种初始扰动幅值很小，属于自然转捩；另外几种初始幅值较大或甚至很大。但是不管属于哪种转捩，在转捩段的特性是一样的，因此仅给出第一种情况的详细分析。

表 1.2.1 各种情况的初始扰动参数

情况	α_1	β_1	α_2	β_2	α_3	β_3	a_1	a_2	a_3	雷诺数 Re
1	1.0	0	0.8	0.6	1.0	0.3	0.002	0.002	0.002	8000
2	1.0	0	0.8	0.6	1.0	0.3	0.002	0.002	0.002	7000
3	1.0	0	0.8	0.6	1.0	0.3	0.08	0.08	0.01	8000
4	2.1	0	1.5	0.9	1.5	0.3	0.08	0.08	0.01	7000
5	2.7	0	2.1	0.9	1.5	0.3	0.08	0.08	0.01	7000
6	1.0	0	0.8	0.6	1.0	0.3	0.18	0.18	0.18	8000

表中的雷诺数，其速度和长度参考量分别是槽道层流速度剖面的中心速度和半槽宽。这时槽道流的临界雷诺数为 5772，因此所有的情况都可以有不稳定 T-S 波。每一组波中的前两个波是不稳定波。

对第一种情况，计算域在流向的长度为 $2\pi/0.2$，在展向的长度为 $2\pi/0.3$，都已用半槽宽无量纲化。对应于此计算域的基本波(即流向及展向波长正好与计算域流向和展向的尺度相同的波)，其流向及展向波数 α_0、β_0 分别为 0.2、0.3。

图 1.2.1(a)是与引入的第二个扰动波有相同波数，即流向和展向波数分别为 $4\alpha_0$(=0.8)和 $2\beta_0$(=0.6)的傅里叶分量在空间某点导致的速度 u 分量的时间演化曲线。在无量纲时间 $t=340$ 之前它是有规律地增长的，之后快速地变得不规则。图 1.2.1(b)给出不同时刻的平均流剖面。可以看出，直到 $t=340$ 时的平均流速度剖面与层流的抛物线形速度剖面还极为接近，之后明显偏离。图 1.2.1(c)中则显示壁面处的速度梯度从 $t=350$ 开始快速增长。图 1.2.1(d)中则显示湍流扰动能量从 $t=340$ 后开始快速增长。可以说，$t=340$ 或 350 是转捩开始时刻。到 $t=400$ 时或稍早，壁面速度梯度和扰动能量分别达到最大值，这可以说是转捩结束的时间。从图中还可以看到，从 $t=340$ 到 $t=400$，即在转捩段，平均流速度剖面中心区速度明显减小，而靠近壁面区速度有所增加，但增加值较小。这说明平均流总能量有较大的减小，这正好和此时段扰动能量的急剧增加相对应，即扰动能量的增加取自平均流。

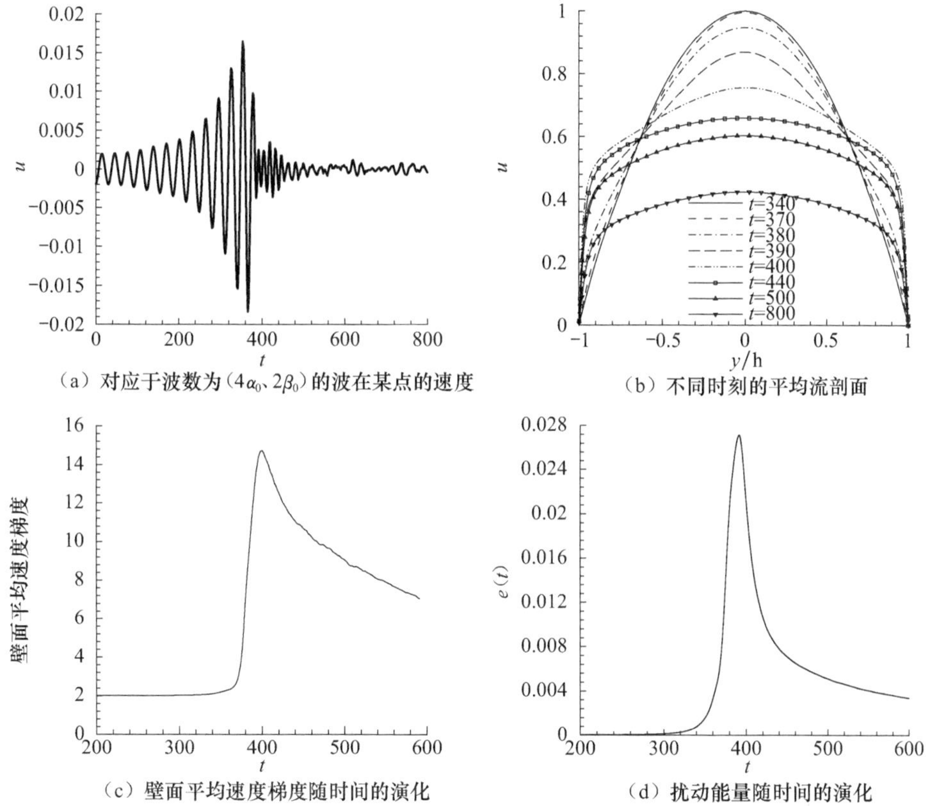

(a) 对应于波数为($4\alpha_0$、$2\beta_0$)的波在某点的速度　(b) 不同时刻的平均流剖面

(c) 壁面平均速度梯度随时间的演化　(d) 扰动能量随时间的演化

图 1.2.1　不同时刻几个物理量及平均速度剖面随时间的变化

图 1.2.2 显示了 $t=340$、$t=400$ 和 $t=800$ 时刻的某一 y-z 平面内的速度矢量分布。由图 1.2.2(a)可见，$t=340$ 时扰动还很有规律，还在层流阶段。$t=400$ 时转捩刚结束，扰动幅值很大。$t=800$ 时是在向充分发展湍流过渡中，扰动幅值有所减少。但后两个时刻有一个共同特点，即在靠近壁面的区域，扰动比在槽道中心区的大。这是典型的湍流特征，反映了在壁面区存在湍流相干结构。

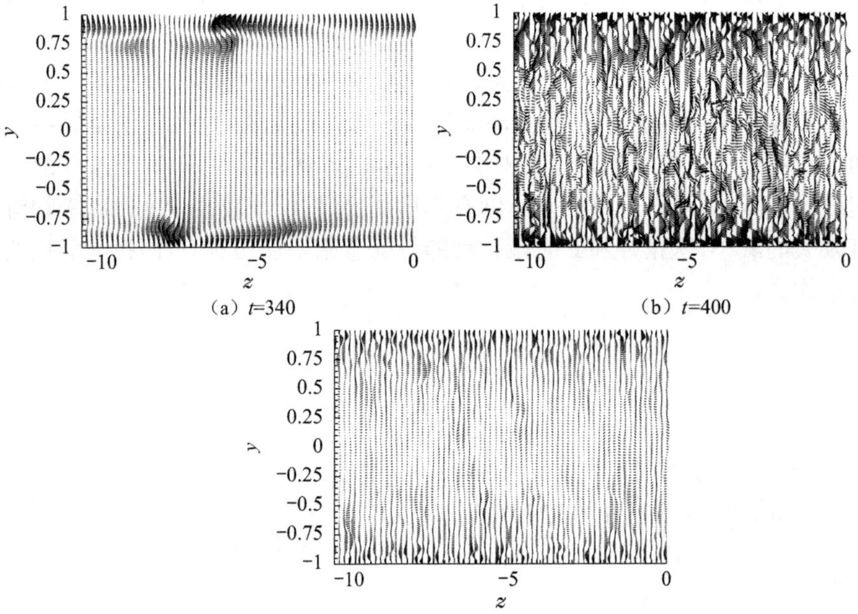

(a) t=340　　(b) t=400　　(c) t=800

图 1.2.2　不同时刻某一 y-z 平面的速度矢量图

对于(a)，实际矢量长度应为图中显示的 1/3

图 1.2.3 显示了对于一对给定的 x 和 z，扰动速度 w 的最大谱值。其中，图 1.2.3(a)对应于 $t=340$，这时还只有几个孤立的峰是可见的。图 1.2.3(b)对应于 $t=400$ 时的情况，转捩刚刚结束，这时扰动充斥了整个平面，表明所有的谐波几乎都被激发。图 1.2.3(c)对应于转捩已完成而进入湍流状态后的情景，这时的谱值分布更加均匀，但是与 $t=400$ 时刻相比，不同谐波的幅值却明显减小。

这里要说明的一点是，如果看图 1.2.3(b)和(c)，其中的各傅里叶分量的大小量级都相差不大，这反映了计算的分辨率不够高，或网格不够密。后来在将计算网格加密之后，高波数分量的大小就明显小于基本波的大小。但除此之外，对下面要分析的内容没有什么影响。这里仍保留原来的图，以免读者对照原始文献时会产生疑惑。而虽然分辨率看起来不够，但对湍流的很多重要性质没有本质影响，这实

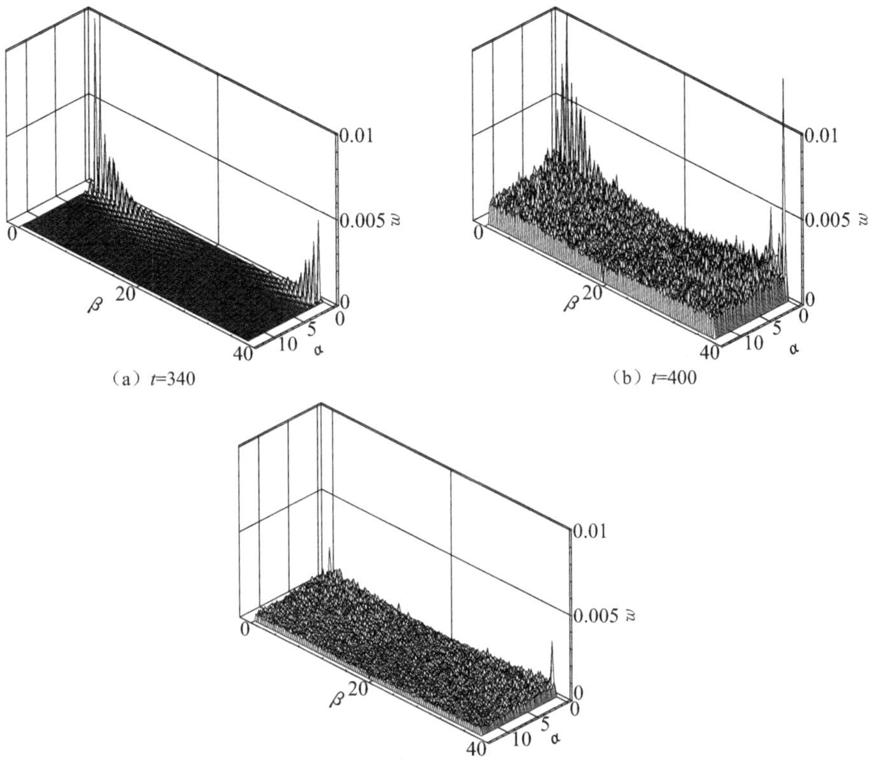

（a）t=340　　（b）t=400

（c）t=800

图 1.2.3　不同时刻 α-β 平面 $\max|w|$的傅里叶谱

对于每一对给定的 α、β，$\max|w|$是速度 w 的绝对值的最大值

际上反映了对湍流而言，小尺度结构对整个湍流性质的影响不大。特别是在工程师感兴趣那些性质上，决定湍流性质的是较大尺度的结构，特别是相干结构。

虽然在 $t=800$ 时刻，平均流剖面与湍流剖面已经非常相似，即在槽道中部已平坦化，如图 1.2.1(b)所示。并且壁面处的平均流速度梯度也已从其峰值迅速降了下来，如图 1.2.1(c)所示。但实际上还远没有达到湍流最终的平衡状态。而湍流最终的平衡状态是指平均流及湍流的统计特性不再变化的状态。

因为在 DNS 中采用了压力梯度不变的假设，所以湍流达到平衡状态，即其剖面不再变化时壁面处的平均速度梯度应为 2，与层流时的相同。这与后面将要讨论的边界层转捩情况有很大不同。在边界层转捩问题中，转捩成为湍流后，其壁面摩擦系数要显著地高于层流壁面摩擦系数。

转捩结束后流动之所以很长时间才能达到最终的平衡状态，是因为平均流的修正是被一个扩散方程所控制。由图 1.2.2(b)和图 1.2.3(b)可见，在转捩段中，扰动变得很大，相应地雷诺应力也很大，使得平均流剖面得以快速改变。而在转为湍流后，扰动幅值比在转捩段的小，因而达到充分发展湍流要经较长时间。

以上结果包括了一个以前并没有引起注意的事实，即在转捩段中，无论是与转捩前还是与转捩后相比，很多不同波数的波都被激发并很快地放大了。这实际上提出了一个新的问题，即导致这一现象的机理是什么，即转捩的机理是什么。这并不能简单地用不同谐波之间的非线性相互作用来解释，因为下面马上将说明，非线性作用对扰动总能量的瞬时增长率并没有影响。

由图 1.2.1 可以看出，在 $t=370$ 时，平均流剖面开始产生可以察觉的变化，而且有较弱的拐点出现。我们对转捩过程中 $t=375, 380, 385, 390$ 等时刻的平均流速度剖面的线性稳定性特征进行了分析，图 1.2.4 显示了以上各时刻的平均速度剖面及转捩前层流速度剖面在 α-β 平面中的中性曲线。对应于这些时刻的中性曲线所包围的不稳定区域，比层流剖面（图中标为 $t=0$ 的那条）的中性曲线所包围的不稳定区要大得多。而且，不仅不稳定区域放大了很多，扰动的最大放大率也增大了很多。相对于层流时的最大放大率 0.002735，以上各时刻的最大放大率分别为 0.00507、0.01570、0.01552 与 0.01791。不稳定区域的扩大以及放大率的增大正是如图 1.2.3(b)所示的众多谐波迅速增长的原因，也就是转捩的根本机理。

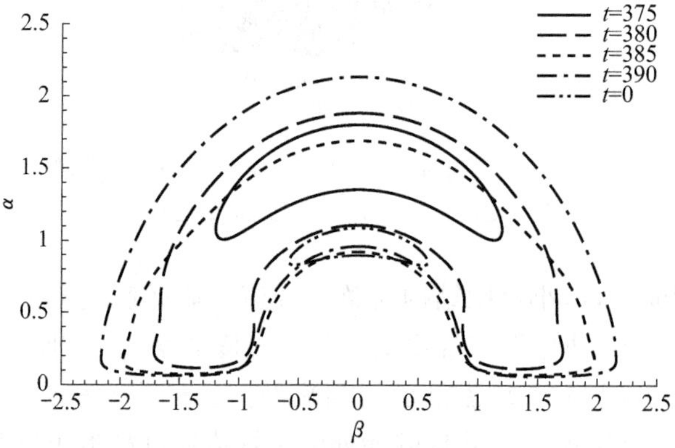

图 1.2.4　α、β 平面的中性曲线

$t=0$ 曲线对应层流情况

但是，用平均流剖面在线性稳定性理论下的不稳定区扩大及最大增长率增大，来解释转捩段的现象，从表面上看是说不通的，因为转捩过程显然是一个非线性过程。

但事实上，说明上述问题并非不可能。

首先，对于平面槽道流，流场在流向和展向都是周期性的条件下，可推导出下列扰动能量方程：

$$\frac{\mathrm{d}}{\mathrm{d}t}\iiint \frac{1}{2}(u'^2+v'^2+w'^2)\mathrm{d}x\mathrm{d}y\mathrm{d}z = -\iiint\left(u'v'\frac{\mathrm{d}\bar{u}}{\mathrm{d}y}+w'v'\frac{\mathrm{d}\bar{w}}{\mathrm{d}y}\right)\mathrm{d}x\mathrm{d}y\mathrm{d}z - \frac{1}{Re}\iiint\left\{\left(\frac{\partial v'}{\partial x}-\frac{\partial u'}{\partial y}\right)^2+\left(\frac{\partial w'}{\partial y}-\frac{\partial v'}{\partial z}\right)^2 + \left(\frac{\partial u'}{\partial z}-\frac{\partial w'}{\partial x}\right)^2\right\}\mathrm{d}x\mathrm{d}y\mathrm{d}z \tag{1.2.2}$$

其中，u'，v'，w'表示三个方向的扰动速度分量；Re 表示雷诺数；积分域是流向和展向各为一个周期，法向则从槽道的一侧壁面到槽道的另一侧壁面。

在推导这一方程时，无论是从完全的扰动方程出发还是从线性化的扰动方程出发，所得结果都是一样的。因此可以说，非线性作用对扰动总能量的瞬时增长率没有直接的影响，它对扰动能量的直接影响只是使得在不同扰动分量间传递能量，导致此消彼长，但总量的变化率不受影响。但这并不是说非线性作用不会对扰动总能量的增加有间接的作用。能量方程中右端第一项代表单位时间内扰动的雷诺应力对平均流 $\bar{u}$ 和 $\bar{w}$ 做功而得到的能量。而扰动的非线性作用则包含了扰动对平均流剖面的修正作用，也正因为这样平均流才会是时间的函数，而在线性问题中扰动对平均流没有影响。此外，在线性问题中，扰动的各个分量(各不同波数的波)都是相应的独立演化的 T-S 波，有自己的固定波形和增长率。而在非线性情况下，由于波与波之间的非线性相互作用，波形一般不是纯粹的 T-S 波的波形，增长率也不是单一的 T-S 波的增长率。在非线性作用下平均流剖面的改变，还会改变其对应的流动稳定性特征，如某些原来稳定的 T-S 波变得不稳定等。但无论如何，由扰动的不稳定性导致的扰动能量的增长，其能量的来源是平均流，而不是与其他扰动波的非线性相互作用。

将扰动速度展为傅里叶级数：

$$u'(x,y,z,t) = \sum_{m=1,n=1}^{\infty}\tilde{u}_{m,n}(y,t)\mathrm{e}^{\mathrm{i}(m\alpha_0 x+n\beta_0 z)}+\mathrm{c.\,c.} \tag{1.2.3}$$

其中，c. c. 表示共轭复数；$\tilde{u}_{m,n}$和 $\tilde{u}_{-m,-n}$互为共轭。

由于式(1.2.2)对速度分量是二阶齐次的，系数都与 x、z 无关，因此傅里叶级数的各项相互正交，总扰动能量增长率等于每一傅里叶分量的能量增长率之和。

而按照 O-S 方程的特征函数理论[2]，任何一个满足和特征函数同样边界条件的函数(扰动速度就满足这一条件)，都可以展为特征函数族的绝对和一致收敛级数，即可有

$$\tilde{u}_{m,n}(y,t_0) = \sum_{k=1}^{\infty}A_{m,n,k}f_{m,n,k}(y) \tag{1.2.4}$$

其中，$f_{m,n,k}(y)$为波数为 $m\alpha_0$ 和 $n\beta_0$ 的 O-S 方程特征值问题的第 k 个特征函数。而如果平均流是不变的，且扰动演化由线性化扰动方程控制，则进一步可得

$$\widetilde{u}_{m,n}(y,t)=\sum_{k=1}^{\infty}A_{m,n,k}f_{m,n,k}(y)\mathrm{e}^{(\omega_{m,n,k})_{\mathrm{i}}(t-t_0)} \tag{1.2.5}$$

其中，$\omega_{m,n,k}$是第k个特征值，下标i表示其虚部。将式(1.2.5)中的各项按$\omega_{m,n,k}$的虚部代数值的大小，即放大率的大小，从大到小排列，即第一项是最不稳定的项，则对槽道流而言，从第二项起就都是衰减的，而且衰减率都很大。因此，$\widetilde{u}_{m,n}(y,t)$中的第一项很快就会成为起决定性作用的项。也就是说，如果不考虑非线性作用，并假定平均流剖面不变，则式(1.2.3)中的每一项都会很快趋近于与波数$m\alpha_0$、$n\beta_0$对应的最不稳定的T-S波。而该项对应的扰动能量增长率是$2(\omega_{m,n,1})_{\mathrm{i}}$，这既可由特征值理论求得，也可以通过将与特征函数对应的速度代入能量方程(1.2.2)求得。从这两种方法可以得到同一结果还意味着即使平均流是变化的，但就瞬时能量增长率来说，仍可用线性稳定性理论的特征值来表达。

因此，非线性作用对扰动能量的瞬时增长率的影响就在于它会使式(1.2.5)中衰减很快的波重新被激发。也就是说，线性稳定性使得式(1.2.5)中的$\widetilde{u}_{m,n}(y,t)$很快趋近于右端的第一项，而非线性作用则使得式(1.2.5)右端很快衰减掉的波重新被激发。二者的共同作用既决定了可以用平均流剖面线性稳定性的不稳定区扩大来解释转捩的机理，又决定了这种解释不是绝对完善的。

再有，不应把扰动能量的瞬时增长率和扰动能量随时间的变化过程混为一谈。前者只取决于瞬时扰动速度及平均流速度，后者则还要看扰动速度及平均流速度本身的演化。对流动的演化过程而言，非线性作用是不能忽略的。因为扰动速度及平均流速度的演化是由完全的扰动方程控制的，而不能仅由线性化的扰动方程求得。

事实上，非线性作用会使得平均流不断被修正，而且导致不同傅里叶分量中有能量传递，其表现为$\widetilde{u}_{m,n}(y,t)$的形状不断变化，即式(1.2.5)中的衰减掉的项不断被重新激发。而式(1.2.2)中的$\bar{u}$和$\bar{w}$则随时间不断变化。但从DNS的结果看，在转捩段$\bar{u}$的变化正好使不稳定区进一步扩大、最大增长率进一步增大，结果是更多的波被激发并快速增长，导致雷诺应力也增大，进一步修正平均流剖面。这是一种正反馈的作用，使得转捩过程具有突变的性质，直至平均流剖面变成湍流剖面，线性不稳定性消失为止。

对表1.2.1中的其他情况做DNS的结果显示，上述讨论对所有的情况都适用。而且还发现了一个有趣的结果，即如果转捩从小扰动开始，则在转捩开始的前一刻，扰动幅值一般在0.01～0.02；而如果转捩从大扰动开始，则在转捩开始前，其幅值会减小到上述范围内。这一点在以后研究转捩预测问题时，是一个有用的参考值。

因此，转捩过程的机理可总结如下：当扰动幅值的增长导致平均流剖面的稳定性特征发生变化，表现为由线性稳定性理论决定的波数平面中的中性曲线所包围的不稳定区增大，且其最不稳定波的放大率也远大于原来层流基本流的最不稳定波的放大率，就会有更多的不稳定波被激发并快速地增长，它们产生的雷诺应力会更快速地修正平均流剖面，使得上述现象进一步发展。这就形成了一种正反馈，使得转捩具有突变的性质。而转捩后期，当平均流剖面接近于湍流平均流剖面时，这种正反馈消失，表现为线性稳定性理论的不稳定区完全消失。即湍流平均流对线性稳定性理论来说是稳定的。其扰动的产生和维持是另一种机制，属于湍流相干结构研究的范畴。

本节的前述内容，除了图 1.2.4 以下的讨论外，大部分取自文献[1]。但后来发现，上面的分析有一点疏漏，即在做转捩过程平均流剖面的稳定性分析时，认为平均流的展向速度分量 $\overline{w}$ 为零。结果是图 1.2.4 中的中性曲线对于 β 是对称的。平均流的展向速度分量 $\overline{w}$ 为零看起来十分自然，因为它在一般的实验中从来没有被观测到。但那是因为扰动是随机的，且有实验设备两端的壁面限制，使得平均流展向速度基本为零。但在做有扰动的 DNS 时，如果引入的扰动在展向不是对称的，则扰动导致的平均流修正，其展向分量可以不为零。

为此，我们重新做了表 1.2.1 中第一种情况的 DNS，发现平均流展向速度确实不为零。于是重新做了不同时刻的平均流剖面的稳定性分析，并与原来的情况做比较，结果显示在图 1.2.5 中。

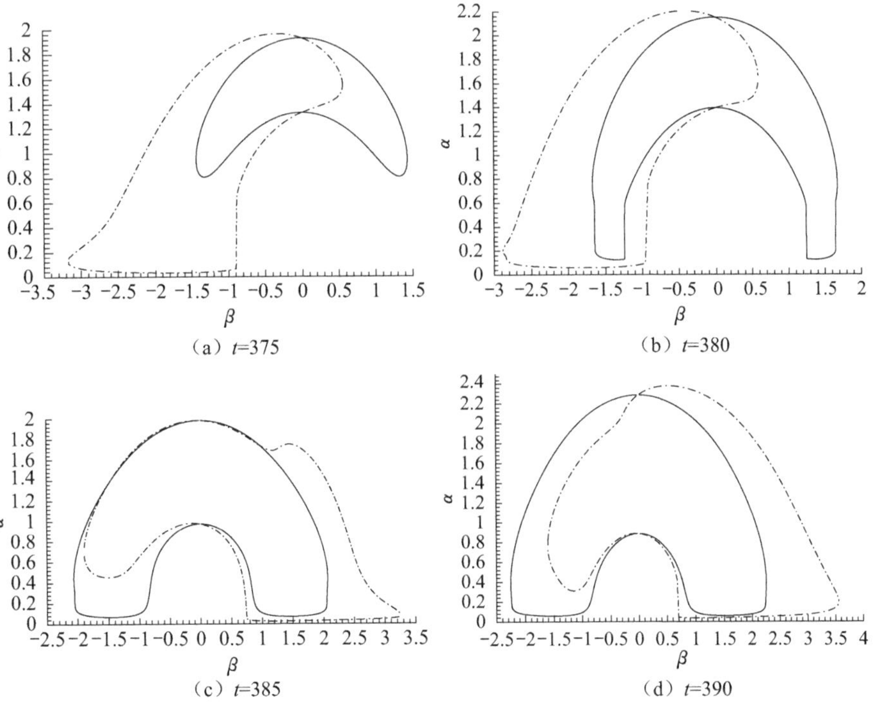

(a) t=375　(b) t=380　(c) t=385　(d) t=390

图 1.2.5　不考虑平均流展向速度和考虑平均流展向速度的中性曲线的比较

——不考虑平均流展向速度的结果；-·-·-考虑平均流展向速度的结果

从图中可见，总体来讲，考虑平均流展向速度时的中性曲线比不考虑时的更大。这对上面说明转捩机理的论据是更为有利。

1.3 不可压缩平板边界层的转捩机理

唐洪涛等最早做了不可压缩平板边界层转捩机理的研究[3]。他们研究的是时间模式的问题，也是先做了时间模式的转捩 DNS。所采用的计算方法和不可压缩平面 Poiseuille 流的一样。

计算域大小的确定，在流向及展向所需长度也和不可压缩平面 Poiseuille 流的一样，即原则上流向应不小于转捩后湍流边界层黏性长度的几千倍，展向也在几百个黏性长度以上；在法向不小于层流边界层名义厚度的 10 倍。

和槽道流略有不同的是，槽道流在法向（即 y 轴方向）两面的边界都是固壁；而边界层则一边是固壁，另一边原则上应延伸到无穷远，但为计算方便又在 10 倍边界层处截断，其边界条件无法和真实情况完全符合，因此可能有非物理的扰动反射入计算域。为避免这一现象出现，在计算域的上方，加了一个嵌边区，如图 1.3.1 所示。

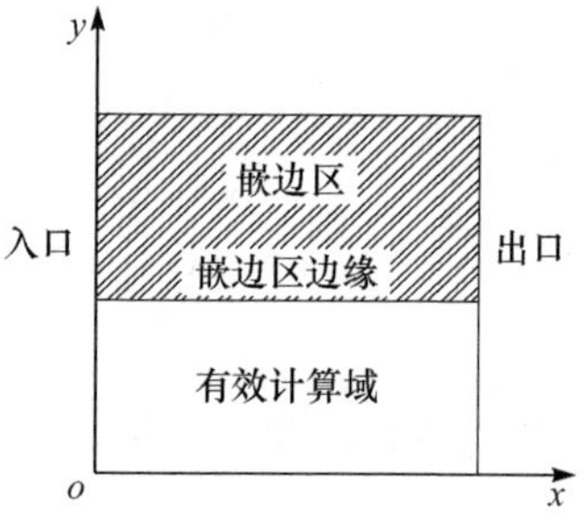

图 1.3.1 计算域示意图

加嵌边区的方法是黄章峰等首先采用的[4]，在 1.4 节中有详细的介绍，这里不做详细解释。

计算开始时的基本流采用 Blasius 解。由于是时间模式，要做平行流假设，所以 $U=U(y)$，$V=0$，$W=0$。基于来流速度、运动黏性系数以及层流边界层排移厚度定义的雷诺数 Re 选为 2000，约为按线性稳定性理论所得临界雷诺数的 4 倍。

引入的初始扰动也是基于初始层流剖面的 3 个 T-S 波，如式(1.2.1)所示。

共取了 6 组初始扰动，具体参数如表 1.3.1 所示。计算结果表明，这 6 种情况在转捩段中的特征是相同的，因此下面仅就第一种情况做分析。

表 1.3.1 各种情况的初始扰动参数

情况	α_1	β_1	α_2	β_2	α_3	β_3	a_1	a_2	a_3	Re
1	0.2	0	0.2	0.2	0.4	0.1	0.01	0.01	0.01	2000
2	0.2	0	0.2	0.2	0.4	0.1	0.005	0.005	0.005	2000
3	0.2	0	0.2	0.2	0.4	0.1	0.002	0.002	0.002	2000
4	0.2	0	0.3	0.2	0.4	0.1	0.02	0.01	0.01	2000
5	0.2	0	0.3	0.2	0.4	0.1	0.01	0.005	0.005	2000
6	0.2	0	0.2	0.3	0.4	0.6	0.01	0.005	0.005	2000

图 1.3.2(a)给出了在流场某一固定点处，波数为(α_3,β_3)的波的速度 u 随时间的演化。可以看到，在 $t=180$ 之前是有规律的，之后变得没有规律。图 1.3.2(b)中给出了几个不同时刻的平均流速度剖面。可以看出，$t=180$ 时的平均流速度剖面与 Blasius 解的速度剖面还很接近，之后逐步偏离原来的 Blasius 解剖面。

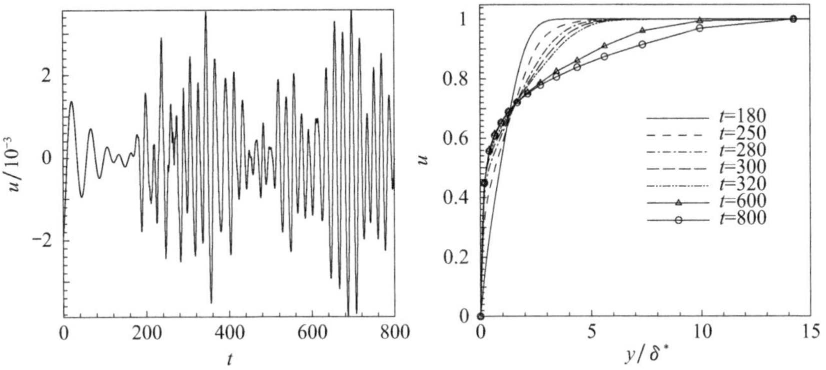

（a）速度u和时间的关系　　　　　　（b）不同时刻的平均流速度剖面

图 1.3.2　对应于波数为(α_3,β_3)的波在某点的速度及不同时刻的平均流速度剖面

δ^* 为边界层排移厚度

图 1.3.3 显示了某一 y-z 平面在 1 倍边界层名义厚度范围内，不同时刻的速度矢量分布，以及 α-β 平面内 $\max|w|$的傅里叶谱。图 1.3.3(a)对应于 $t=100$，还是在层流段。此时扰动还非常有规律，具有整体特征。与之对应，图 1.3.3(b)显示了该时刻不同波数 α、β 的扰动波的速度 w 沿法向的最大值，这时仅有少数几个波其值较大。图 1.3.3(c)、(d)对应于 $t=180$ 时刻的情况，为转捩开始的时刻。图 1.3.3(e)、(f)对应于 $t=300$，处在转捩过程中。此时扰动在物理空间和谱空间分布广，其值也大，表明很多谐波被激发出来且幅值很大。图 1.3.3(g)、(h)对应于转捩结束，已进入湍流段后的情况。扰动在物理空间表现为更靠近壁面处的没有相互

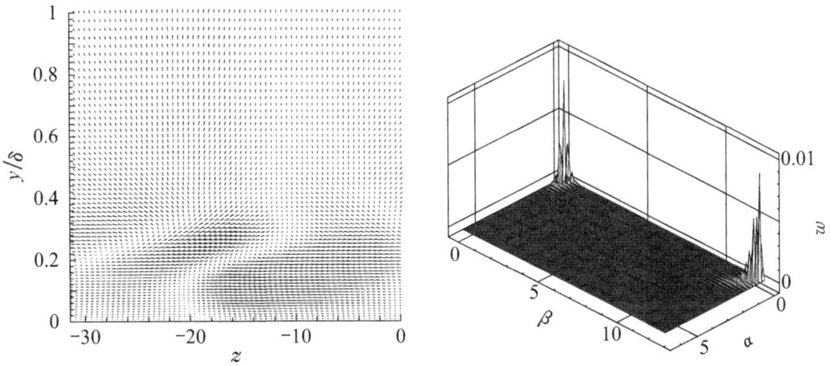

（a）$t=100$　　　　　　（b）$t=100$

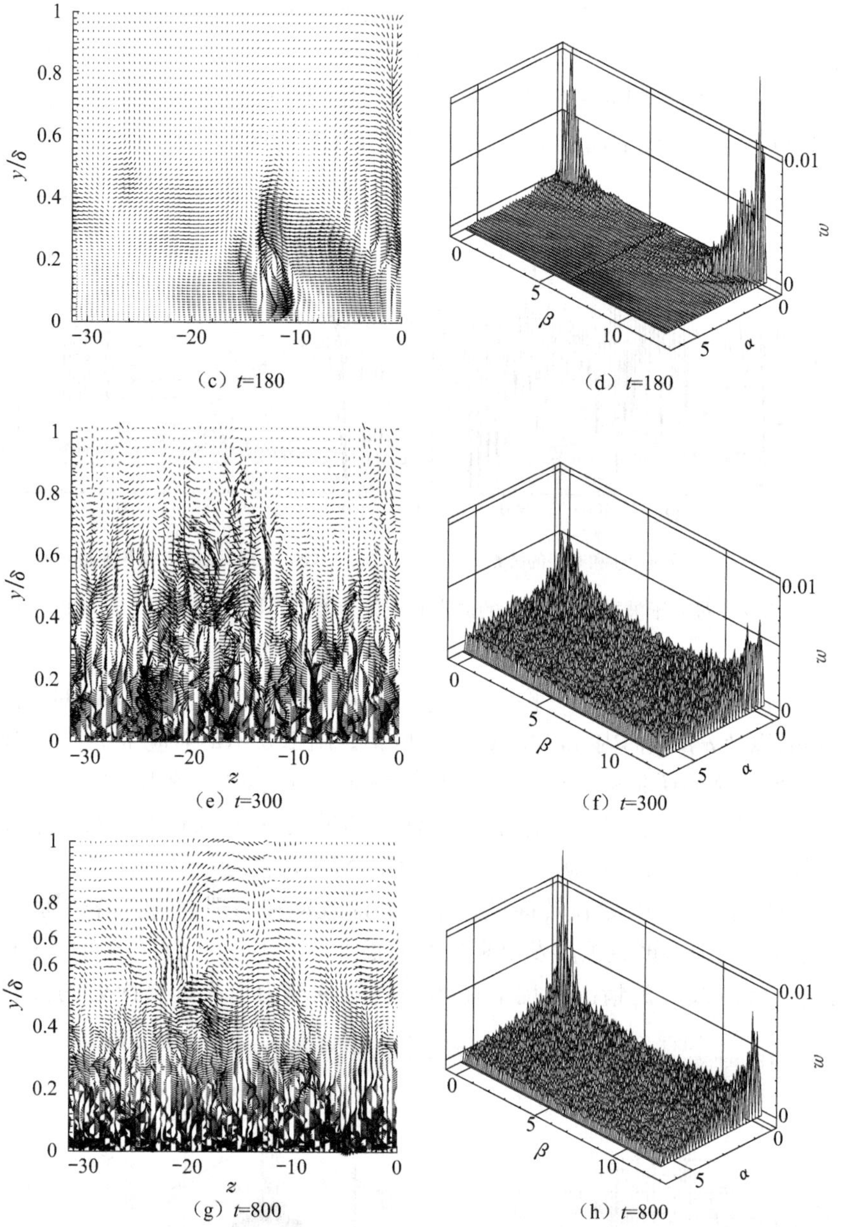

图 1.3.3 (a)、(c)、(e)、(g)为某一 y-z 平面内 1 倍边界层名义厚度(δ)内的速度矢量图，对于图(a)，实际矢量长度应为图中显示的 1/16；(b)、(d)、(f)、(h)为 α-β 平面 $\max|w|$的傅里叶谱，对于每一对给定的 α、β，$\max|w|$是速度 w 的模沿法向的最大值

联系的涡或相干结构，这是典型的湍流特征。其在谱空间的分布更加均匀，但是与 $t=300$ 时刻相比，其幅值明显减小。所有这些，和平面槽道流的情况很相似。

图 1.3.4 给出了平均摩擦系数 C_f 和平均扰动能量 e_2 随时间的演化。二者分别定义如下：

$$C_f=\tau_w\Big/\left(\frac{1}{2}\rho_\infty u_\infty^2\right),\quad e_2=\int_0^\infty \frac{1}{2}(\overline{u'^2+v'^2+w'^2})\mathrm{d}y \qquad (1.3.1)$$

其中，$\tau_w=\bar{\mu}_w\left.\dfrac{\partial\bar{u}}{\partial y}\right|_w$，下标 w 表示取壁面处的值；$e_2$ 中的 u'，v'，w' 为扰动速度，上面的横杠表示对 x、z 取平均。从图 1.3.4 中可以看出，摩擦系数从 $t=200$ 时，而扰动能量从 $t=140$ 时开始急剧增长。平均能量曲线在 $t=270$ 时达到峰值，与摩擦系数达到最大峰值($t=300$)的时刻差为 30。在所研究的 6 种情况中，摩擦系数和扰动能量在转捩过程中达到的最大值总是比充分发展湍流时的大。

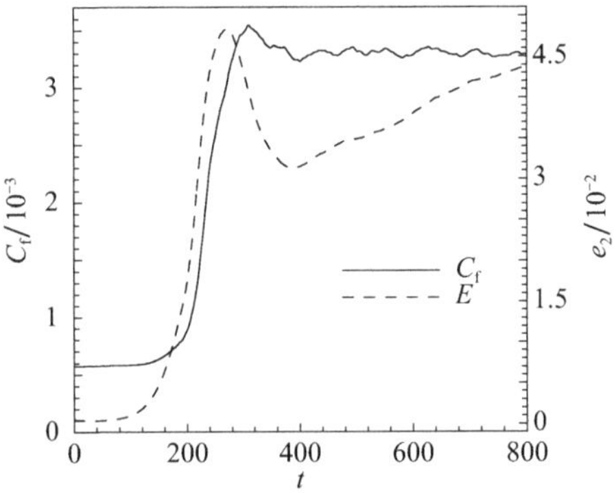

图 1.3.4　平均摩擦系数 C_f 和平均扰动动能 e_2 随时间的演化

和平面槽道流一样，转捩过程中，很多谐波迅速被激发并增大。下面来分析在此过程中平均流剖面稳定性特征的变化。

图 1.3.5 是不考虑平均流展向速度时得到的不同时刻平均流剖面的中性曲线。从图 1.3.4 中的摩擦系数来看，转捩开始时间约为 200，结束时间约为 310。在转捩过程中，直至 $t=236$，只是在 $t=230$ 时，中性曲线短暂地突然放大，其余时间都远小于层流时的中性曲线。到底是这种情况的转捩机理的确和槽道流不同，还是我们的分析中有某些重要因素被忽略。

经仔细分析发现，虽然我们的基本流，即 Blasius 流是二维的，即展向速度为零，但在引入扰动后，通过非线性作用，特别是当扰动幅值增大后，平均流的展向速度不再是零。图 1.3.6 显示了不同时刻平均流展向速度的分布，从中可见，在转捩段，平均流展向速度的最大值约为边界层外沿速度的 0.4%。其值虽然不大，但实际影响很大。

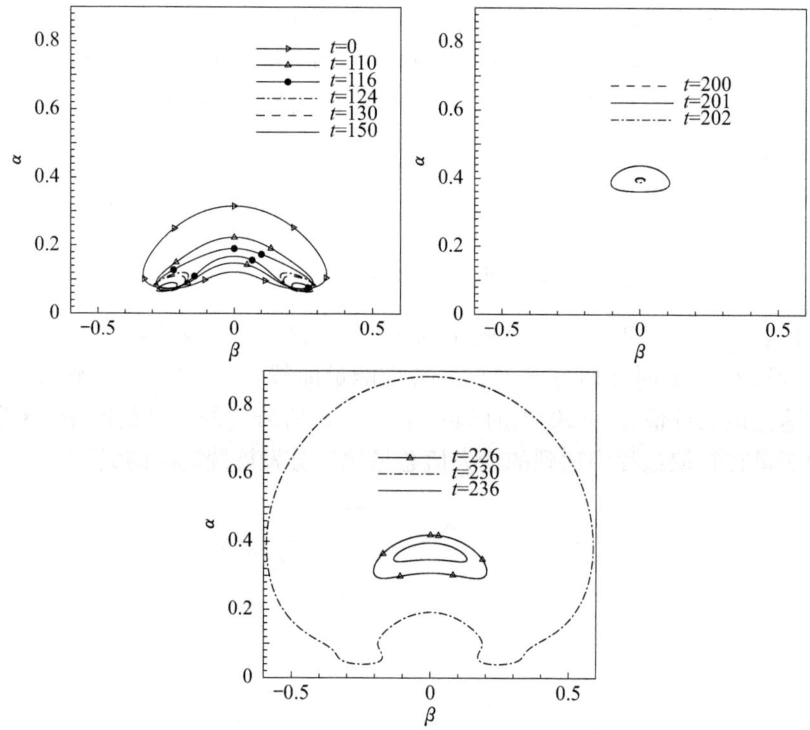

图 1.3.5　不同时刻平均流剖面的中性曲线

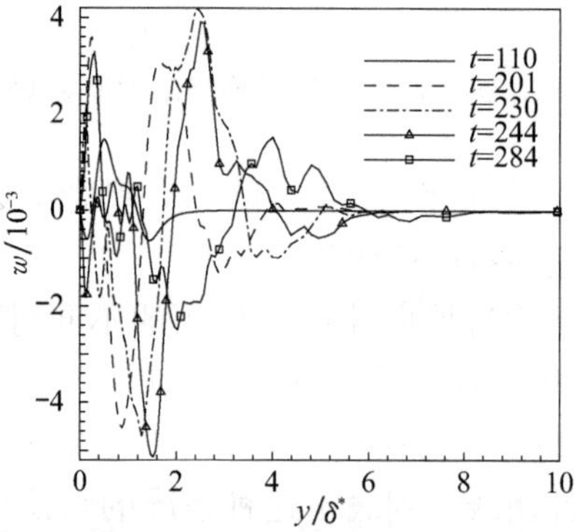

图 1.3.6　不同时刻平均流展向速度分布

在线性稳定性理论的特征值问题中，将平均流展向速度也包含在内后，重新找不同时刻的中心曲线，结果与图 1.3.5 的大不相同，如图 1.3.7 所示。图 1.3.7(a)、(b)、(c)、(d)是不同时刻的 α-β 平面内的中性曲线。从图 1.3.7(a)、(b)可见，到 $t=160$ 为止，中性曲线所包含区域，并不比 $t=0$ 时的大，但由于展向平均流速度不为零，中性曲线变得不再是关于 β 对称了。但到 $t=190$ 时，中性曲线所包含的区域已大于图 1.3.7(a)中 $t=0$ 的层流时的情况。虽然到 $t=201$ 后，中性曲线所包面积短暂缩小，但到 $t=212$ 后，再次迅速增大。到 $t=230$ 时达到最大，且此时扰动的最大增长率为 0.010271，比层流时的 0.00425 大得多。直至 $t=248$ 时，中性曲线所包面积仍比层流时的大很多。而从图 1.3.4 来看，此时已接近扰动能量达到峰值时。以后它又缓慢地减少，到 $t=284$ 时消失。

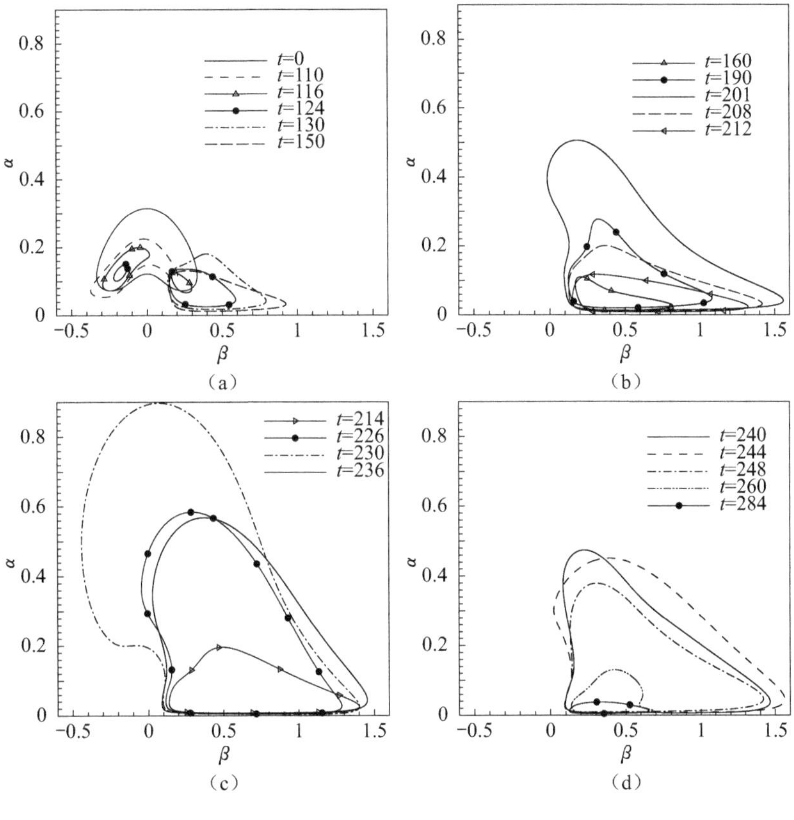

图 1.3.7　不同时刻平均流剖面在 α-β 平面内的中性曲线

图 1.3.8 显示的是扰动能量增长率随时间的变化。由图可见，其最大值对应的时间约为 $t=240$，而这一时刻与图 1.3.7(c)所示中性曲线包含范围最大的时刻 $t=230$ 很接近。说明扰动能量的增长与平均流剖面的线性稳定性的确有密切的关系。

由上述可见，边界层转捩的机理和槽道流一样，是其平均流剖面的稳定性特征发生了显著而快速的变化。其表现同样为在参数平面中的中性曲线所环绕的区域显著扩大，最不稳定波的放大率也显著增大。这使得更多的不稳定波被激发并增长，进一步修正平均流剖面，从而形成一种正反馈机制，使得转捩过程具有突变的性质。

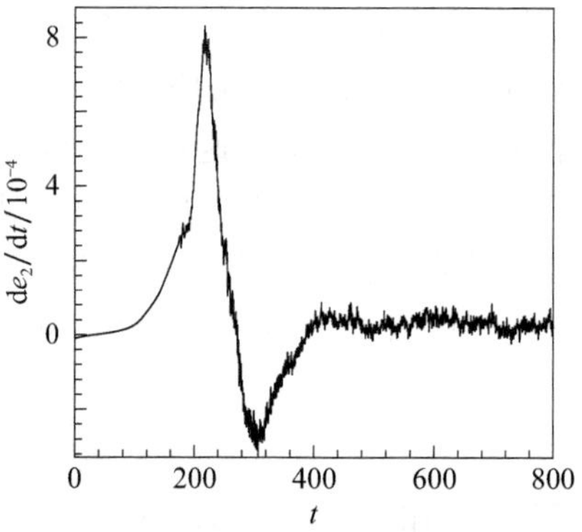

图 1.3.8 扰动能量增长率 de_2/dt(纵坐标)随时间的变化

1.4 超声速边界层的转捩机理

黄章峰等[4]和曹伟等[5]研究了马赫数为 4.5 的超声速平板边界层的转捩机理。黄章峰等研究的是时间模式的问题,他们也是先做转捩的 DNS,然后分析了相应的转捩机理;曹伟等则研究的是空间模式的问题。以下分别介绍两种模式的结果。

1.4.1 时间模式的结果

DNS 所用的控制方程为直角坐标系下的三维可压缩 N-S 方程,其无量纲守恒型可写为

$$\frac{\partial U}{\partial t}+\frac{\partial E}{\partial x}+\frac{\partial F}{\partial y}+\frac{\partial G}{\partial z}=\frac{\partial E_\nu}{\partial x}+\frac{\partial F_\nu}{\partial y}+\frac{\partial G_\nu}{\partial z} \tag{1.4.1}$$

其中,U 为守恒型通量;$\partial E/\partial x$、$\partial F/\partial y$ 和 $\partial G/\partial z$ 为非线性项,其中包括压力项;$\partial E_\nu/\partial x$、$\partial F_\nu/\partial y$ 和 $\partial G_\nu/\partial z$ 为黏性项,其中包括热传导项。

图 1.4.1 为计算域示意图。在流向和展向采用周期性边界条件,壁面处用绝热无滑移条件。上边界曾试用过在计算流体力学中常用的无反射边界条件,但实际效果不好。初始扰动不完善带来的扰动在上边界不能顺利地传出而使得计算不稳定。而后改为在上边界外加一个嵌边区,效果很好。该嵌边区如图 1.4.1(a)中阴影部分所示。在该区内对 N-S 方程增加一特殊的源项 $\lambda(y)(U-U_0)$,其中 U_0 为预先给定的在嵌边区外侧的守恒型通量值(在此处即无穷远处的守恒型通量值),而 $\lambda(y)$ 为嵌边函数(fringe function),在嵌边区内 $\lambda(y)$ 总为非负数。经过修正后的 N-S 方程可以表示为

$$\frac{\partial U}{\partial t}+\frac{\partial E}{\partial x}+\frac{\partial F}{\partial y}+\frac{\partial G}{\partial z}=\frac{\partial E_\nu}{\partial x}+\frac{\partial F_\nu}{\partial y}+\frac{\partial G_\nu}{\partial z}+\lambda(y)(U-U_0) \quad (1.4.2)$$

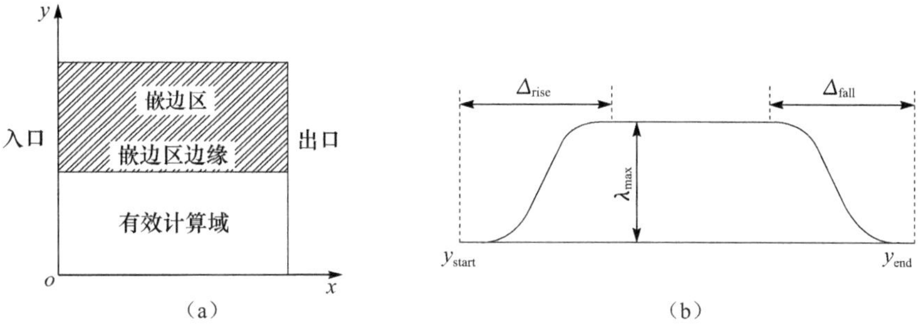

图 1.4.1　(a)计算域示意图;(b)嵌边函数 $\lambda(y)$ 的典型形状

恰当选取嵌边函数 $\lambda(y)$ 可保证 U 在嵌边区内平缓地趋近守恒型通量 U_0。图 1.4.1(b)给出了 $\lambda(y)$ 的形状,其解析表达式为

$$\lambda(y)=\lambda_{\max}\left[S\left(\frac{y-y_{\text{start}}}{\Delta_{\text{rise}}},1\right)-S\left(\frac{y-y_{\text{end}}}{\Delta_{\text{fall}}}+1,-1\right)\right] \quad (1.4.3)$$

$$S(a,b)=\begin{cases}0, & a\leqslant 0\\ \dfrac{1}{2}\left[\tanh\left(7a-\dfrac{7+b}{2}\right)+1\right], & 0<a<1\\ 1, & a\geqslant 1\end{cases} \quad (1.4.4)$$

取 $\Delta_{\text{rise}}=5L_f/16$,$\Delta_{\text{fall}}=3L_f/16$,其中 L_f 为嵌边区的总长度,取为 40,$\lambda_{\max}$ 由衰减因子决定。基于现有的估测方法,扰动经过嵌边区后的衰减因子为

$$f_d=\exp\left[\frac{1}{c}\int_{y_{\text{start}}}^{y_{\text{end}}}\lambda(y)\mathrm{d}y\right]=\exp\left[\frac{\lambda_{\max}}{c}\left(L_f-\frac{4(\Delta_{\text{rise}}+\Delta_{\text{fall}})}{7}\right)\right]=\exp\left(\frac{5}{7}\frac{\lambda_{\max}L_f}{c}\right) \quad (1.4.5)$$

其中,c 为扰动的传播速度。在我们的实际计算中,衰减因子 f_d 约为 10^6。

对方程(1.4.1)、(1.4.2)中的非线性项做通量分裂,如 $\partial E/\partial x=\partial E^+/\partial x+\partial E^-/\partial x$,其中 $\partial E^+/\partial x$ 与 $\partial E^-/\partial x$ 分别用三阶精度的弱迎风紧致差分格式近似:

$$\begin{cases}2\dfrac{\partial E_{i-1}^+}{\partial x}+4\dfrac{\partial E_i^+}{\partial x}=\dfrac{1}{\mathrm{d}x}(-5E_{i-1}^+ +4E_i^+ +E_{i+1}^+)+O(\mathrm{d}x^3)\\ 4\dfrac{\partial E_i^-}{\partial x}+2\dfrac{\partial E_{i+1}^-}{\partial x}=\dfrac{1}{\mathrm{d}x}(-E_{i-1}^- -4E_i^- +5E_{i+1}^-)+O(\mathrm{d}x^3)\end{cases} \quad (1.4.6)$$

我们曾在另一问题中比较过三阶和五阶的紧致差分格式对结果精度的影响,发现差别很小,而三阶格式的计算量显然要小一些。黏性项则用中心型紧致差分格式求两次一阶导数。对于函数 f,其一阶导数的六阶精度中心型紧致差分格式为

$$12\frac{\partial f_{i-1}}{\partial x}+36\frac{\partial f_i}{\partial x}+12\frac{\partial f_{i+1}}{\partial x}=\frac{1}{\mathrm{d}x}[28(f_{i+1}-f_{i-1})+(f_{i+2}-f_{i-2})]+O(\mathrm{d}x^6) \tag{1.4.7}$$

时间方向推进采用二阶精度的 Runge-Kutta 法。

无量纲化参数参考值取为 $\rho_\infty=0.01841\mathrm{kg/m^3}$，$T_\infty=226.5\mathrm{K}$，$\mu_\infty=1.475\times10^{-5}\mathrm{Pa\cdot s}$，相当于 30000m 高空处大气的值。计算域的入口为距平板前缘 2.25m 处，按相似性解得到该处边界层的位移排移厚度为 $\delta=1\mathrm{cm}$，以此定义的雷诺数 $Re_\delta=17000$，单位雷诺数 $Re=1.7\times10^6\mathrm{m^{-1}}$。

首先求得相似性层流解，并做平行性假设，即设此剖面沿流向不变；然后引入扰动，扰动由三个 T-S 波组成，形式如下：

$$\sum_{j=1}^{3}a_j u_j(y)\mathrm{e}^{\mathrm{i}(\alpha_j x+\beta_j z)} \tag{1.4.8}$$

式中，x、y、z 分别是流向、法向、展向坐标；α_j、β_j $(j=1,2,3)$分别是流向、展向的波数；$u_j=(u,v,w,T,p)_j^{\mathrm{T}}$ $(j=1,2,3)$是由 O-S 方程特征值问题得到的特征矢量，其归一化条件为 $\max_y|u_j(y)|=1$ $(j=1,2,3)$，这里 $u_j(y)$是扰动的流向速度分量；a_j $(j=1,2,3)$是三个扰动的幅值。

来流马赫数为 4.5 的可压缩平板边界层层流剖面存在第一和第二模态的不稳定 T-S 波。图 1.4.2(a)、(b)中给出了基本流为相似性解时在(α,β)平面中的中性曲线，及对应于不同 β 的最大 ω_i 值。可以看出，第二模态比第一模态更不稳定，且最不稳定的是二维波。

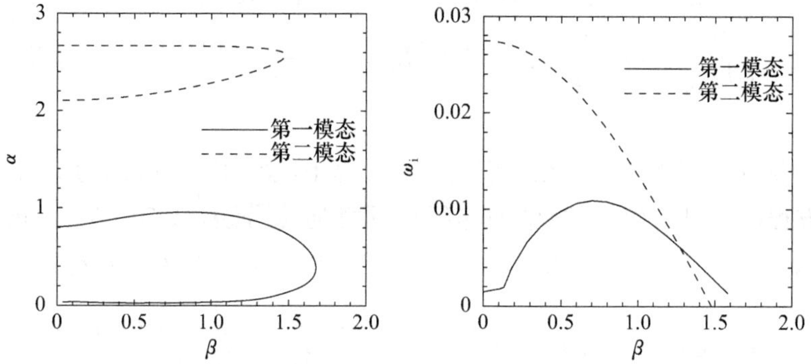

(a) 在(α,β)平面中的中性曲线　　(b) 不同β对应的最大增长率ω_i

图 1.4.2　层流剖面在(α,β)平面中的中性曲线及和不同 β 对应的最大增长率 ω_i

取两种不同的初始条件，具体参数示于表 1.4.1。情况 A 的三个波均为第二模态波。前两个波为弱不稳定波，第三个波为弱稳定波，但它们的幅值均较大；情况 B 的三个波都是小幅值但增长快的第一模态波。计算域的范围为 $L_x\times L_y\times L_z$，

其中 $L_x=2\pi/\alpha_0$，$L_z=2\pi/\beta_0$，α_0、β_0 分别为三个波的流向和展向波数的公约数；L_y 一般要在层流边界层名义厚度的 10 倍以上，以保证扰动在上边界处已衰减得足够小。在 x、z 方向采用等间距网格，y 方向采用变网格。情况 A 中，$\alpha_0=0.525$，$\beta_0=0.5$，相应的计算域为 12.0×20×12.6；情况 B 中，$\alpha_0=0.2$，$\beta_0=0.2$，相应的计算域为 31.4×20×31.4，两种情况的网格数均为 64×201×64。

表 1.4.1　初始扰动参数

情况	n	a	α	β	ω
A	1	0.05	2.625	0.0	(2.35245200,0.00779790)
	2	0.05	2.625	0.5	(2.35769800,0.00721890)
	3	0.05	2.1	1.0	(2.03636500,−0.01428190)
B	1	0.01	0.6	0.0	(0.50087076,0.00143741)
	2	0.01	0.4	0.6	(0.31329273,0.00984681)
	3	0.01	0.4	0.8	(0.31686306,0.01073544)

对情况 A，我们曾将其在 y 方向的网格加密一倍计算，结果几乎一样，说明 y 向网格数已经足够了。

下面主要对情况 A 的结果进行分析，对情况 B 仅在最后做简要说明。

图 1.4.3(a)给出了平均摩擦系数 C_f、扰动能量 e_2 随时间的演化曲线。其中摩擦系数和扰动能量的定义分别为

$$C_f=\tau_w\Big/\left(\frac{1}{2}\rho_\infty u_\infty^2\right),\quad \tau_w=\bar{\mu}_w\frac{\partial\bar{u}}{\partial y}\bigg|_w,\quad e_2=\int_0^{L_y}\frac{1}{2}\overline{(u'^2+v'^2+w'^2)}\,\mathrm{d}y \tag{1.4.9}$$

可以看出，它们的快速变化分别发生在 t 的[60，140]、[120，200]区间内。图 1.4.3(b)、(c)给出了扰动速度的傅里叶变换中波数分别为(2.625，0.0)和(2.1，1.0)的波对应的 u 分量在法向坐标为 y 处的值随时间的演化。可以看到，扰动约在 $t=120$ 时变为不规律，这就是 breakdown 开始的时间，也恰好是壁面

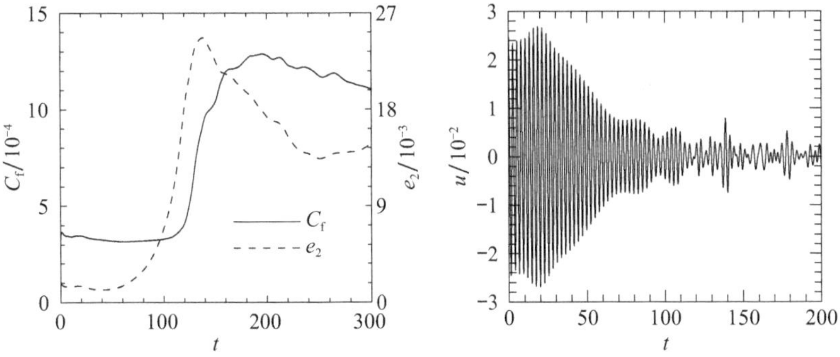

(a) 壁面摩擦系数C_f和扰动动能　　(b) 对应于波数为(2.625, 0.0)的波在某点的速度u

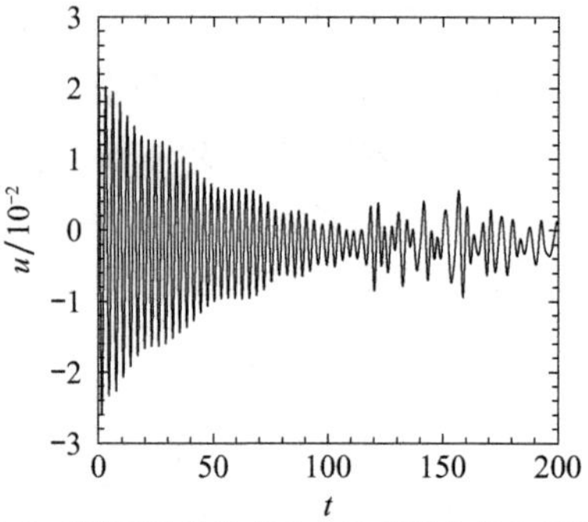

（c）对应于波数为(2.1, 1.0)的波在某点的速度u

图 1.4.3　三个参量的时间演化曲线

摩擦系数开始快速增长的时间。当它达到峰值后，可以认为转捩已完成，之后是逐步趋向充分发展湍流的过渡过程。对于平板边界层来说，充分发展湍流是指其平均速度及脉动的统计量沿法向的分布已具有相似性时的湍流（法向坐标已用边界层厚度无量纲化）。

图 1.4.4(a)、(b)显示了几个不同时刻平均速度 u 和平均密度 ρ 的剖面，同样可以看出，平均剖面在 $t=100$ 到 $t=200$ 之间被快速修正，而且在 $t=100$ 和 $t=125$ 时临界层附近有较弱的拐点出现。到 $t=300$ 时平均速度剖面已变化很慢，但平均密度剖面仍有较快的变化，说明此时并没有达到最终的平衡态湍流。图 1.4.4(c)、(d)显示了 $t=60$ 和 $t=200$ 两个时刻，某一 y-z 平面内的速度矢量分布。$t=60$ 时的扰动还有规律，但到了 $t=200$ 时扰动被大大地放大且已没有规律，同时充满了整个边界层，表明许多谐波都被激发出来了。

对 $t=0, 125, 130, 135, 140$ 五个时刻的平均剖面进行线性稳定性分析，得到图 1.4.5 中的(α, β)平面内的中性曲线，以及对应于不同 β 的最大放大率 ω_i 的曲线。由于本节主要取材自文献[4]，而当时没有考虑展向平均流速可能不为零，

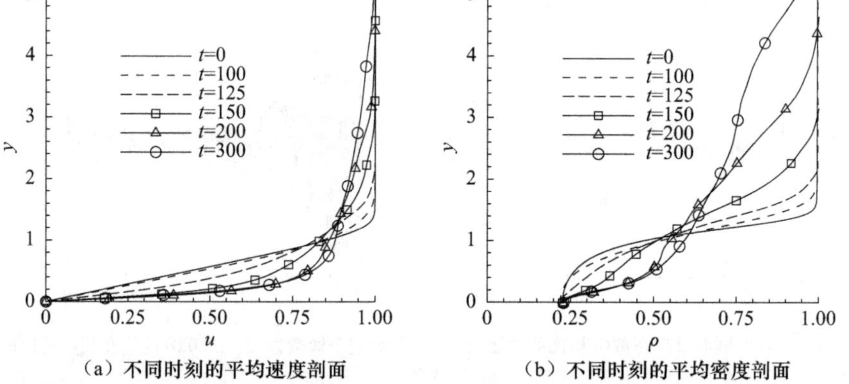

（a）不同时刻的平均速度剖面　　（b）不同时刻的平均密度剖面

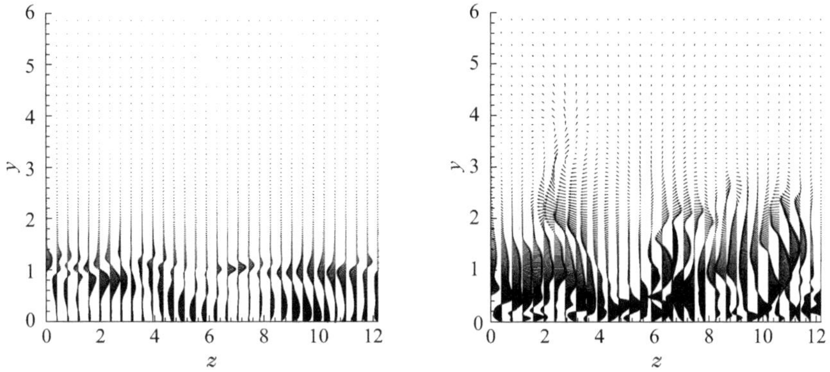

（c）t=60时y-z平面的速度矢量图　　（d）t=200时y-z平面的速度矢量图

图 1.4.4　平均速度、温度剖面随时间的变化及某瞬时 y-z 平面内的速度矢量图

（c)图中的矢量长度被放大了 3 倍

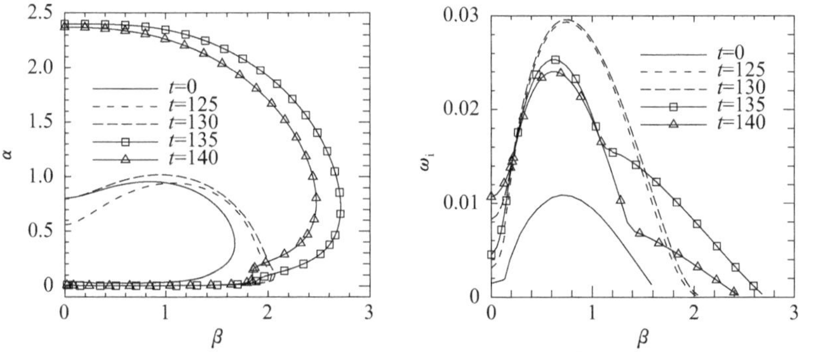

（a）第一模态波的中性曲线　　（b）第一模态波对应于不同β的最大增长率ω_i

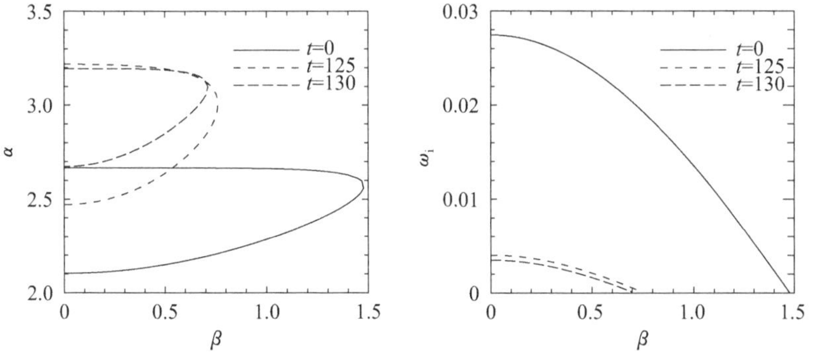

（c）第二模态波的中性曲线　　（d）第二模态波对应于不同β的最大增长率ω_i

图 1.4.5　不同时刻的平均流剖面在(α,β)平面内的中性

曲线及对应于不同 β 的最大增长率 ω_i

所得中性曲线对 β 的零点是对称的,因此仅画了 $\beta\geqslant0$ 的一侧。可以看出,在转捩过程中,第一模态的中性曲线包围的不稳定区域大大增加了,同时扰动的最大放大率也增大了很多,从层流的 0.01 增至 0.03,0.025 及 0.024;与此相反,第二模态的中性曲线包围的不稳定区逐步缩小,到 $t=135$ 时已经完全消失,其最大放大率也从层流的 0.0275 逐渐减小到负值。这说明虽然初始条件中的三个波属第二模态,但在从层流突变为湍流的过程中,当平均剖面被修正后,反而使得它们的作用逐步缩小,而第一模态的波逐步起到主导作用。事实上,也只有第一模态的波才能在层流边界层外对平均流剖面的修正起较大的作用,使得边界层厚度增大而变为湍流剖面。

图 1.4.6(a)给出了波数分别为(0.525,1.5)和(2.625,1.0)的扰动速度 u 的幅值随时间的演化,其中第一个波属第一模态,第二个波属第二模态。后者在整个过程中幅值都不大,且在转捩开始后逐渐衰减;而前者在被激发出来后迅速增长,约在 $t=160$ 时达最大值 0.035,之后在 0.015 附近振荡。这进一步说明了第一模态不稳定波在转捩过程中占主导地位。

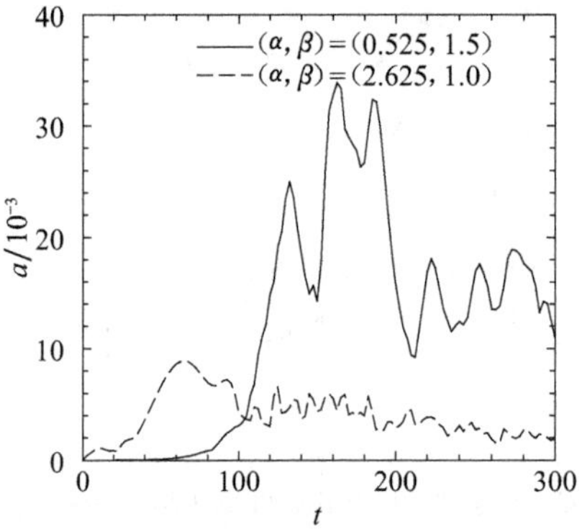

(a) 对应于波数为 (α,β) 的波的速度 u 的幅值演化曲线

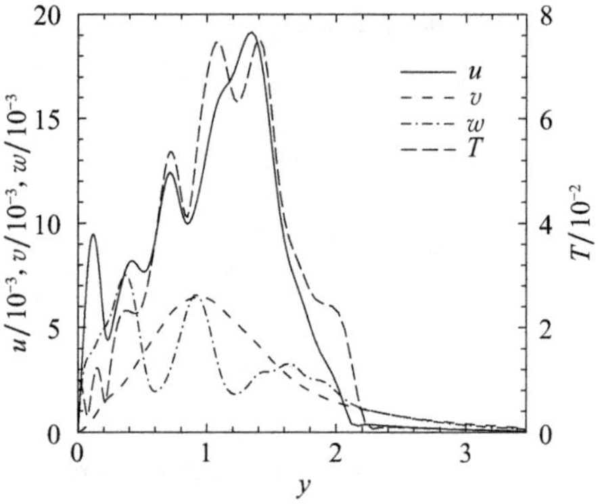

(b) $t=125$ 时波数为(0.525, 1.5)的第一模态波的特征函数

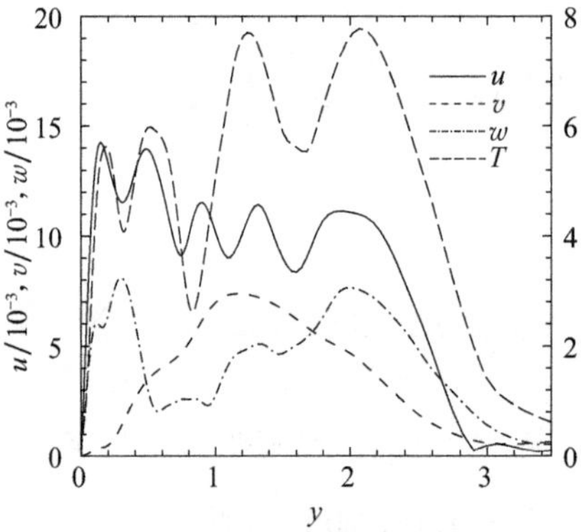

(c) $t=150$ 时波数为(0.525, 1.5)的第一模态波的特征函数

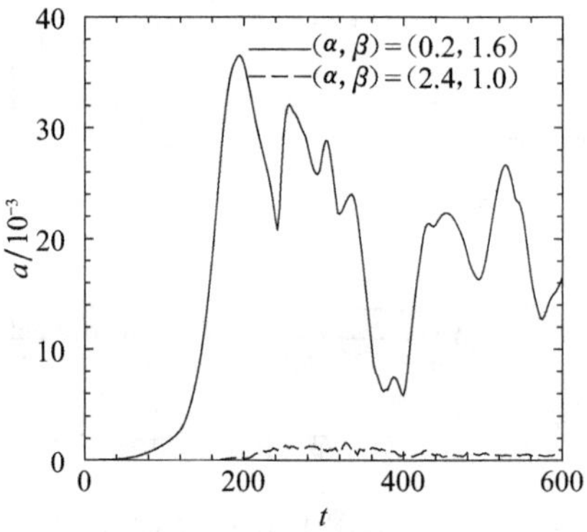

(d) 情况B中对应于波数为 (α,β) 的波的速度 u 的幅值演化曲线

图 1.4.6 第一及第二模态波幅值演化曲线及第一模态波在两个时刻的特征函数图

从图 1.4.3(a)可以看出壁面摩擦系数在 $t=125$ 到 $t=150$ 之间有急剧的增长。图 1.4.6(b)和(c)给出了这两个时刻属于第一模态的波数为(0.525,1.5)的波的特征函数。其覆盖范围显著扩大至原层流边界层之外。这是平均速度剖面得以不仅在壁面附近,而且在层流边界层之外被快速修正的原因。

反之,从图 1.4.6(a)中可以看出第二模态的波在 $t=60$ 左右达到最大值,而图 1.4.4(a)、(b)中直到 $t=100$ 时平均速度 u 和平均密度 ρ 的剖面在壁面附近几乎没有变化。这说明第二模态不稳定波在转捩过程中不起支配作用。

对情况 A 在展向的网格加密一倍后进行试算(标记为情况 C),图 1.4.7 给出了两种情况下平均摩擦系数 C_f、扰动能量 e_2 随时间的演化曲线,以及若干时刻平均速度 u 的剖面。同样,对其 breakdown 过程中的平均流剖面做了同样的稳定性分析。结论是两种情况转捩的过程基本一致,只是 breakdown 的时间稍微提前一些,整个转捩的过程要稍微短一些。这是因为展向的点数增加后更高次的不稳定波可被分辨出来。因此,对研究转捩而言,包括 breakdown 过程,情况 A 的网格数已经足够了。但对研究湍流而言,网格数是否足够,目前还不能确定。

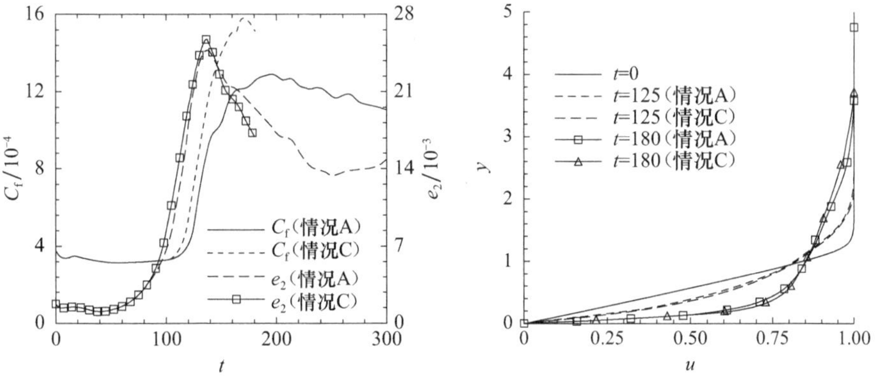

(a) 壁面摩擦系数C_f和扰动动能的时间演化曲线　　(b) 不同时刻的平均速度剖面

图 1.4.7　情况 A 与情况 C 的比较

情况 B 的转捩过程与情况 A 类似,只是转捩的时间要长一些。图 1.4.6(d)给出了情况 B 中波数分别为(0.2,1.6)和(2.4,1.0)的扰动速度 u 的幅值随时间的演化,其中第一个波属于第一模态不稳定波,第二个波属于第二模态不稳定波。同样可以看出,第二模态的不稳定波幅值很小,因而第一模态的不稳定波在 breakdown 过程中占主导地位。

因此,就我们所研究的情况而言,层流-湍流转捩的 breakdown 过程中,层流剖面得以快速转变为湍流剖面的机理在于扰动增长后,对平均剖面进行的修正导致了其稳定性特征的显著变化。结果是第一模态波的不稳定区及最大增长率迅速增大,使得第一模态波快速被激发和增长起来,从而使平均速度剖面得以快速被修正(无论开始时是以第一模态还是第二模态的扰动波为主)。

值得注意的是,从图 1.4.3(b)和(c)可以看出,和不可压缩平面 Poiseuille 流一样,虽然初始扰动的幅值较大,但在转捩开始处,扰动的幅值反而会下降到 0.01 左右。

需要提出的是,以上对平均流剖面做稳定性分析时没有考虑展向平均流速度。这在当初的工作中是一种疏忽。但在前面不可压缩槽道流和边界层的问题中已经看到,前者在考虑展向平均流速度下所做的平均流剖面稳定性分析,和不考虑展向平均流速度时的结论是一致的。而后者在不考虑平均流展向速度下做的平均流剖面稳定性分析不能解释转捩机理,而在考虑了平均流展向速度后做的稳定性分析则很好地解释了转捩机理。而在本节中则在没有考虑平均流展向速度下已能很好地解释转捩机理。在下面的空间模式的分析中,考虑了平均流展向速度,很好地解释了转捩机理。空间模式显然更切合实际,因此这里没有再对时间模式问题重新做计算和分析。

1.4.2　空间模式的结果

这里仍先用 DNS 方法,计算一个包括转捩全过程的实例。

以平板边界层为例,设来流马赫数为 4.5,以来流速度、密度和黏性系数,以及计算域入口处边界层排移厚度定义的雷诺数为 17000,壁面取绝热条件。

初始的基本流取为平板边界层的相似性解。在入口处引入三个小幅值的 T-S 波,其参数如表 1.4.2 所示。为了提高计算效率,先采用抛物化稳定性方程(PSE)将扰动计算到 $x=220$ 处。将在该处由 PSE 得到的所有的波作为 DNS 的入口条件(参见第 3 章),计算至转捩发生并转为湍流为止。

表 1.4.2　初始扰动参数

扰动	幅值 a	α_r	$-\alpha_i$	β	ω
扰动Ⅰ	0.0025	0.599	0.0016	0.0	0.5
扰动Ⅱ	0.0025	0.604	0.0034	0.3	0.5
扰动Ⅲ	0.0025	0.385	0.0116	0.3	0.3

图 1.4.8 给出了计算得到的壁面摩擦系数 C_f 和扰动能量沿流向的分布图。如仍以 C_f 曲线开始快速抬升作为判断转捩开始的依据,则转捩过程约从 $x=400$ 处开始,约到 $x=550$ 处结束。

由于平均流剖面的稳定性特征和扰动能量的增长率有更直接的关系,在图 1.4.9 中特别给出了一些做稳定性分析的平均流剖面相对于扰动能量曲线的位置,以便于和同样位置的扰动能量变化做比较,分别是 $x=380,440,450,460,480$,

490,500,520。相应的中性曲线示于图 1.4.10 中。其中靠上面的一族是第二模态波的中性曲线,靠下面的一族是第一模态波的中性曲线。

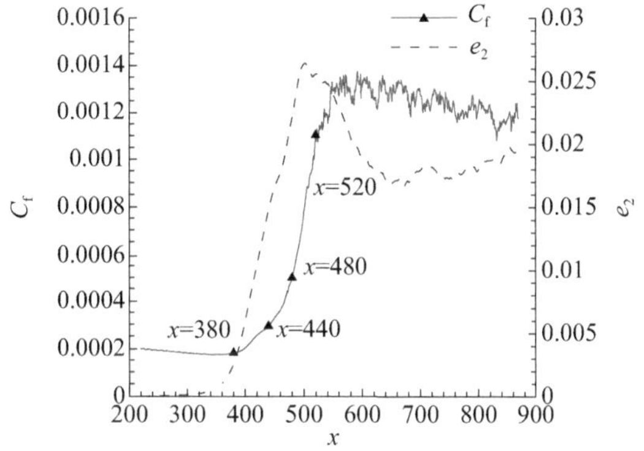

图 1.4.8　C_f 曲线的分布图

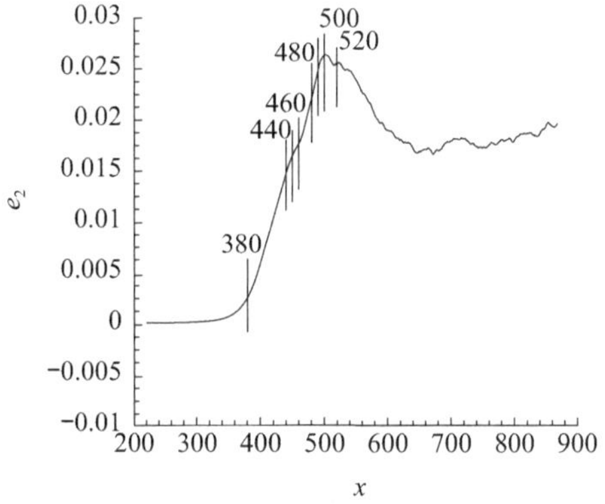

图 1.4.9　做平均流剖面稳定性分析的位置

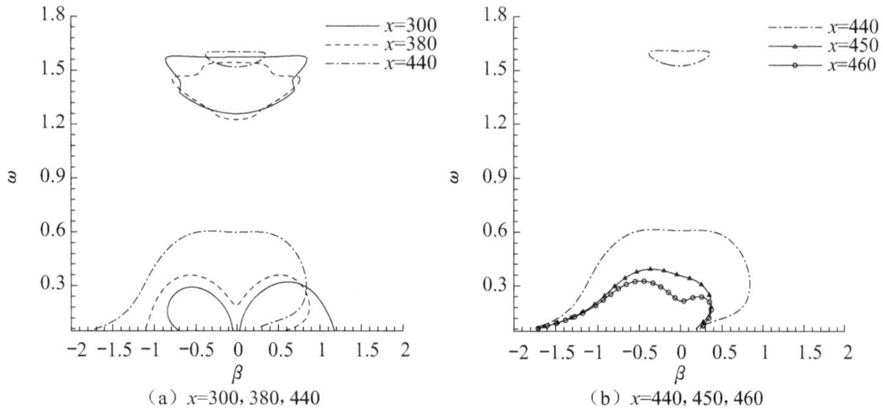

(a) x=300, 380, 440　　(b) x=440, 450, 460

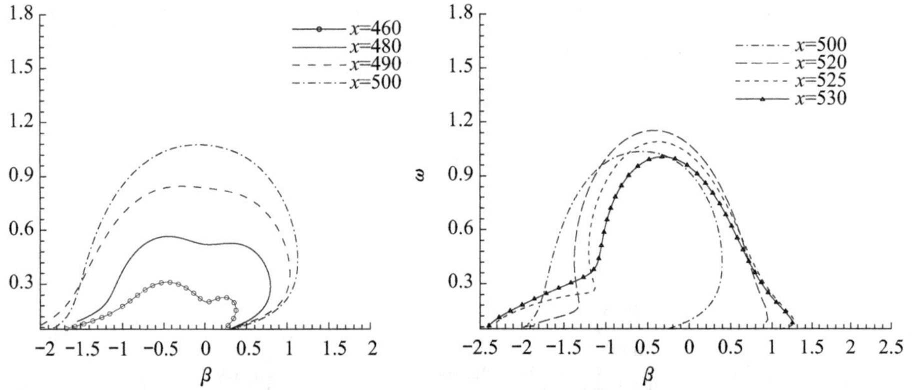

（c）x=460, 480, 490, 500　　（d）x=500, 520, 525, 530

图 1.4.10　不同位置平均流剖面的中性曲线

在 $x=300$ 处，即使是从扰动能量的增长来看，转捩也还未开始，即还是层流阶段。到 $x=380$ 处，虽然壁面摩擦系数还未快速增长，但扰动能量已快速增长。图 1.4.10(a)中对应于第二模态波的中性曲线在缩小，到 $x=440$ 时已缩得很小。但第一模态波的中性曲线，则从 $x=380$ 到 $x=440$ 逐步扩大。图 1.4.10(b)中到 $x=450$ 时已没有第二模态波的中性曲线，即所有第二模态波都变成衰减波。而第一模态波的中性曲线则在 $x=450$ 和 $x=460$ 这两个位置，经历了短暂的缩小。图 1.4.10(c)中第一模态波的中性曲线在 $x=460$ 后直至 $x=500$ 再次快速增大。图 1.4.10(d)中第一模态波的中性曲线在 $x=520$ 时扩至最大，然后逐步缩小。至 $x=550$，转捩完成后，中性曲线不再存在。

有意思的是，在图 1.4.10(b)中第一模态波的中性曲线在 $x=450$ 和 $x=460$ 时经历了短暂的缩小。如果仔细观察扰动能量增长曲线则可发现，在 $x=450$ 和 $x=460$时，该增长曲线的斜率正好也短暂地减小了。这更明显地显示了平均流稳定性特征和扰动能量增长的关系。

由以上分析可以得到和时间模式下的分析同样的结论，即在转捩过程的关键机理是，平均流剖面的稳定性特征发生了明显的变化，使得第一模态波变得很不稳定而快速增长。而扰动波幅值的增长反过来又促使平均流剖面进一步被修正。这形成了一个正反馈机制，使得转捩过程具有突变的性质。而第二模态波则在转捩过程中不起决定性作用，但这并不意味着第二模态波对转捩毫无影响。事实上，在层流阶段有时最不稳定的波是第二模态波。因此，最初对平均流剖面的修正也可能是第二模态波引起的。但后来起关键作用的则一定是第一模态波，因为平均流剖面修正的结果是第二模态波都变成衰减波了。

在前面时间模式分析中，谈到了做平均流剖面稳定性分析时考虑平均流展向速度与否的影响问题。实际上，有时在考虑平均流展向速度后，平均流剖面的中性曲线仍然几乎是关于 $\beta=0$ 对称的。例如,如果在做 DNS 时引入的初始扰动很小,以至于在转捩前的层流段很长,则在层流段的演化过程中由于非线性作用导致的各种谐波会足够多,从而使得扰动速度在展向的分布接近于随机。例如,图 1.4.11中就是一个引入的三个初始扰动的幅值都是 0.00125 的情况。可以看到,其中各个位置的中性曲线看起来都是对称的。而实际上,它们都是在考虑了平均流展向速度后所做的分析,都不是对称的,但其不对称性非常小。

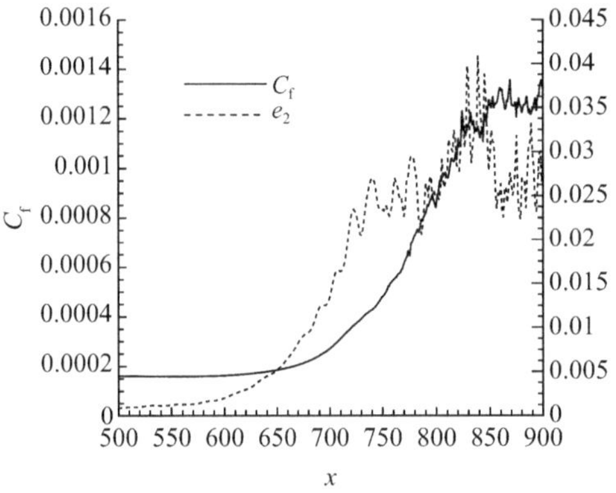

(a) 壁面摩擦系数和扰动能量

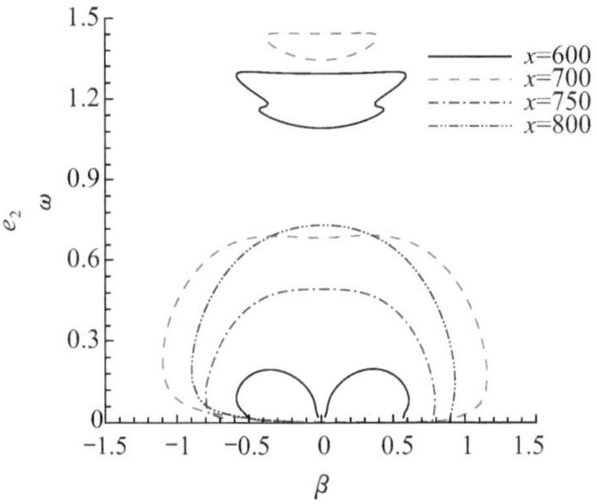

(b) 平均流剖面的中性曲线

图 1.4.11　初始扰动幅值很小时的例子

1.5　高超声速零攻角尖锥边界层的转捩机理

前面几节研究了槽道和平板边界层的转捩机理,它们的基本流都是二维的。本节将研究来流马赫数为 6、半锥角为 5°的高超声速零攻角尖锥边界层的转捩机理。其内容主要引自董明的博士论文[6]。

仍然先用 DNS 方法模拟转捩过程,然后分析其机理。

假设气体密度相当于海拔 10000m 高空的气体密度,来流马赫数为 6,来流温度为 223.3K,半锥角为 5°。由于是尖锥,且锥角不大,在锥尖产生的是附体激波,激波角为 10.635°。过激波后马赫数降为 5.773。用理想气体方程组与锥型流假设可以解出无黏流场,并得到锥体壁面的马赫数为 5.585。有了无黏流场后,再在贴体坐标下解边界层方程,壁面的温度条件取为绝热条件。边界层方程经Mangler 变换后可求得相似性解。这实际上是在一个子午面中的解。

为了后面的计算更精确,再用数值方法解边界层方程。取计算域如图 1.5.1 所示。入口处雷诺数取为 50000,由相似性解得到相应的 x 值为 1.23m,该处边界层排移厚度 δ 为 0.87mm,并假设 x 的原点就在锥尖处。虽然这样会带来误差,但对研究转捩机理来说不会有本质性影响。取相似性解作为入口条件,无黏流解在壁面处的值作为计算域上的边界条件。计算直到流场定常为止。

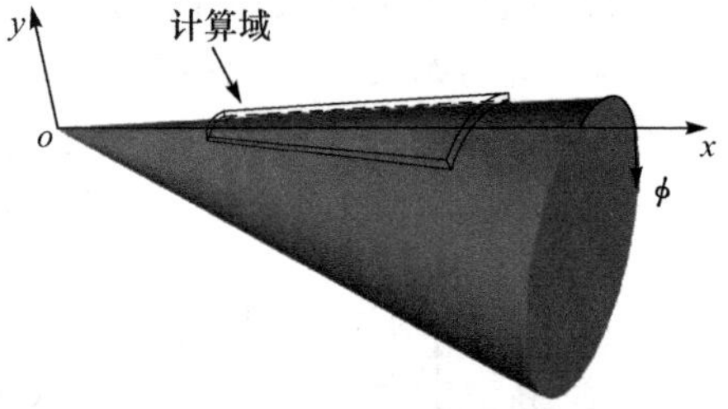

图 1.5.1　计算域示意图和贴体坐标 x,y,ϕ

得到的贴体坐标系下边界层的基本层流场如图 1.5.2 所示。其中,图 1.5.2(a)为速度 u 与 v 的法向分布,图 1.5.2(b)为温度与压力的法向分布。

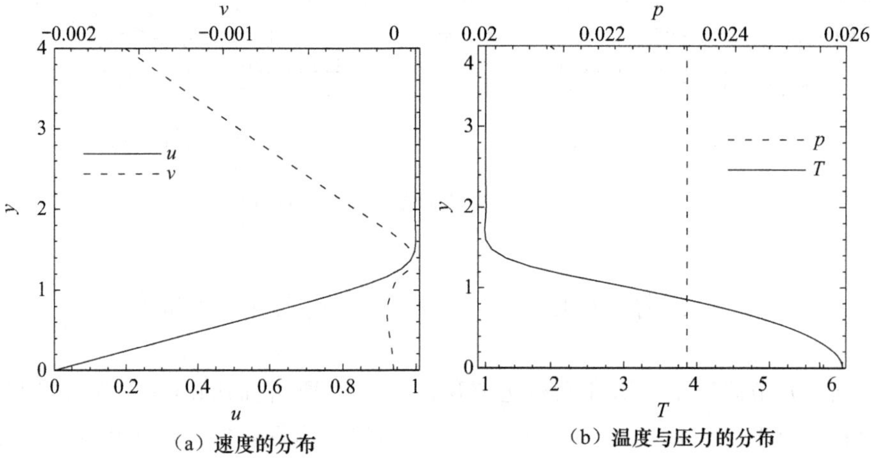

图 1.5.2　基本层流场物理量的法向分布

在做转捩的 DNS 时,将上述基本层流解放入整个计算域,它实际上是一个与 ϕ 无关的流场。计算域在 x,y,ϕ 三个方向上有 $250\delta\times18\delta\times14.6°$ 与 $200\delta\times18\delta\times14.6°$两种尺度,相应的计算网格分别为 $1250\times80\times100$ 与 $1000\times80\times100$。计算中所用方程的无量纲长度参考量是入口处的 δ,其他量的参考量则是它们在边界层外沿的量。在入口处加入 T-S 波式的扰动,它们在展向应有整数个波。DNS 中的展向用周期性条件,壁面取无滑移和定温条件,温度定为基本流的壁面温度。上边界条件和基本流相同,相当于扰动在上边界已衰减得足够小。事实上,壁面温度条件是很难事先单独给定的。因为壁面的实际温度和构成壁面的材料的热传导系数、固壁内部的温度分布及热量是否会被导走等都有关。所以,实际的壁面温度既不相当于绝热条件的温度，也无法事先给定。在锥体的风洞实验中，往往要连续做很多次实验，其表面温度才逐步定常下来。而即使已经定常，锥体不同部位的壁面温度也不完全相同，这是因为不同部位的传热过程是不同的。因此，在 DNS 中的壁面温度条件和实际情况有一定的差别。但对研究转捩机理而言，这不会改变问题的性质。

本节研究了两种情况，在入口处引入的都是三个 T-S 波，其表达式为

$$(u',v',w',t',p')^{\mathrm{T}} = a(\hat{u},\hat{v},\hat{w},\hat{t},\hat{p})^{\mathrm{T}}\mathrm{e}^{\mathrm{i}(\alpha x+\beta z-\omega t)} + \mathrm{c.c.} \tag{1.5.1}$$

其中，u'、v'、w'是扰动速度分量；t'、p'是扰动温度和压力；α、β 是流向和展向波数；$z=r\phi$，r 是计算域入口处圆锥正截面的半径；ω 是频率。由于采用的是空间模式，ω 是实数，α 是复数。

其参数如表 1.5.1 和表 1.5.2 所示，都包括 1 个二维波和 2 个三维波。三维波的波数 $\beta=0.4$ 和 0.6 分别对应于在计算域的展向有 2 个和 3 个波的周期。

表 1.5.1　情况 A 引入 T-S 波的特征值

扰动	ω	α_r	$-\alpha_i$	β
Ⅰ	0.512513	0.593796	0.003237	0.0
Ⅱ	0.512513	0.602787	0.010920	0.4
Ⅲ	1.025026	1.149153	−0.00254	0.6

表 1.5.2　情况 B 引入 T-S 波的特征值

扰动	ω	α_r	$-\alpha_i$	β
Ⅰ	1.897236	2.063214	0.044915	0.0
Ⅱ	1.422927	1.348213	−0.009891	0.4
Ⅲ	1.422927	1.335873	−0.010134	0.6

虽然高马赫数边界层可能存在多个不稳定模态，但起主要作用的是第一模态与第二模态，因此在入口仅引入第一模态与第二模态不稳定波。

为减少计算工作量，引入扰动的幅值均给得较大，为 0.05。情况 A 中，扰动Ⅰ为二维第一模态增长波，扰动Ⅱ为三维第一模态增长波，扰动Ⅲ为三维衰减波；情况 B 下，扰动Ⅰ为二维第二模态增长波，扰动Ⅱ与Ⅲ均为三维衰减波。图 1.5.3 给出了情况 B 引入的三个 T-S 波的特征函数的法向分布。

首先介绍情况 A，计算一直进行到流场统计定常为止。图 1.5.4(a)、(b)分别为某一时刻在某一子午面和 $y=0.043$ 平面中的瞬时密度分布的灰度图，从中可以较直观地观察出从层流、转捩到湍流阶段的整个过程。引入的扰动中第一模态三维波增长率大，故图 1.5.4(b)中表现出清晰的三维波结构，并且随着向下游的演化，高波数波出现并迅速增长，到 $x=160$ 以后，流场中不再有明显的三维结构，取而代之的是小尺度的涡，说明此时已经进入湍流阶段。

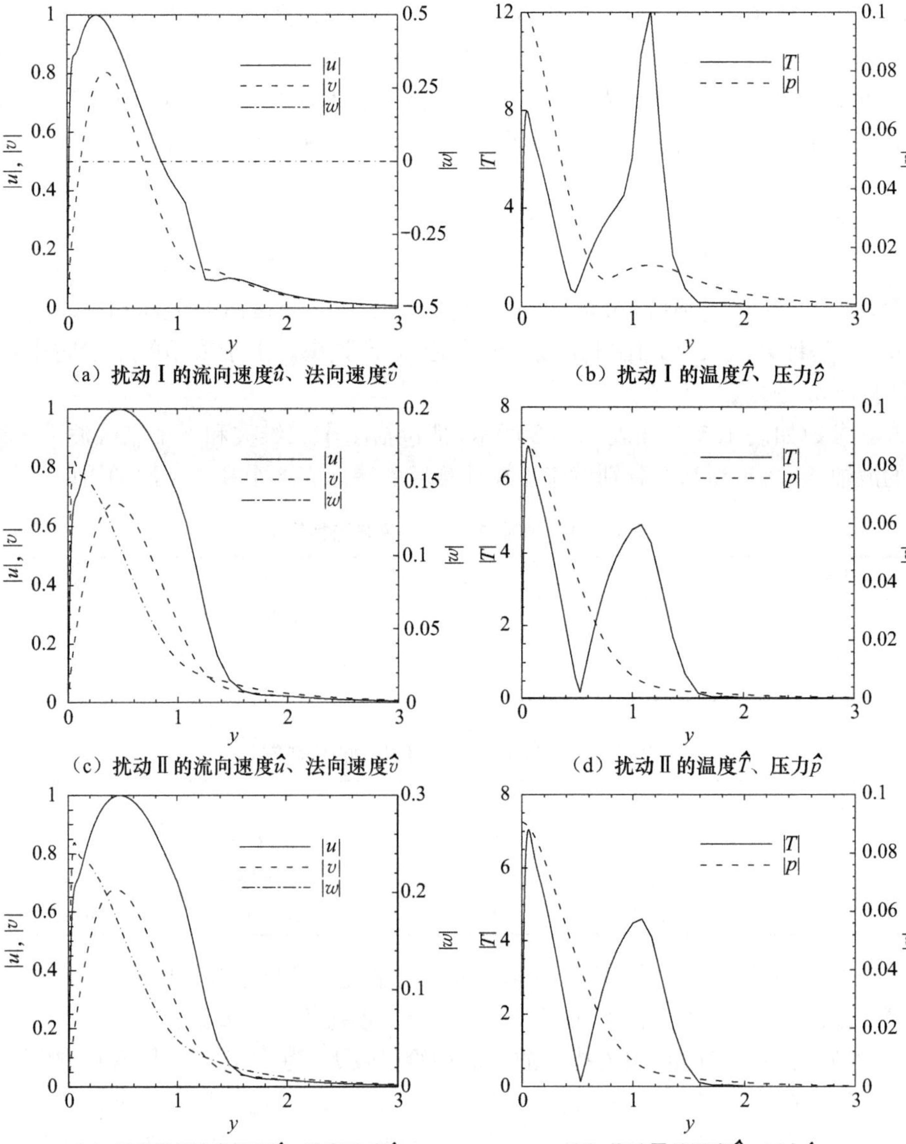

(a) 扰动Ⅰ的流向速度$\hat{u}$、法向速度$\hat{v}$　(b) 扰动Ⅰ的温度$\hat{T}$、压力$\hat{p}$

(c) 扰动Ⅱ的流向速度$\hat{u}$、法向速度$\hat{v}$　(d) 扰动Ⅱ的温度$\hat{T}$、压力$\hat{p}$

(e) 扰动Ⅲ的流向速度$\hat{u}$、法向速度$\hat{v}$　(f) 扰动Ⅲ的温度$\hat{T}$、压力$\hat{p}$

图 1.5.3　情况 B 引入的扰动的特征函数分布

图 1.5.5 为壁面摩擦系数沿流向的变化(C_f 曲线)。开始阶段,摩擦系数略有下降,在 $x=100$ 左右处迅速上升,而在 $x=160$ 左右处开始下降并趋于平缓。这反映了从层流到湍流的转捩过程,并可以初步界定转捩中的 breakdown 过程的开始与结束的位置。图 1.5.6 给出 x 和 z 方向平均的扰动动能 $k=\overline{\rho u_i' u_i'}/2$ 沿流向

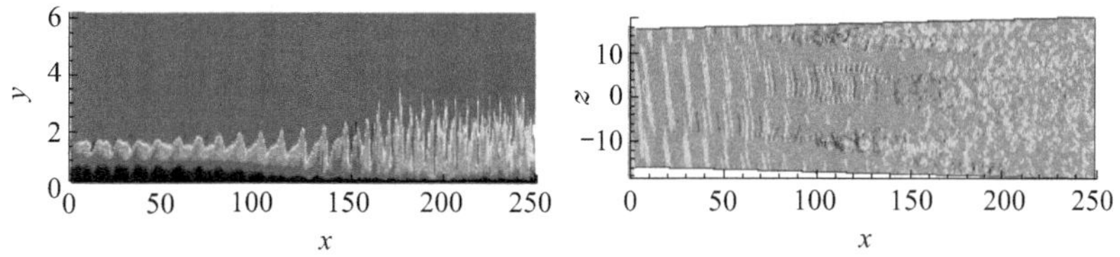

（a）某一子午面中的密度场灰度图　　（b）y=0.043平面中的密度场灰度图

图 1.5.4　情况 A 某一时刻的瞬时密度场灰度图

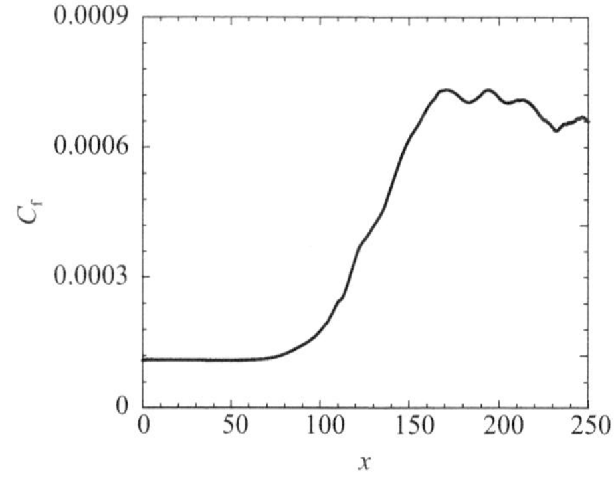

图 1.5.5　壁面摩擦系数的流向分布

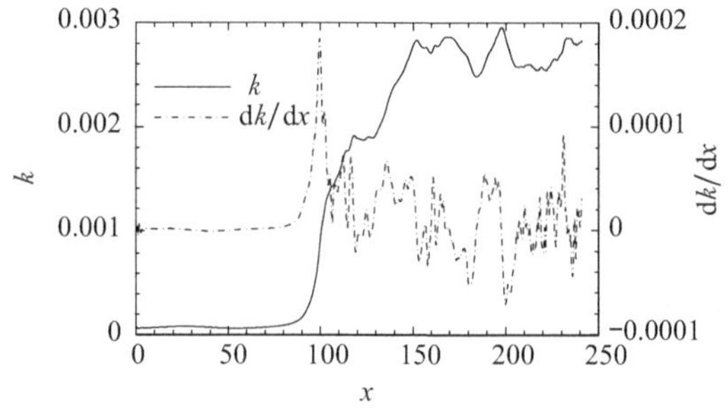

图 1.5.6　扰动动能及其变化率的流向分布

的分布及其沿 x 方向的变化率。其迅速上升的起止点均比壁面摩擦系数迅速上升的起止点略微提前一点。扰动动能沿 x 的变化率最大值对应的 x 比 100 略小一点。

图 1.5.7 给出不同的几个流向位置的平均速度、平均密度、平均温度以及脉动速度均方根沿法向的分布。以平均速度剖面来说，入口处为规则的层流剖面。到 $x=100$ 处，其形状发生了一定的变化。到 $x=130$ 处，速度剖面已经出现了拐点。到 $x=160$ 处，速度拐点上移。而到 $x=230$ 以后，剖面就基本不变了。相应地，在此过程中，各物理量的平均值也发生变化，而在 $x=230$ 后，就变化很小了。这意

味着在 $x=230$ 之前转捩已经完成。实际上,从壁面摩擦系数的流向分布图中可看出,在 $x=170$ 后就不再增长了,即该处可看成是转捩过程完成之处。

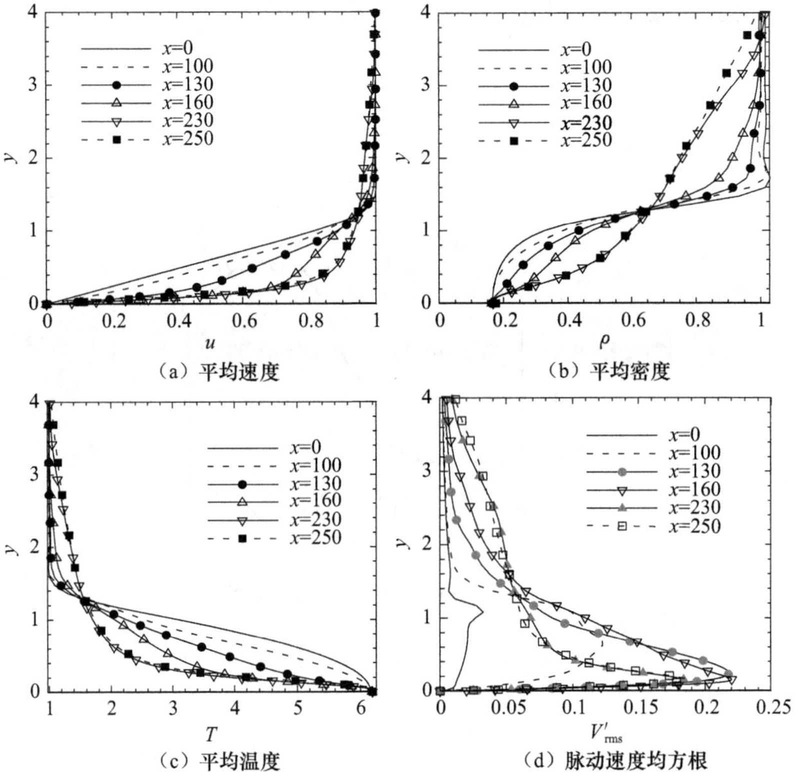

(a) 平均速度　(b) 平均密度
(c) 平均温度　(d) 脉动速度均方根

图 1.5.7 从层流到湍流平均剖面的变化过程

平均流剖面形状的变化影响其稳定性特征。图 1.5.8 为不同流向位置的平均流剖面的线性稳定性中性曲线。考虑到尖锥半径沿流向是变化的,计算域的展向(即锥的周向)尺度随着流向位置的增大而按比例增大。跟随同一个波,其展向波长将相应地增大,或其波数 β 将相应减小。因此,以入口处的中性曲线为标准,其后不同位置的中性曲线在展向要做相应的拉伸才能在同一图中来比较,其拉伸系数为 r/r_0。

分析发现,流场下游的周向平均流速不为零,这是因为扰动在周向并不对称而致,其影响是使中性曲线关于 β 轴不对称,在做稳定性分析时必须把这一因素考虑在内。可以看出,在转捩过程中,第二模态波的中性曲线所包含的不稳定区迅速减小,到 $x=110$ 处已经消失。反之,第一模态波的不稳定区在 $x<80$ 时变化缓慢。而从 $x>80$ 开始,不稳定区域迅速增大,并且在 $x=100$ 处不稳定区域最大。这与图 1.5.6 中该处扰动动能变化率最大相对应。而在 $x=110$ 以后,不稳定区域开始

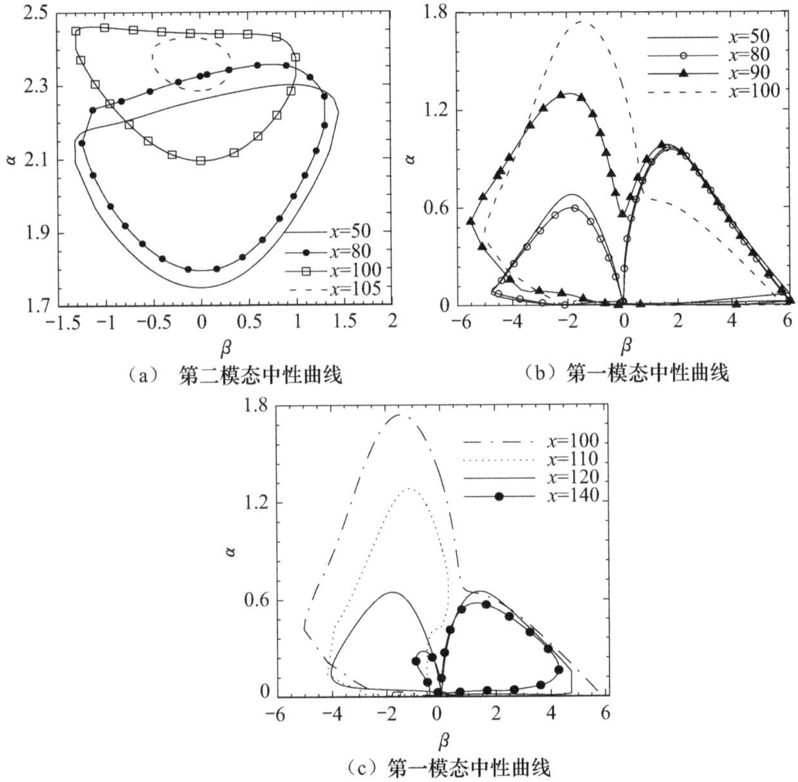

（a） 第二模态中性曲线　（b）第一模态中性曲线

（c）第一模态中性曲线

图 1.5.8　不同流向位置的平均流剖面中性曲线

减小。在转捩阶段不稳定区域的扩大使得非线性作用激发的更多频率的不稳定波得以快速增长，从而使得 breakdown 过程快速完成。进入湍流阶段以后，不稳定区域将消失，表明具有整体性质的不稳定波已不存在，脉动的产生和维持已是另一种机制。

以上说明，导致可压缩尖锥边界层转捩的 breakdown 过程的机理和平板边界层的一样，即平均流剖面的稳定性发生了显著的变化。第一模态不稳定区的迅速增大是导致转捩的主要因素，第一模态不稳定波在可压缩流的转捩过程中起主导作用。

以下简述情况 B 的情况。图 1.5.9 给出某一 x-y 平面和 $y=0.043$ 平面中的瞬时密度场灰度图。对比图 1.5.4 可以发现，由于在情况 B 中引入的初始扰动中第一个波是增长快的第二模态二维波，另两个波是衰减波，因此在初始阶段灰度图中显示出的是波长短的第二模态二维波，其流场主要表现为二维结构(图 1.5.9(b))。到 $x=40$ 以后，流场出现明显的周向波长很短的规则的三维型结构，说明此时三维波的幅值已迅速增长起来。到 $x=80$ 处以后，流场的三维结构已变得不规则。而到 $x=150$以后，流场中布满小尺度的涡，说明已经进入湍流阶段。

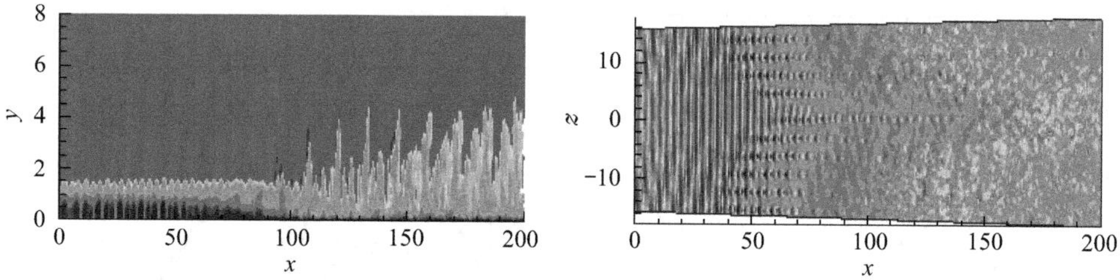

（a）某一x-y平面中的密度灰度图　　（b）y=0.043平面中的密度灰度图

图 1.5.9　情况 B 中某一瞬时的密度灰度图

对不同位置的平均流剖面做线性稳定性分析，发现和情况 A 中的情况相似，开始时第二模态波的不稳定区较大，但很快就缩小并消失。而第一模态波的不稳定区则快速增大，然后逐步减小，在转捩结束前最终消失。

图 1.5.10 与图 1.5.11 分别是情况 B 下的壁面摩擦系数与脉动速度均方根沿流向的分布图。从图中可以看出，二者从一开始就明显上升，即一开始就进入了转捩段。这可能是因为引入的初始扰动中的二维波增长率很大，且初始扰动的幅值 0.05 不是一个小数，如再快速增长，其对平均流剖面的修正所导致的正反馈作用就会立即显现出来。但二者在 $x=60$ 处开始又都在出现一定的下降后再增长。其原因是，随着平均流剖面的稳定性分析所显示的第二模态波的不稳定区消失，扰动中的二维波也随之衰减。而第一模态波则随着平均流剖面中对应的不稳定区域不断增大而快速增长并开始起主导作用。从图 1.5.9(b)也可看到，在 $x=60$ 左右，三维结构变得明显起来，这正是主导扰动由第二模态转为第一模态的标志。两种模态波的形状及其峰值所在法向位置有明显的差别。即使二者峰值大小相同，其雷诺应力对平均流剖面的修正作用及对扰动能量的贡献也不相同。因此，在 $x=60$附近二者相对重要性的转换，会导致壁面摩擦系数和扰动能量演化趋势的局部变化。即壁面摩擦系数和扰动能量曲线的局部下降应是起主导作用的波由第二模态向第一模态过渡的结果。

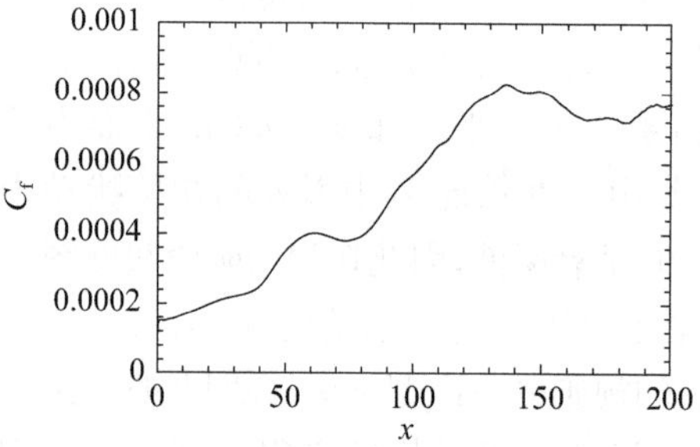

图 1.5.10　壁面摩擦系数的流向分布

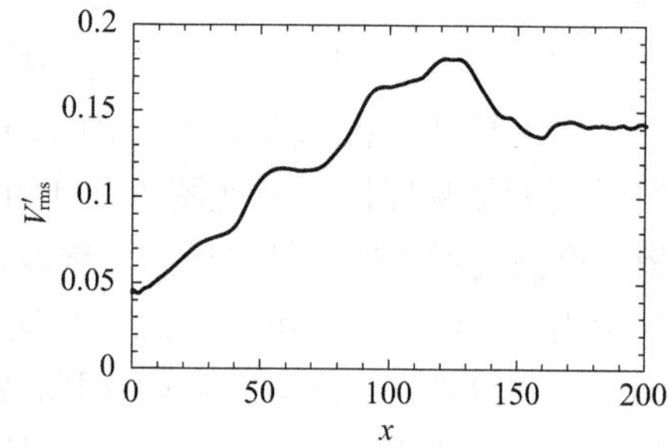

图 1.5.11　脉动速度均方根的流向分布

由以上两个例子可见，虽然与平板边界层相比，尖锥边界层存在着沿流向变化的展向曲率，但对马赫数为 6 的高超声速零攻角尖锥边界层转捩的数值模拟发现，其转捩的机理仍是平均流剖面稳定性的迅速变化。这种变化决定了无论初始扰动是第一模态波还是第二模态波，在转捩过程中，平均流剖面稳定性特征的变化总是导致最终由第一模态波起主导作用。但在转捩前，第二模态波的最大增长率则可能比第一模态波的最大增长率更大。因此，在一些风洞实验的报告中往往先测到的是第二模态波，但随后又测到第一模态波。

1.6　bypass 转捩机理

以上所讨论的转捩都属于自然转捩，在转捩发生前，都经历一段较长的层流边界层内扰动的演化。由于小扰动的增长，层流剖面经扰动的非线性作用而被修正，导致平均流剖面的线性不稳定区显著增大。因此，更多不同频率和波数的不稳定波被激发，其增长率也很大。相应地，扰动产生的雷诺应力也增大，其对平均流剖面的修正作用也进一步增大。这个正反馈作用，使得转捩过程具有突变的性质，层流剖面很快地转成湍流平均流剖面。

无论是在自然界还是工程技术界，都有另一种转捩，其特点是在转捩前并不经历小扰动缓慢增长的阶段。例如，在实验中早就发现，当边界层外的背景扰动较大时，或边界层壁面的粗糙度较大时，都有可能在雷诺数小于线性稳定性理论所给出的临界雷诺数之前就发生转捩。这类转捩称为 bypass 转捩，Dong 和 Zhou 研究了边界层外背景扰动较大时的情况[7]。

这类转捩的过程通常被认为经历以下过程：边界层外自由流中的低频扰动会在边界层中激发较长的流向条带结构，这类条带结构可能导致某种二次不稳定性，使得一些高频扰动迅速增大，随之可能形成湍斑，并由众多湍斑的合并而成为湍流。这类边界层中的条带，在 20 世纪 70 年代就由 Klebanoff 在实验中发现[8]。其后有不少人对其产生机制提出了各种理论模型，如 Ricco 等[9]。也有不少人对其做 DNS，如 Zhang 等[10]。但这些研究对由二次不稳定性产生高频扰动后如何导致最终的湍流，其间是否真的经历湍斑阶段，并没有给出机理性的解释。因此，这种传统的解释和对于自然转捩的传统解释一样，基本上是一种唯象的描述，并没有给出转捩的机理。本节首先通过 DNS 对这类转捩的一个具体例子做完整的计算；然后分析转捩过程，以找到其机理。

Zhang 等用边界区方程研究了层流边界层外的均匀各向同性湍流激发边界层内流向条纹的问题。具体的做法是，假设在远离壁面处的均匀各向同性湍流由形如 $\sum\limits_{m}\sum\limits_{n}\sum\limits_{j}u_{mn}^{(j)}\mathrm{e}^{\mathrm{i}(mk_1(x-t)+jk_2y+nk_3z)}$ 的波代表。其中的 $u_{mn}^{(j)}$ 应按一定规则选择，使得流场的确具有均匀各向同性的性质。在边界层的前缘区，每一个波都会在边界层中引发一个扰动。每一个扰动都由满足壁面条件但在远处趋近于上述波的渐近解给出。在计算域入口处引入这些扰动，同时在上边界给定上述波作为边界条件，则在入口下游将逐渐形成流向条纹。其幅值将逐步增大或饱和。取对应于 $Re_\delta=614$ 的一个站位，这里 Re_δ 是以原层流边界层排移厚度为长度参考量的雷诺数，其流向速度的等值线如图 1.6.1 中实线所示。峰谷位置分别与边界层近壁区的低速和高速条纹位置对应。在每一个展向位置，流向速度剖面都有拐点，拐点的法向位置如图 1.6.1 中虚线所示。通过全局稳定性分析还发现这一流场有二次不稳定性。其不稳定波的增长率可达 0.01 的量级，其相速度在 0.4 到 0.5 之间。

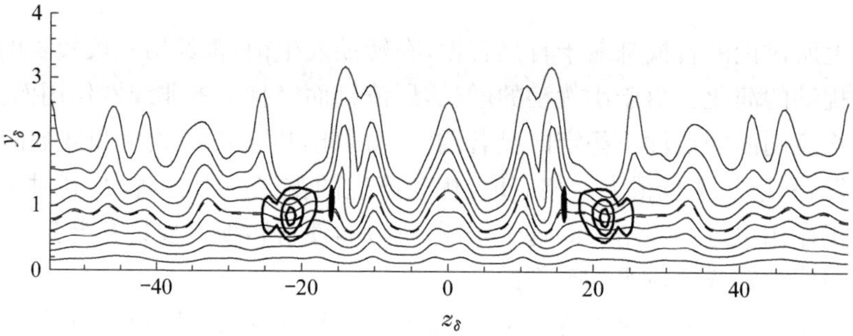

图 1.6.1　流向扰动速度等值线图

虽然二次不稳定性是对整个流场做整体不稳定性分析而得到的，但所得不稳定波的流向速度有两个很高的峰，位于两个最强的高速条纹处，如图 1.6.1 中粗实线所示。取它们所处位置的局部流场做进一步的分析。图 1.6.2 就是图 1.6.1 中位于 $-25.7\leqslant z_\delta\leqslant -14.3$ 范围内的流场，用灰度图表示其流速分布。图中的 z 坐标和 z_δ 的关系为 $z=z_\delta+25.7$。下面做 DNS 的计算域的展向范围，即 $0\leqslant z\leqslant z_1$，其中 $z_1=11.4$。用 $U_{s0}(y,z)$ 表示这一流场的流向速度。

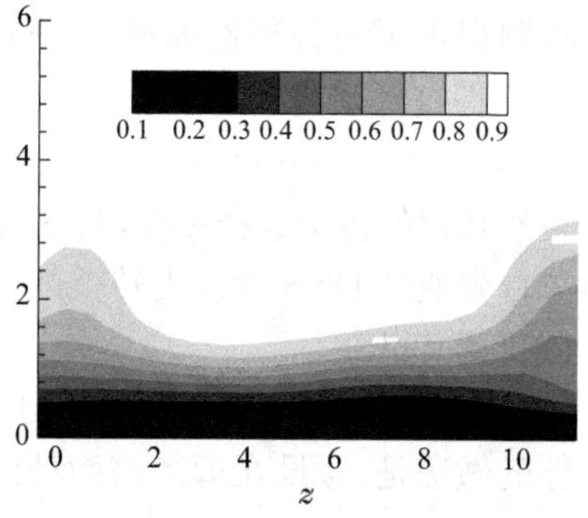

图 1.6.2　不稳定波取峰值处附近流场速度分布

这一流场原则上可以作为进一步分析的基本流场。但这一流场虽然在展向是近似周期的，却并不严格周期，这将使得在做进一步的 DNS 时，很难给定展向的边界条件。令

$$U_s(y,z) = \frac{1}{2}[U_{s0}(y,z) + U_{s0}(y,z_1 - z)] \tag{1.6.1}$$

则这一流场将是对称的。其对应的灰度图及不同展向位置的流向速度的法向分布分别示于图 1.6.3(a)、(b)中。图 1.6.3(b)中的粗实线是对展向平均后的平均流，实心圆点是其拐点处，对应的 $y=0.9$，对应的速度为 0.49。

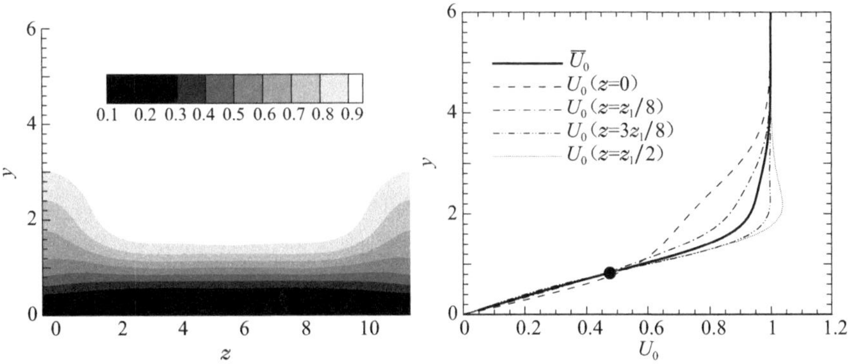

(a) 基本流流向速度灰度图　　(b) 不同展向位置的速度剖面

图 1.6.3　基本流速度的灰度图及剖面图

下面以这一流场作为进一步研究的基本流。采用时间模式以减少计算工作量。根据前面研究的结果看，时间模式和空间模式所得结果在定性上是没有区别的。实际上，根据黄章峰等的研究结果[11]，即使是湍流，时间模式的结果和空间模式的结果也可以相互转换，条件是用一个合适的时空转换速度，而这个速度就是湍流边界层中相干结构的传播速度。

有了基本流场后，可找其二次失稳解。该解可表达成

$$u'(x,y,z,t) = A\hat{u}(y,z)\exp(\alpha x - \omega t) \tag{1.6.2}$$

对时间模式，α 是实数，ω 是复数，ω 是要寻找的特征值。如 Zhang 等在文献[10]中所述，可用 Arnoldi 方法解这一问题。其结果如表 1.6.1 所示。

表 1.6.1　二次不稳定波的特征值

流向波数 α	频率 ω_r	增长率 ω_i	相速度 $c=\omega_r/\alpha$
0.57	0.28	0.033	0.49

与其特征函数对应的流向速度分布的灰度图如图 1.6.4 所示。

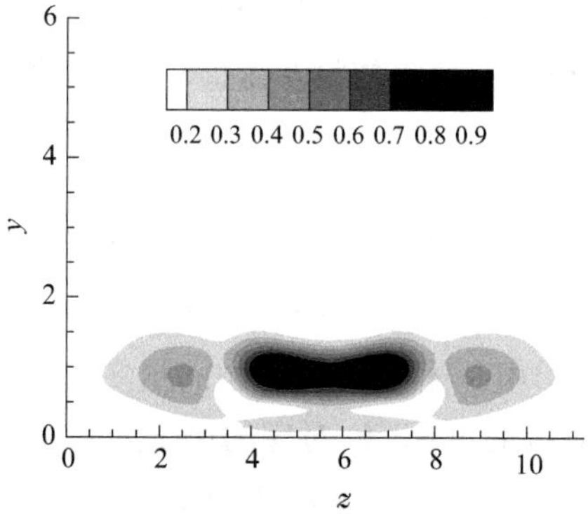

图 1.6.4　与特征函数对应的流向速度灰度图

在 DNS 中，这一不稳定波被作为初始扰动引入，其幅值 A 取为 0.005。但仅有一个扰动不会导致转捩，还需引入一些其他扰动。这其实是很自然的，因为在实际情况中，总会有其他各式各样的扰动存在。这里引入两个扰动，它们的波数和幅值如表 1.6.2 所示，但其速度分布是任意的，不一定要和某个特征函数相同。

表 1.6.2　其他小扰动的参数

扰动	流向波数	展向波数	幅值
Ⅰ	$\alpha/2$	$2\pi/z_l$	$A/2$
Ⅱ	$\alpha/2$	0	$A/2$

在 DNS 中，流向和展向用均匀网格，法向用非均匀网格。计算域在各个方向的尺度、网格数，以及网格尺度如表 1.6.3 所示，其中 Δy_w^+ 是最靠近壁面的法向网格尺度。法向的范围中包括了一个嵌边区，以使得有效计算域上边界的扰动得以顺利传出而不被反射入计算域，这使得法向的计算域尺度大于流向和展向计算域的尺度，看起来似乎很不合理。

表 1.6.3　计算网格参数

$x_l\times y_l\times z_l$	$N_x\times N_y\times N_z$	$\Delta x^+\times\Delta y_w^+\times\Delta z^+$
22.0×37.0×11.2	252×129×256	6.4×0.38×3.2

在 Zhang 等的计算中，除了在入口处引入扰动外，在上边界也有反映均匀各向同性扰动的边界条件。而在我们的计算中，除了将代表条纹和其他初始扰动的流场作为初始条件引入外，在上边界没有反映均匀各向同性湍流的边界条件，因此代表条纹结构的流场将很快衰减。这显然和实际不符。因此，我们在一段时间内，

在流场中加入一个体积力,以使条纹得以维持。将基本流和代表条纹结构的流场一起(以 U 表示)代入下式:

$$L_{NS}(U)+M=0$$

其中,L_{NS}为 N-S 方程算子,如果 U 本身就是 N-S 方程满足同样边界条件的解,则 $M=0$;否则将由此方程算出的 M 加入我们的方程中,就可以使条纹结构维持不变。但实际情况中的条纹结构不会永远存在,因此只在 $t=0$ 和 $t=48.8$ 之间加这个力。这样在随后的时间里,条纹结构会逐渐消失,正如实验中观察到的那样。

图 1.6.5(a)是壁面摩擦系数 C_f 和扰动动能 k 随时间的演化图。从图中可看到,扰动动能约在 $t=75$ 时开始快速上升,C_f 则约在 $t=80$ 时开始快速上升。因此,$t=80$ 可看成是转捩开始时间。如果以 δ_{tr}表示此时的边界层排移厚度,则转捩雷诺数 $Re_{\delta_{tr}}\approx 620$。如果以 Blasius 流作为基本流,并找出排移厚度与计算开始时的边界层排移厚度相同的 Blasius 剖面位置,并假设在该处所有不同频率扰动都有相同的幅值 0.005。在此基础上,用经改进后的基于线性稳定性理论的转捩预测方法(参见第 2 章),所得到的转捩雷诺数为 $Re_{\delta_{tr}}\approx 1216$,二者相差约两倍。如果以 Blasius 层流剖面中边界层排移厚度和流向位置坐标 x 的关系代入,则二者的流向位置坐标相差约四倍。尽管基于线性稳定性理论所得转捩雷诺数有一定的误差,Blasius 剖面流向位置坐标的零点和平板前缘位置有一些差别,但无论如何,后者流向位置坐标 x 比前者大了约四倍,足以说明本算例中的转捩,不是自然转捩而是 bypass 转捩。因此,可以在本例的基础上做分析,以找到 bypass 转捩的机理和自然转捩的机理有何异同。

图 1.6.5(b)为边界层厚度及边界层形状因子的演化曲线。边界层厚度开始快速增长时间比 k 和 C_f 开始快速增长的时间要滞后一些,但形状因子快速变化开始时间则和 k 的基本相同。

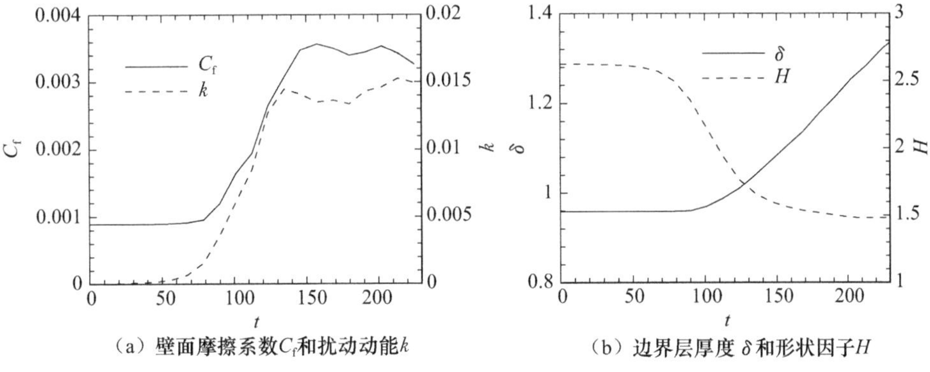

(a) 壁面摩擦系数C_f和扰动动能k　　(b) 边界层厚度 δ 和形状因子H

图 1.6.5　壁面摩擦系数 C_f、扰动动能 k、边界层厚度 δ 和形状因子 H 随时间的演化曲线

图 1.6.6 是不同时刻沿展向平均后的平均流剖面。可以看出，直到 $t=67.5$ 时，平均流剖面还几乎没有什么变化。但到 $t=90$ 时，变化就已明显了。仔细分析可以发现，此时的剖面有两个拐点，靠上的一个约在 $y=1.35$ 处，与其对应的平均流速度 $\overline{U}_0(1.35)\approx 0.72$。到 $t=112.5$ 时，这个拐点移到 $y\approx 2.36$ 或更高的位置，对应的平均流速度 $\overline{U}_0(2.36)\approx 0.86$。拐点位置的显著变化，意味着它所对应的可能是另一族不稳定波。

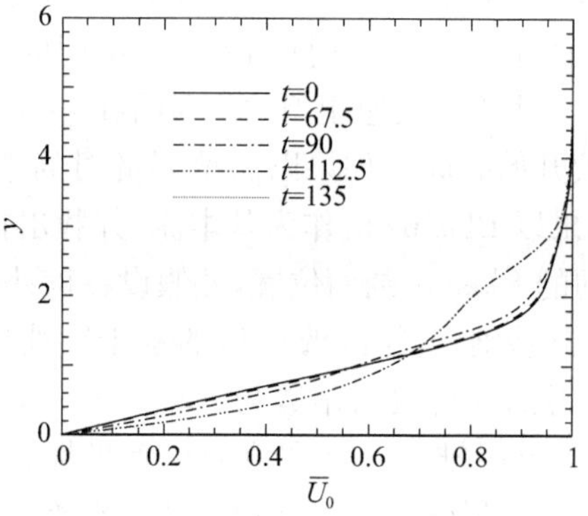

图 1.6.6　不同时刻的平均流剖面

令

$$u'(x,y,z,t)=|\,u(x,y,z,t)-u_0(y,z,t)\,| \tag{1.6.3}$$

其中，$u_0(y,z,t)=\dfrac{1}{x_1}\displaystyle\int_0^{x_1}u(x,y,z,t)\mathrm{d}x$ 为流向平均后的速度。因未对展向平均，流场的条带结构仍存在，所以 u' 是扰动相对于保留了条带结构的平均流场的绝对值。图 1.6.7 显示出了不同时刻 u' 在 y-z 平面中的分布，可以看出它随时间而逐步随机化。

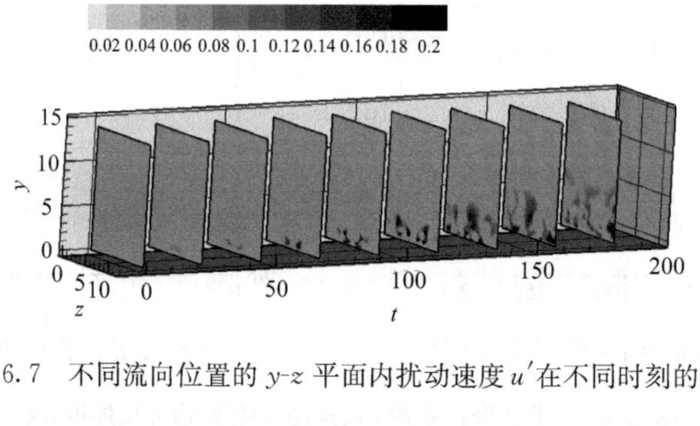

图 1.6.7　不同流向位置的 y-z 平面内扰动速度 u' 在不同时刻的分布

图 1.6.8(a)显示了不同时刻平均流剖面的线性稳定性中性曲线。图 1.6.8(b)是与中性曲线上的点对应的相速度曲线，图 1.6.8(c)是对应的放大率。$t=0$ 时，在

α-β 平面中，已经有一个中性曲线，即有一个不稳定区。但这一不稳定区，不是基本层流的不稳定区，而是已经过条带结构修正后的剖面的不稳定区。这个不稳定区使得初始时加入的任意扰动得以从平均流中吸取能量而继续增长，反过来其产生的雷诺应力会使平均流剖面得到进一步修正。

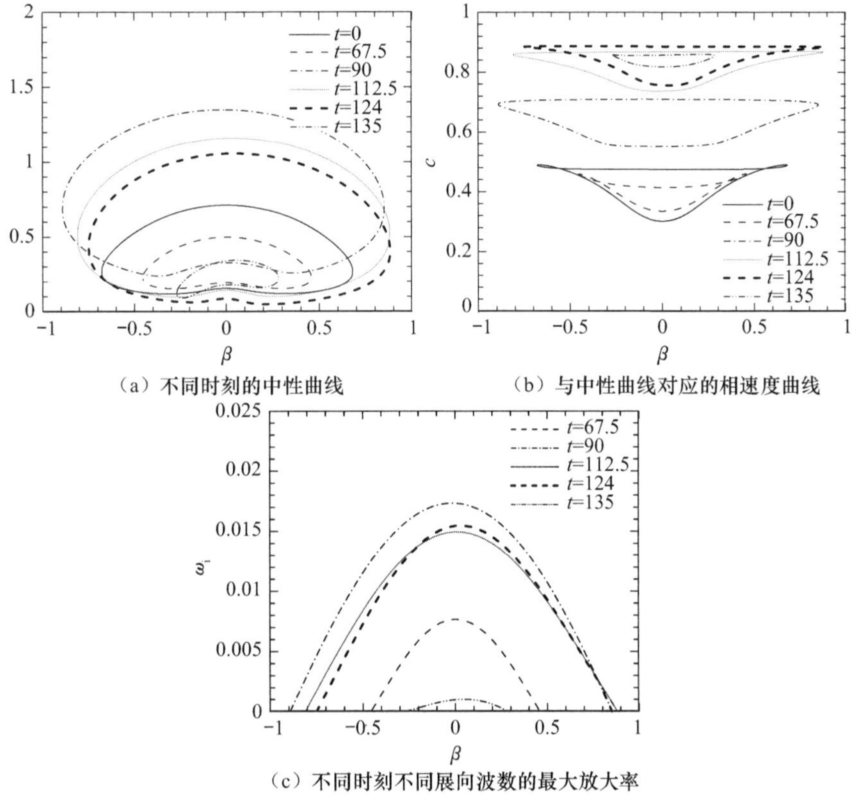

（a）不同时刻的中性曲线　（b）与中性曲线对应的相速度曲线

（c）不同时刻不同展向波数的最大放大率

图 1.6.8　不同时刻平均流剖面的线性稳定性特征

但实际上从图 1.6.8(a)、(b)中可以看到，$t=0$ 时出现的不稳定区并不随时间而进一步扩大，在 $t=67.5$ 时反而缩小了。事实上，它在 $t=80$ 前就消失了。但另一方面，在 $t=90$ 时，已出现了另一条中性曲线，它对应的相速度明显和原来的不稳定波的相速度不同，在 0.6～0.7 范围内，即它对应的是另一族不稳定波。随后这一中性曲线包含的区域大小变化不大，但对应的相速度也进一步增大到 0.8 左右。到 $t=135$ 时，这一中性曲线显著缩小，但相速度仍保持在 0.8 左右。这时已接近于转捩过程结束的时刻。从图 1.6.8(c)可见，在整个转捩段中最不稳定波的最大增长率可达 0.017 的量级，远大于 $t=0$ 时不稳定波的最大增长率 0.001。

在 1.2 节中已经说明,对时间模式问题,在假设流向和展向都有周期性后,扰动从平均流吸取能量的时间率取决于线性稳定性机制,而且线性稳定性机制使得扰动形状趋于给定波数下最不稳定特征波的形状。非线性作用则表现在:①对平均流产生修正作用;②使得不同波数的扰动波之间有能量交换;③使得给定波数的扰动波形状偏离最不稳定特征波的形状。下面通过对 DNS 结果的分析来看扰动形状与给定波数下的最不稳定特征波的形状是否相差不大。

图 1.6.9 给出了 $t=124$ 即转捩快结束时两个不同波数的扰动波的形状,以及相应波数下由线性稳定性理论给出的最不稳定特征波(即 T-S 波)的形状。可见,它们的形状是相差不大的,特别是其峰所在位置及形状。

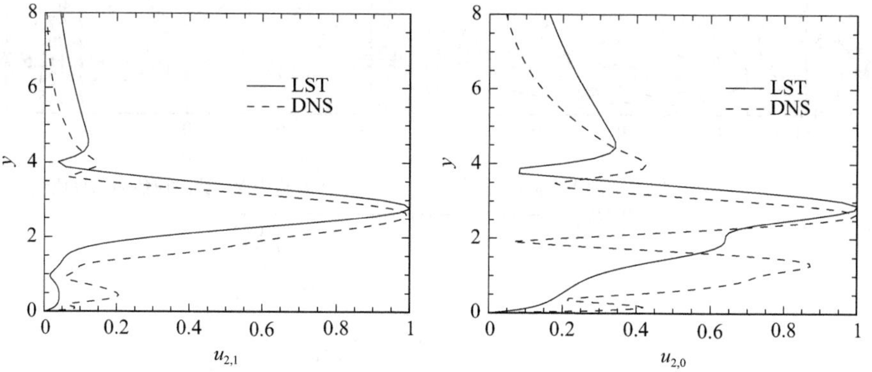

(a) $\alpha=0.57,\beta=0.55$　　(b) $\alpha=0.57,\beta=0$

图 1.6.9　由 DNS 所得两个扰动波形状与由线性稳定性理论(LST)所得最不稳定的 T-S 波形状的比较

还可以计算这两个波从 $t=67.5$(扰动能量开始快速增长时)到 $t=124$(扰动能量快速增长期即将结束时)的幅值平均增长率。一个方法是从 DNS 结果中找到这两个时刻的幅值 $A(67.5)$ 和 $A(124)$,则平均增长率将为 $\bar{\omega}_i=\frac{1}{124-67.5}\cdot\ln\left[\frac{A(124)}{A(67.5)}\right]$,这样所得两个波的平均增长率分别为 0.021 和 0.011。另一个方法则是用线性稳定性理论求与图 1.6.8 中四个时刻,即 $t=67.5,90,112.5,124$ 对应的,波数与上述两个波的波数相同的 T-S 波的增长率,然后取其平均值。这样所得结果为 0.017 和 0.010,和前面所得结果相当接近。可见,用平均流剖面的线性稳定性特征来解释转捩机理是可信的。

再举出一个事实来增强用平均流剖面的线性稳定性特征解释转捩机理的可信度。图 1.6.10 是从 DNS 结果中所得的四个时刻的扰动能量在波数平面中的谱分布图。图 1.6.10(a)中的两个亮点,从其波数可以判断那是条带结构及二次不稳定波的展向二次谐波直接相互作用导致的结果,其幅值约为 0.0002。图 1.6.10(b)

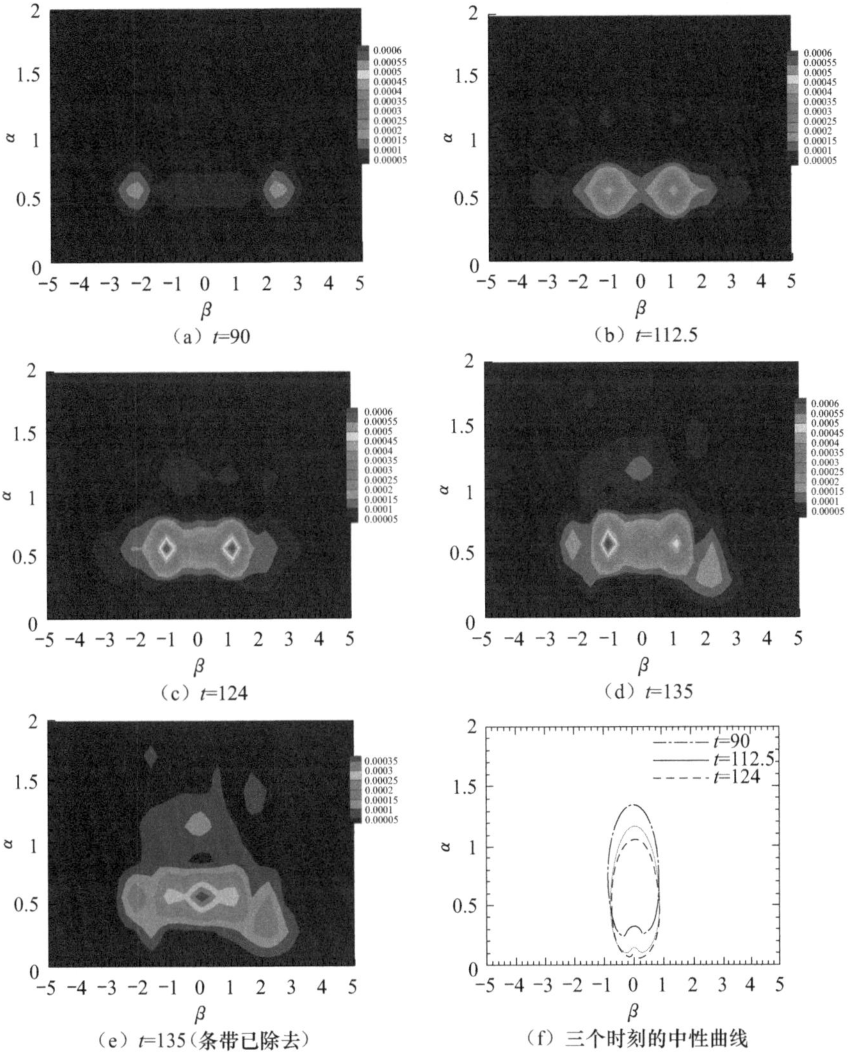

图 1.6.10　不同时刻扰动能量的谱分布(另见文后彩插)

中的两个亮点,从其波数可以判断那是条带结构及二次不稳定波的展向基本波直接相互作用导致的结果,其大小略小于 0.0005,而此时前述的两个亮点已不占优势。随着时间的演化,围绕 $\alpha=0.57$ 和 $\beta=0$ 区域的波逐渐显露出来,这从 $t=135$ 时该处有一较弱的孤立亮度可以看出,其幅值略小于 0.00045。虽然还赶不上由条带直接导致的扰动,但考虑到在 $t=112.5$ 时该波数的波的幅值还只是 0.00015,其增长速度实际是很大的。如果除去图 1.6.10(d)中与条带相关的两个亮点而得到图 1.6.10(e),则其中红色区域突显的就是增长最快的波(注意图 1.6.10(e)中重新标注了颜色所代表的值)。图 1.6.10(f)中给出了三个时刻的平均流剖面中性曲线，它们代表转捩过程中扰动能量增长很快的三个时刻。图 1.6.10(e)中的红色区域正好位于这三个中性曲线的中部，对应于线性稳定性理论中增长率最大的波。这再一次证明用平均流剖面的线性稳定性理论来解释转捩机理不是没有根据的。

综上所述可以看到，在 bypass 转捩过程中，和自然转捩一样，要经历一个平均流剖面的线性稳定性特征发生显著变化的过程。这一变化表现在线性稳定性理论给出的参数平面内的不稳定区扩大，不稳定波的最大增长率变大。这又使得有更多的不稳定波出现并快速增长，反过来进一步修正平均流剖面，使得这一作用进一步增强。这是一种正反馈的作用，从而使得它所控制的过程具有突变性质。与自然转捩不同之处在于，自然转捩中第一步引起平均流剖面线性稳定性特征发生变化的是边界层中线性不稳定波增长后所产生的雷诺应力。而 bypass 转捩中，则多了一个中间过程。即第一步引起平均流剖面线性稳定性特征发生变化的原因不是一般的不稳定波(即 T-S 波)，因为这时基本流剖面还是稳定的，不存在线性不稳定波，而是边界层外的扰动激发出的边界层中另外的某种扰动，在本节中就是流向的条带结构。原来的基本流加上条带结构形成的流场，对某些扰动(不是 T-S 波)形成了二次不稳定性，且不稳定波的增长率很大，达 0.033(表 1.6.1)，远大于 T-S 波的增长率。而有了条带结构后的平均流剖面也有了通常意义下的不稳定区，即某些频率和波数的 T-S 波是不稳定的了。但这一不稳定性还不足以形成转捩中扰动增长的正反馈机制，因为在转捩开始前这一不稳定性对应的中性曲线就消失了。但由二次不稳定性导致的不稳定波得以快速增长，对平均流产生修正。它改变了平均流的线性稳定性特征，使得众多的线性不稳定波被激发和快速增长，最终形成一种和自然转捩中相似的正反馈机制，导致转捩的发生。

国际上，航天界科技人员很关注由大粗糙元引发的 bypass 转捩问题，因为在研发高超声速飞行所需的吸气式发动机时，原理性实验的样机尺寸一般要小于真实的发动机的尺寸。这时在进气道的前段往往形不成湍流，从而不能反映真实的情况，于是就需要采取用大粗糙元触发转捩的措施。大粗糙元的下游会产生流向的涡旋，其作用很可能与本节中的流向条带类似，会导致某种二次不稳定性，由此引发某些能快速增长的不稳定波。这些波会修正平均流剖面，使得其线性稳定性特征发生有利于更多 T-S 波产生并快速增长的变化，并形成一种正反馈的作用而导致转捩。但这一观点是否正确，需要进一步的研究。

1.7 小　结

至此可以看到，对我们研究过的情况，当边界层的平均流剖面因扰动的影响而使其线性稳定性特征发生改变(其主要表现在波数或波数-频率空间内的线性不稳定区和对应的扰动放大率都增大),从而有利于更多的扰动被放大以及对平均流剖面的修正,转捩就开始了。这对从事流动稳定性非线性理论研究的人员,也有一定意义。过去研究非线性稳定性理论,关注的主要是非线性机制会导致什么扰动被激发。但非线性理论如何和转捩直接联系起来则不在其考虑之内或无法建立直接联系。因为前者考虑的一般只是有限个数的扰动,而一旦转捩开始,扰动个数就会大幅增加。而扰动个数很多时就超出了非线性理论的能力范围。但根据上述转捩机理,进行非线性理论研究,在关注何种扰动会因非线性机制而被激发及它们将如何演化的同时,也要将对平均流的修正包含在演化的效果内,这样就有可能将非线性理论和转捩预测直接联系起来。

参考文献

[1] 王新军,罗纪生,周恒.平面槽道流中层流-湍流转捩的"breakdown"过程的内在机理.中国科学,2005,35(1):71-78

[2] 周恒,李骊. Orr-Sommerfeld方程的特征值问题及展开定理.应用数学和力学,1981,2(3):295-305

[3] Tang H T, Luo J S, Zhou H. Mechanism of breakdown in laminar-turbulent transition of incompressible boundary layer on a flat plate. Transaction of Tianjin University, 2007, 13(2):79-87

[4] 黄章峰,曹伟,周恒.超声速平板边界层转捩中层流突变为湍流的机理——时间模式.中国科学G,2005,35(5):537-547

[5] 曹伟,黄章峰,周恒.超声速平板边界层转捩中层流突变为湍流的机理研究.应用数学和力学,2006,27(4):379-386

[6] 董明.超声速尖锥/钝锥边界层稳定性、转捩及湍流的研究.天津:天津大学博士学位论文,2008

[7] Dong M, Zhou H. A simulation on bypass transition and its key mechanism. Science China, Physics, Mechanics & Astronomy, 2013, 56(4):777-784

[8] Klebanoff P S. Effect of freestream turbulence on the laminar boundary layer. Bulletin of the American Physical Society, 1971, 10:1323

[9] Ricco P, Luo J S, Wu X. Evolution and instability of unsteady nonlinear streaks generated by free-stream vortical disturbances. Journal of Fluid Mechanics, 2011, 677:1-38

[10] Zhang Y, Zaki T, Sherwin S, et al. Nonlinear response of a laminar boundary layer to isotropic and spanwise localized free-stream turbulence. Invited Presentation. AIAA 2011-3292. 6th AIAA Theoretical Fluid Mechanics Conference, Hawaii, 2011

[11] 黄章峰,周恒,罗纪生.超声速平板边界层湍流的直接数值模拟及分析.中国科学G辑,2006,36(1):46-58

第 2 章　转捩预测

2.1 引　　言

在 1.1 节中已经指出，整个转捩问题实际牵涉到几个问题：①边界层中的扰动由何而来即感受性问题；②边界层中的扰动如何演化；③扰动演化到何处，或演化到什么程度，转捩开始，即转捩判据问题；④转捩的机理是什么。

关于第一个问题，研究的起步较晚。特别是对超声速、高超声速边界层，至今主要是通过流动的 DNS，得到一些结果。这些结果从定性来说，对人们的认识是有帮助的，但从定量来说，还不能直接用于转捩预测。这个问题在第 4 章会有一个简单的综述。第二个问题是过去研究最多的问题，即如何和实际的转捩预测联系起来。第三个问题可以说过去未见任何的论述。第四个问题在第 1 章中已有较详细的介绍。

国外已有的转捩预测方法中实际上没有考虑第一个问题，也没有对第三个问题如何处理有理论上的说法。其结果是他们的预测方法是一个严重依赖于经验的半经验方法，对每一类流动都要有相应的实验以给出一个转捩判据，使得方法的普适性很差。

在本章中，首先简单介绍国外用得最多，也被认为是相对最合理的方法。这里，相对最合理是相对于其他一些更缺乏清晰的思路，更依赖于实验和经验，要有很多个可调参数的方法，或者基本上是经验的方法。

在分析了相对最合理的方法中存在的问题后，将介绍我们提出的改进方法，并将其用于一些典型的边界层的转捩预测。我们将尽可能地与实验结果做比较，并对我们提出的转捩判据做进一步的验证。

人们总希望有朝一日能彻底解决转捩预测问题。对此将举一个例子，说明实际上转捩问题的复杂性超出人们的预期。转捩问题与充分发展的湍流问题有很大不同。流动一旦成为充分发展的湍流，其流动特性有其自身的规律。虽然外界的扰动总是存在的，但对湍流的特性影响并不太大，除非外界的扰动特别大。因此，人们可以直接研究充分发展的湍流本身。而转捩是一个过程，对外界干扰很敏感，因此无法把转捩预测和外界干扰分割开来。而外界干扰究竟如何是一个可能永远无法充分解决的问题。

一般在做风洞实验时，风洞的背景扰动显然会对转捩结果有明显的影响。

例如，在人们由流动稳定性线性理论预测出存在 T-S 波，并求得线性稳定性理论的临界雷诺数后，在 10 年左右的时间内，并没有在实验中被证实。直到后来建成了低湍流度风洞，才从实验中探测到了 T-S 波和找到临界雷诺数附近的中性曲线。其原因就是，在一般的风洞中，背景扰动较大，以至于预测的 T-S 波被背景扰动淹没而无法探测到。同时，也往往在小于临界雷诺数处，就已发生了转捩。

对超声速流，情况就更为复杂。其背景扰动可有涡波、熵波和声波等几种。在通常的风洞中，背景扰动中由风洞的湍流边界层发射出的声波扰动占主导地位。而在静风洞中，这种声波扰动被抑制，其他的扰动占主导地位。两种风洞对同一模型所做的转捩实验，其结果是不同的。而在高空飞行的超声速、高超声速飞行器，其周围空气中的扰动一般不会是以声波扰动为主。因此，要将风洞实验和真实的飞行关联起来，就需要在静风洞中做实验。当然，无论是一般的风洞还是静风洞，其背景扰动都是很复杂的。不同的扰动频率和波长的谱分布会有不同的转捩结果。而天空中扰动的频率和波长的谱分布显然也会影响实际的转捩结果。所以原则上，做风洞中的转捩实验，应该知道风洞中的背景扰动的有关特征。而要将其结果与实际飞行中的转捩关联起来，则还要知道大气中扰动的特征。而实际上，即使是风洞中背景扰动的特征都几乎不可能完全知道，更不要说是大气中的扰动的特征了。

所以，一方面要尽可能地了解转捩问题的各个方面，力求对转捩做出有一定可信度的预测；另一方面，也不应苛求能得到一个完全确定的准确预测结果。

2.2 基于线性稳定性理论的预测方法——e^N 方法

在 2.1 节中已指出，转捩预测牵涉到四个问题，即感受性问题、扰动演化问题、转捩判据问题、转捩过程机理问题；并指出，迄今为止，第二个问题被研究得最多。但即使如此，第二个问题仍不能说已彻底弄清，这主要是指非线性演化阶段的问题。

但好在对自然转捩，即从小扰动开始的转捩，在转捩前的大部分时间里扰动幅值都很小，至少在工程技术所要求的精度范围内，用线性理论即可解决。而从转捩的实验和 DNS 结果看，一旦扰动幅值增大至必须用非线性理论时，离转捩开始已不远。如果有适当方法可以估计从必须用非线性理论研究扰动演化之处到转捩开始之处的距离，就可以不研究这一段扰动演化的细节。这就是人们提出基于线性稳定性理论的预测转捩方法的根据。

基于线性稳定性理论的转捩预测方法在国外被称为 e^N 方法。它是通过计算不稳定波的线性增长倍数来预测转捩的。

下面以一个锥的转捩预测为例来说明这一方法。

根据线性稳定性理论，小扰动可以写成行进波形式：

$$q'(x,y,z,t)=\hat{q}(y)\mathrm{e}^{\mathrm{i}(\alpha x+\beta z-\omega t)} \tag{2.2.1}$$

其中，x 是锥面和锥的子午面交线方向的坐标；y 是法向坐标；z 是展向坐标；t 是时间；α、β 分别为流向和展向波数；ω 为频率。将上述表达式代入线性化的扰动方程后可得到有关 ω、α、β 的特征值问题，具体可参见文献[1]。在空间模式的问题中，ω 为实数，α、β 为复数，它们的虚部 $-\alpha_{\mathrm{i}}$、$-\beta_{\mathrm{i}}$ 分别为沿流向和展向的扰动的幅值放大率。一般在给定频率及一个波数下，通过稳定性理论中的特征值问题可求得另一个波数。

e^N 方法实际上是基于模态竞争概念上的一种方法。假设在边界层内存在很多不同频率和波数的小扰动，在线性理论范围内，各个小扰动波各自按线性理论演化而互不干扰，即相互独立发展。它们在向下游演化的过程中，只要有一个扰动演化到按某一判据能触发转捩，就确定了转捩的位置。以上就是模态竞争的概念。

这些相互独立的小扰动，可以分别用线性稳定性理论研究它们向下游传播时幅值的演化。如果不考虑扰动沿展向的放大，而只关注沿流向的放大，则从式(2.2.1)可以看到，它们的幅值在演化中的放大倍数，可以用下式表达：

$$\mathrm{e}^{-\int_{x_0}^{x}\alpha_{\mathrm{i}}(x)\mathrm{d}x} \tag{2.2.2}$$

或写成 e^N，而

$$N=-\int_{x_0}^{x}\alpha_{\mathrm{i}}(x)\mathrm{d}x \tag{2.2.3}$$

其中，x_0 是积分的起始位置。

在 e^N 方法中，要考虑一切可能的小扰动，它们有各自的频率，给定一个波数，通常是给定 β，就可以用线性稳定性理论中的特征值问题，找到相应的 α_{i}，从而算出各自的 N 值。针对 N 可以提出一个转捩判据，即当 N 达到该值时，就认为转捩将发生。不同的波，其对应的触发转捩的位置是不同的。这样，就得到一个可能的转捩位置的集合。而这些转捩位置中最上游的位置，即其流向坐标最小的位置，就被认为是转捩实际发生的位置。如果研究的是锥的转捩，就要对每一个子午面做这种分析，以确定该子午面中的扰动会在何处触发转捩。将所有子午面中的转捩位置连起来，就得到锥的转捩线。

但在实际使用这一方法时，首先要确定计算 N 值时积分式(2.2.3)起始位置的坐标 x_0 如何选定，转捩判据 N 值应取多少，以及在积分过程中，扰动传播的路径如何确定。

对于第一个问题，传统的 e^N 方法是只计算扰动的增长而不考虑扰动的衰减。因此，积分起始的位置就是扰动开始增长的位置。在一个子午面中，给定一个展向

波数β，则在频率和流向坐标x所组成的面内可以找到一条中性曲线，如图2.2.1所示。曲线上的每一个点对应于一个频率，实际上它还对应于一个流向波数α。对应于某一频率的扰动，其积分的起始位置就是与该频率对应的中性曲线下支的位置。

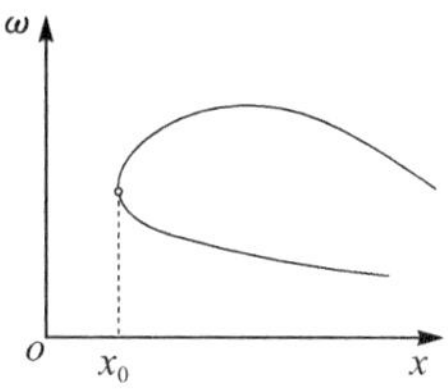

图2.2.1 中性曲线

由于对应每一个β就有这样一条曲线，因此在ω、β、x组成的三维空间中，可得一个中性曲面。这样，原则上要对每一个位于中性曲面上的点所对应的扰动，计算其N值。显然，这样的计算工作量太大了。而事实上，我们要找的是增长倍数最先达到转捩判据所要求的值的扰动，而增长倍数是对增长率的积分而得的，因此可以通过先找开始增长位置更靠上游和增长率大的波，而使得计算工作量得以大大减少。开始增长位置更靠上游的波显然是对应于中性曲线最上游的点。对二维情况，就是图2.2.1中用小圆圈标出的那个点。当然，仅仅是积分开始位置靠上游不足以保证增长倍数最大，所以实际要计算的扰动就要包含与这个扰动频率相近的其他频率的扰动。但由于对每一个β就有一条中性曲线，因此可以在给定频率下，比较相邻β值的扰动的增长率，选取增长率大的以进一步减小工作量。选取的条件就是

$$\frac{\partial \alpha_i}{\partial \beta} = 0 \tag{2.2.4}$$

但仅有这一条件只能保证放大率取极值，不能保证是极大值，因此在实际计算时还要判断它是极大值还是极小值。

如果基本流是二维的，即只依赖于两个坐标，如二维的平板边界层或轴对称的锥体边界层，则中性曲面对β是对称的。于是，对应于$\beta=0$的扰动显然满足这一条件。但以后会看到，实际的情况要更复杂一些。特别是对可能有两个甚至更多不稳定模态的情况，如在高超声速时就可能是这样。

在跟随扰动传播而计算其增长倍数时，还要考虑其传播途径。对于高超声速情况，Mack认为可近似地假设扰动波的传播方向和边界层外缘的基本流流速方向相同。这是一个不错的近似，但对马赫数较小的流动，这样做带来的误差要大一些。

实际上，通常扰动的传播方向并不与边界层外缘的速度方向相同。Cebeci和Stewartson[2]研究了基本流是三维的一般情况。

他们假设初始扰动是一个由相同频率但波数各异的波组成的一个波包，如下式所示：

$$Q(x,y,z;t) = e^{-i\omega t}\int_C \hat{q}(\alpha,\beta;\omega,y)e^{i(\alpha x+\beta z)}\,d\beta \tag{2.2.5}$$

其中，ω是共有的频率；$\hat{q}$为波数是α、β的波的形状函数；ω、α、β满足一定的特征关

系(即 O-S 方程的特征关系);而积分包括所有 $\hat{q}$ 不为零的波。Cebeci 和 Stewartson 利用复变函数理论中的最速下降法来求 t 很大时波包的渐近表达式,发现是在与基本流速方向所夹的角为 ψ 的方向的一个单一的波,其波数满足条件 $(\partial\alpha/\partial\beta)_i=0$,而传播方向角 ψ 由 $\tan\psi=-(\partial\alpha/\partial\beta)_r$ 确定。因此,他们认为与基本流速方向所夹的角为 ψ 的方向就是满足条件 $(\partial\alpha/\partial\beta)_i=0$ 的波传播的方向,应该沿这个方向计算该波的放大倍数 e^N。这样,N 值就可以如下计算:

$$\sigma=\alpha_i-\beta_i\left(\frac{\partial\alpha}{\partial\beta}\right)_r,\quad N=\ln\left(\frac{A}{A_0}\right)=-\int_{x_0}^{x}\sigma\,dx \tag{2.2.6}$$

其中,x_0 表示频率为 ω 的扰动开始增长,即 σ 由正变负,也就是 $\sigma=0$ 的流向位置。

但这里有一个看起来是不协调的推理,即上面的传播方向角反映的是 t 很大时的情况,而在求波的放大倍数时却用于代表现时的传播方向。而且,他们在应用最速下降法时,暗含着一个特征关系是不变的假设,而实际上基本流沿流向和展向都可能有缓慢的变化,因而特征关系也会有缓慢的变化。2.3 节中将会专门讨论 Cebeci-Stewartson 方法的物理意义及这一看起来不协调的问题,以说明这其实是一个相对来说较好的方法。

所有满足 $(\partial\alpha/\partial\beta)_i=0$,$\sigma=0$ 条件的点的集合称为 ZARF 曲线(Cebeci 建议的一个名字,取自土耳其语,因 Cebeci 来自土耳其)。ZARF 曲线是 Cebeci 和 Stewartson 建议的 e^N 法中积分的起点。若 β 为实数,对于中性曲面对 β 对称的情况,中性曲面和对称面的交线就是一条 ZARF 曲线,但不一定是唯一的一条。对于二维边界层来说,Mack 第一模态扰动的最不稳定扰动是三维扰动,这时对应于 $\beta>0$ 和 $\beta<0$ 分别有一条 ZARF 曲线,而这两条 ZARF 曲线在 ω-x 平面内的投影是重合的,只是 β 值相等、大小相反,其他量如频率、增长率均相等。而更一般的情况,β 为复数,由于 β_i 可有无穷多个选择,对于某一频率的扰动波,给定 $(\partial\alpha/\partial\beta)_i=0$ 还不足以使特征问题的解唯一。Cebeci 和 Stewartson 认为还需增加一个附加条件来确保解的唯一性,即 σ 应取所有可能值中最小的那一个(σ 为负值,负值代表增长)。

一般来说,用上述方法寻找扰动传播方向显然要增大工作量。如前所述,对高超声速锥体边界层,沿着无黏势流的方向来计算 N 是一个很好的近似,且可事先假设 β_i 为零。Malik 在研究 2°攻角的尖锥边界层问题时就采用了这一方法[3]。

为了证实这一点,分别采用 Cebeci 和 Stewartson 以及 $\beta_i=0$ 的简化方法,对一个第一模态波计算了 N 值和传播方向。图 2.2.2 给出了计算的结果。两者之间的差别很小,可以接受。实际上,对超声速边界层而言,即使有横流,其值也远远小于边界层外缘的无黏流速度。因此,扰动传播方向和无黏流速度方向不会有大的差别。以后就采用 $\beta_i=0$ 的简化方法进行计算。

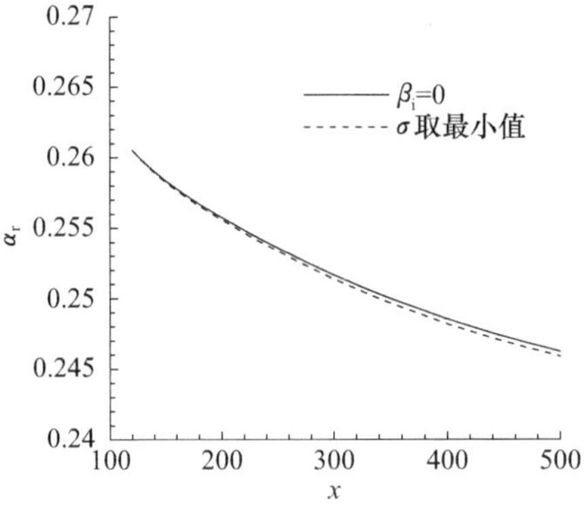

（a）流向波数α_r

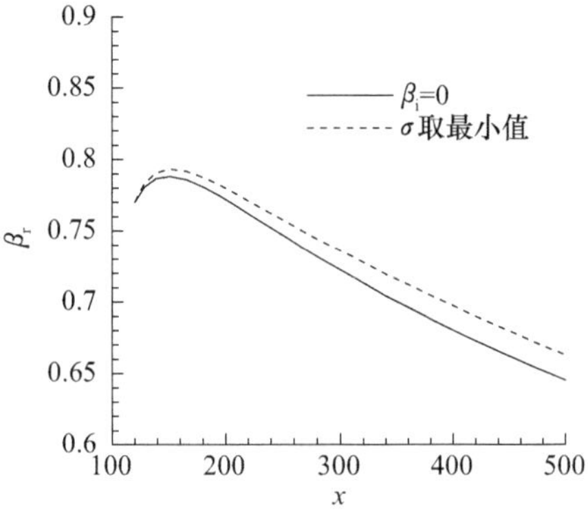

（b）展向波数β_r

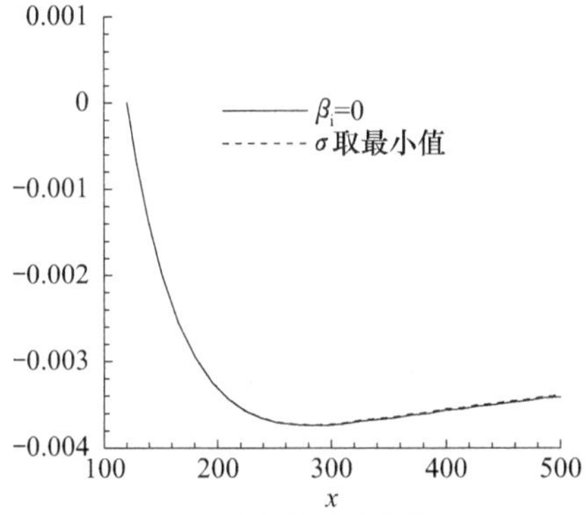

（c）扰动放大率σ

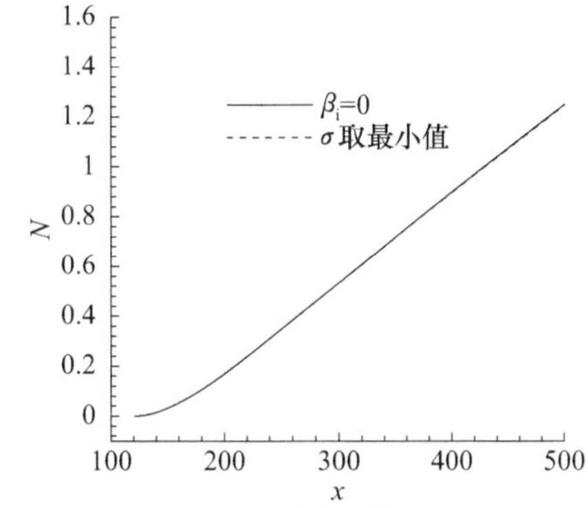

（d）N值

图 2.2.2　给定一个ω后采用 Mack 及 Cebeci 和 Stewartson 方法计算的结果比较

在解决了如何计算 N 值的问题后，另一个重要问题就是决定转捩位置的 N 值如何确定，即转捩判据如何确定。在传统的 e^N 方法中，这一决定转捩发生位置的 N 值完全要靠实验或经验来确定。这决定了它的值没有普适性。在航空界，对亚声速机翼这类问题，一般建议的值是 8 或 9。但对超声速情况，这一值需要另行确定。

2.3　Cebeci-Stewartson 条件的两个问题及其物理内涵

在空间模式中，α、β都可能是复数，其虚数部分决定波的幅值沿 x、z 方向的增长率。在将线性稳定性理论用于三维边界层的问题中时，要比较各种频率的波在传播时波幅的相对大小，并假定只要有某一个波的幅值达到了能够触发转捩的大小，转捩就会发生。而在给定频率下，又可以有无数不同波数的特征值解。如何在如此多个波中选择最终可能决定转捩位置的波，是应用此方法首先要解决的问题。

Malik[4]建议借用时间模式中增长率的方法，用波角 ϕ 将 α 和 β 联系起来，即 $\phi=\arctan(\beta_r/\alpha_r)$，其中 β_r、α_r 分别是 β 和 α 的实部。寻找能使增长率最大的波角 ϕ，并沿此方向对放大率进行积分。Mack[5]在对无限长后掠翼的研究中，从物理上考虑，认为展向波数应选为实数，且在波沿下游的演化过程中保持不变。Arnal[6]建议将展向波数给定为常数 β(并不一定是实数)，以对应于实际中的波，但由于 β 可有无穷多个选择，由此带来的巨大的计算量几乎是在转捩预测的计算中不可能承受的。

2.2 节中曾提到，Cebeci 和 Stewartson 采用复变函数理论中的鞍点法对一个频率给定的波包进行分析，得到应以 $(\partial\alpha/\partial\beta)_i=0$ 为条件确定展向波数。其传播方向角 $\psi=\arctan\{-(\partial\alpha/\partial\beta)_r\}$(下标 r、i 分别表示实数和虚数部分)，并沿此方向积分放大率。按上述方法，都可从对应于一个频率的众多可能的 T-S 波中，筛选出有限的几个甚至于只是一个波，而且也给出了积分的方向。

然而，Cebeci 和 Stewartson 的分析，从数学上讲是代表扰动波包演化很长时间后的情况，而应用则是针对一个扰动波演化的近期情况。而且即使是在 β 是实数的条件下，有时在向前推进时，会突然无法在保持参数(如波数等)连续变化的条件下，找到满足 $(\partial\alpha/\partial\beta)_i=0$ 的解。这种情况对应的又是什么物理意义。苏彩虹等[7]研究了这一问题，阐明了在应用线性稳定性理论做转捩预测时对上述问题如何理解和处理。

Cebeci 和 Stewartson 在采用鞍点法时，实际分析的是一个由多个频率相同但波数不同的波组成的波包传播的问题。为此，我们也通过模拟一个在平板边界层中波包的演化来说明该问题，计算三个不同马赫数、不同入口波包形式的算例。

在本节中基本流的计算方法为：控制方程为可压缩 N-S 方程，对流项在通量分裂后采用五阶迎风型格式离散，黏性项采用六阶中心型差分格式，时间离散采用三步三阶 Runge-Kutta 法。上边界采用简单无反射边界条件，即传入计算域的通量为零，而传出计算域的通量利用计算域内点和边界点的单边差分计算。下游出口采用二次函数外插的边界条件。以平板的 Blasius 相似性解为初始条件，在入口处保持 Blasius 解不变，计算至流场完全定常，得到二维流场的层流解。

算例 1　来流马赫数为 3，温度为 79K，以计算域入口处的边界层位移厚度、来流速度、温度、密度、黏性系数定义的雷诺数为 5×10^4，壁面温度条件为绝热壁。先要求得基本层流解。计算域为图 2.3.1 中虚线围成的区域，坐标 x、y、z 分别表示流向、法向和展向。计算域 $x_L\times y_L$ 为 600×50，流向网格数为 600，法向网格数为 200。

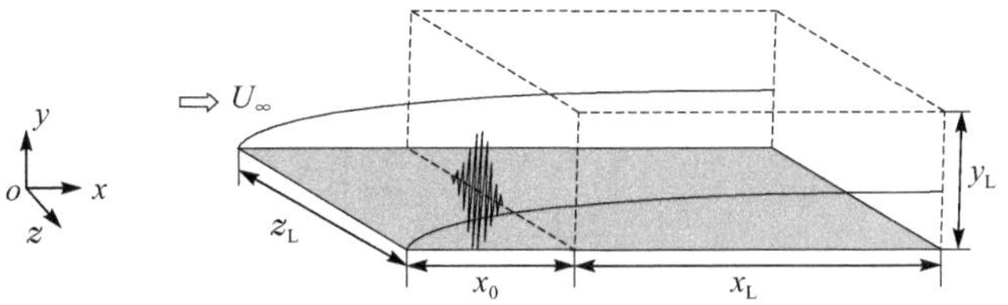

图 2.3.1　计算示意图

图 2.3.2 给出了流场的压力等值线图。舍去入口附近 0～200 的不光滑部分，得到光滑的基本流场。

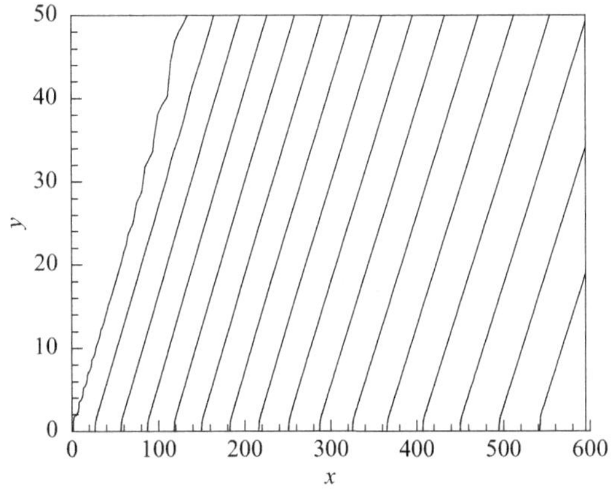

图 2.3.2　基本流场的压力等值线图

在新的计算域入口，即 $x=200$ 处，引入一个在展向被调制成波包的 T-S 波（为方便起见，以后此位置用 x_0 表示），具体的表达形式为

$$q'(y,z,t)=G(z)\hat{q}(y)e^{i(\beta z-\omega t)}+\text{c. c.},\quad G(z)=A_0 e^{az^2} \tag{2.3.1}$$

其中，A_0 为扰动初始幅值，为与线性理论比较，取一个小值，为 1.5×10^{-8}；β 取为实数 0.48；$\omega=0.14$；$a=-8\times10^{-3}$；与此 β、ω 对应的由求解 O-S 方程得到的 α 为 0.214214－0.01109i；$\hat{q}(y)$是该 T-S 波的特征函数。在 x_0 处，上述各参数刚好使 Cebeci 和 Stewartson 所提的 $\partial\alpha/\partial\beta$ 为实数的条件得到满足。$\hat{q}(y)$中的速度、温度、压力沿法向分布如图 2.3.3 所示。展向计算域为(－196,196)，为基本 T-S 波的 30 个波长。网格为 400×200×600，展向采用周期性边界条件。在国家超级计算天津中心的曙光超级计算机上用了 200 个结点做并行计算。图 2.3.4 给出了计算域入口处 $y=0.921$ 平面内流向扰动速度沿展向的分布。

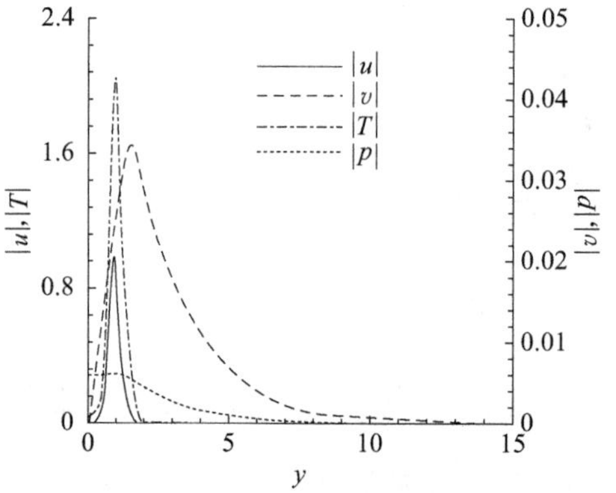

图 2.3.3　计算域入口处特征函数沿 y 的分布

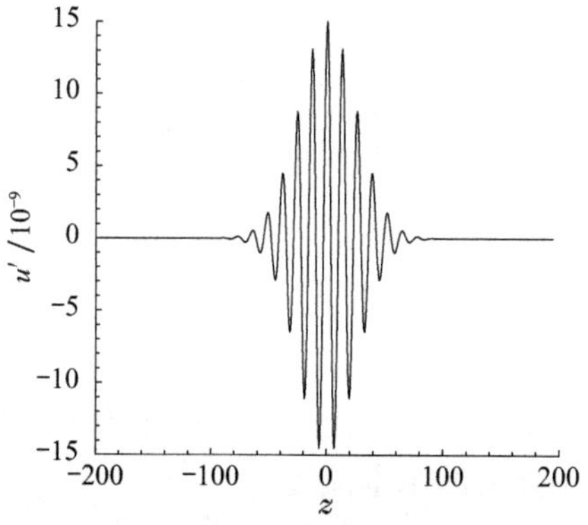

图 2.3.4　计算域入口处 $y=0.921$ 平面内流向扰动速度沿展向的分布

计算到整个流场对时间已完全周期性后再进行分析。图 2.3.5 给出了某一时刻流向扰动速度大小在 $y=0.921$ 平面内的灰度图。在给定的流向位置，对每一个展向位置求流向扰动速度在一个时间周期中的最大值，可得到该流向位置处波包的形状，如图 2.3.6 所示。可见，波包在向下游演化过程中，幅值持续增长，且波峰的位置沿展向有微小偏移。

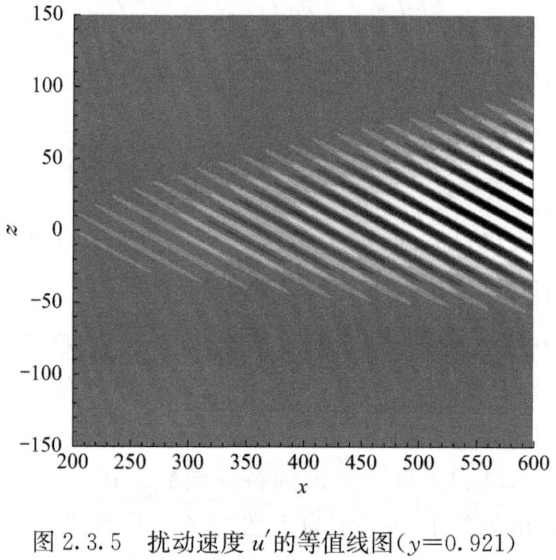

图 2.3.5　扰动速度 u' 的等值线图($y=0.921$)

根据 Cebeci 和 Stewartson 的分析，在用线性稳定性理论做转捩预测时，放大率的积分应沿扰动传播的途径来做，而扰动向下游的传播方向可由 $(\partial\alpha/\partial\beta)_r=-\tan\psi$ 确定。在有些问题中根据物理上的思考可以断定 β 应是实数，如展向有周期性时。这时，对应于 Cebeci-Stewartson 条件的 $(\partial\alpha/\partial\beta)_i=0$，就是 α_i 随 β 变化曲线的极值点。

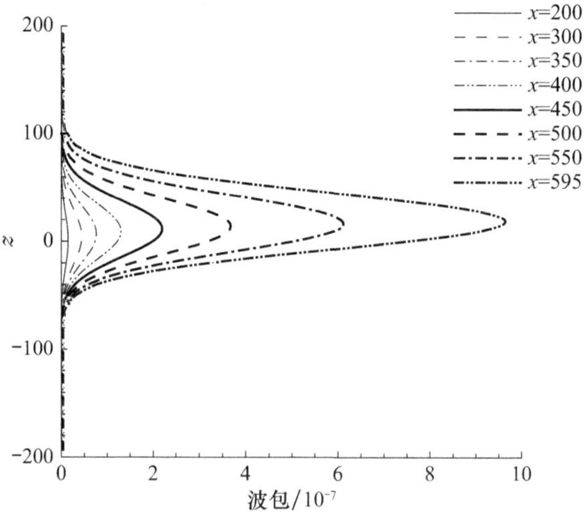

图 2.3.6 不同流向位置处波包包络线沿展向的分布

图 2.3.7 给出了 $\omega=0.14$ 的条件下线性稳定性理论给出的不同流向位置 α_i 随 β 的变化曲线。图中 A 点对应于 $x=200$ 处的一个极值点，其展向波数为 $\beta=0.48$，是最不稳定的扰动，即上一段中 DNS 入口处的 T-S 波。按照 Cebeci 和 Stewartson 的方法，该扰动的传播路径和幅值可由下式确定：

$$z=z_0-\int_{x_0}^{x_L}\left(\frac{\partial\alpha}{\partial\beta}\right)_r\mathrm{d}x,\quad A=A_0\mathrm{e}^{-\int_{x_0}^{x_L}\alpha_i\mathrm{d}x} \tag{2.3.2}$$

其中，$A_0=1.5\times10^{-8}$；z_0 为 x_0 处波包峰值在展向的位置；$-\alpha_i$、$-(\partial\alpha/\partial\beta)_r$ 为每一站位在满足 $(\partial\alpha/\partial\beta)_i=0$ 的条件下求解 O-S 方程所得的扰动增长率和传播方向的斜率。图 2.3.8 中给出了采用这一方法和 DNS 方法所得扰动幅值沿 x 方向的演

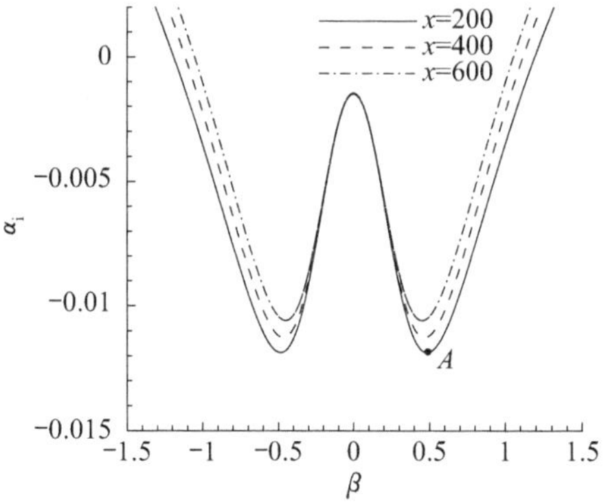

图 2.3.7 不同流向位置处增长率随展向波数的变化

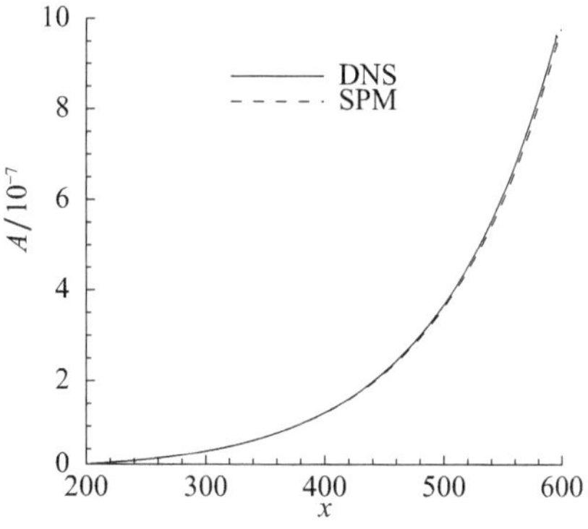

图 2.3.8 波包幅值增长曲线的比较

化曲线(分别用 SPM 和 DNS 标注)，二者吻合得非常好。图 2.3.9 为波包传播路径比较，其中标为 DNS 的路径反映了图 2.3.6 中各波包的站位 x 和其峰的展向位置 z 值的关系。同样，两者吻合很好。因此，基于 Cebeci-Stewartson 条件求扰动的积分路径和放大倍数，反映的是一个以波包形式出现的扰动的峰的传播途径和其放大倍数，条件是波包是由满足 Cebeci-Stewartson 条件的波调制而得的。

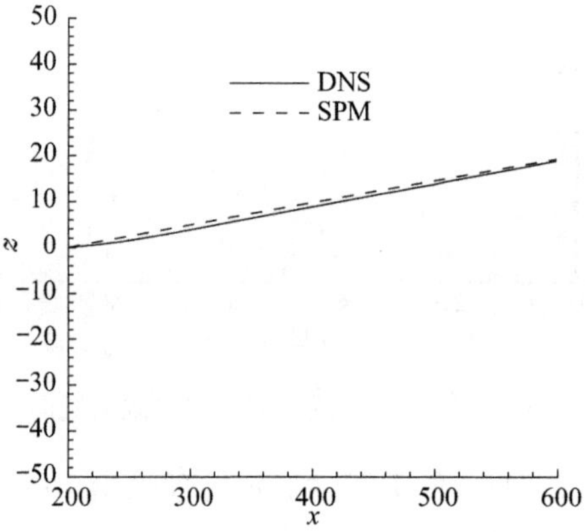

图 2.3.9　波包传播路径的比较

算例 2　来流马赫数为 2，温度为 255.7K，雷诺数为 5×10^4，壁面温度条件为绝热壁。计算域 $x_L\times y_L$ 为 1195×50，网格数为 240×320。计算基本流的方法同算例 1。截去计算域入口处 0～200 的流场，得到定常基本流，在 $x_0=200$ 处加入波包型扰动，扰动形式仍由式(2.3.1)给出。

A_0 仍取 1.5×10^{-8}，β 取为实数 0.135，$\omega=0.015$，$a=-7.4\times10^{-5}$；与 β、ω 对应的由求解 O-S 方程得到的 α 为 0.0465−0.0056i；$\hat{q}(y)$是该 T-S 波的特征函数。在 x_0 处，上述各参数刚好使 Cebeci 和 Stewartson 所提的 $\partial\alpha/\partial\beta$ 为实数的条件得到满足。展向计算域为(−647,647)，用了 450 个网格。计算到各变量在流场的每一个点处都已完全具有周期性后进行分析。图 2.3.10 给出了不同流向位置对每一个展向位置求流向扰动速度在一个时间周期中的最大值，所得到的波包的形状。图 2.3.11 和图 2.3.12 分别给出了两种方法所得波包幅值和传播路径的比较，可见两者吻合很好。

上述两个算例中的波包，都是以满足 Cebeci-Stewartson 条件的 T-S 波为基础调制而成的。如果对波包做展向的傅里叶分析，所得不同展向波数的波中，满足 Cebeci-Stewartson 条件的波的幅值最大。

为了进一步说明问题，我们设计了另一个形式的波包型扰动，由式(2.3.3)～式(2.3.4)给出：

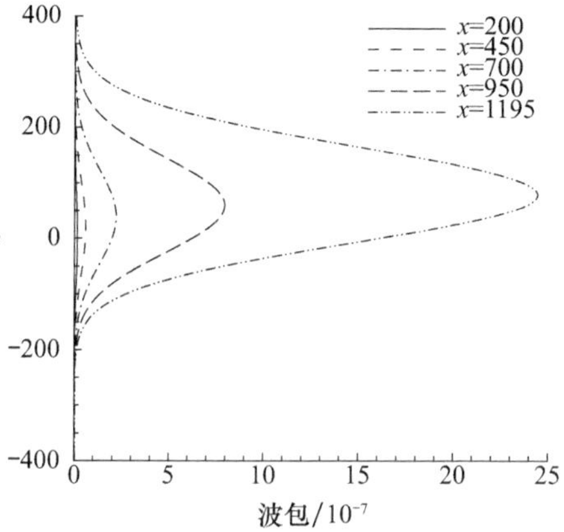

图 2.3.10 不同流向位置处波包包络线沿展向的分布

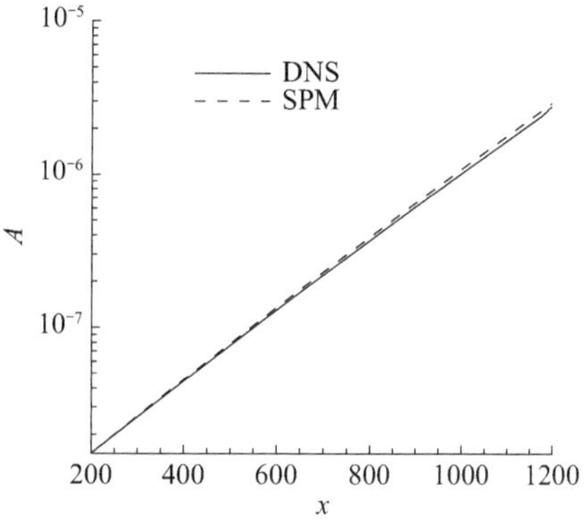

图 2.3.11 波包幅值增长曲线的比较

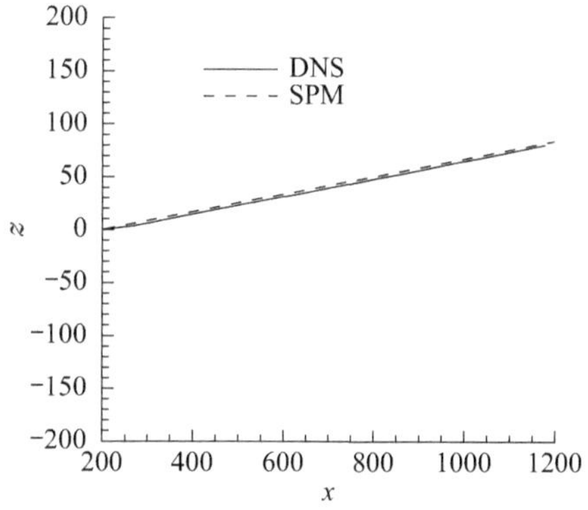

图 2.3.12 波包传播路径的比较

$$q'(y,z,t) = G(z)\hat{q}(y)\mathrm{e}^{-\mathrm{i}\omega t} + \mathrm{c.\,c.} \tag{2.3.3}$$

$$G(z) = \begin{cases} A_0 \dfrac{\Delta z \sin(\beta_c z)}{\pi z} \mathrm{e}^{(\ln 0.01)(z/M)^2}, & z \neq 0 \\ A_0 \dfrac{\Delta z \beta_c}{\pi}, & z = 0 \end{cases} \tag{2.3.4}$$

其中，$\hat{q}(y)$为$\omega=0.0146$、$\beta=0.1355$时求解 O-S 方程所得的特征函数，该特征值在$x=200$处满足 Cebeci-Stewartson 条件。事实上，对于$\omega=0.0146$、$0.1\leqslant\beta\leqslant0.2$求解 O-S 方程得到的特征函数$\hat{q}(y)$相差不大，如图 2.3.13 所示。$A_0$为与幅值有关的系数，$A_0=1\times10^{-4}$，$M=300$，$\beta_c=0.18$。将式(2.3.4)中的$G(z)$在展向进行傅里叶展开，得

$$G(z) = \sum_{n=-N}^{N} C_n e^{i(n\beta_0 z)} + \text{c. c.} \tag{2.3.5}$$

其中，$\beta_0 = 2\pi / z_L$；C_n 为复数，$|C_n|$ 是展向波数为$\beta_n = n\beta_0$ 的扰动分量的幅值。图 2.3.14 和图 2.3.15 分别给出了波包形状 $G(z)$沿展向的分布和$|C_n|$与展向波数 β 的对应关系。这样确定的波包，对$-\beta_c < \beta < \beta_c$ 的某个波数范围内，所有分量扰动的初始幅值几乎相等。即满足 Cebeci-Stewartson 条件的波的幅值在开始时并不占优。

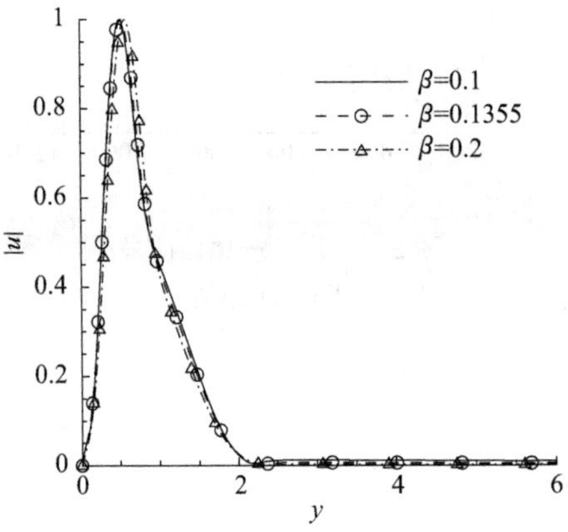

图 2.3.13　流向速度的特征函数的比较

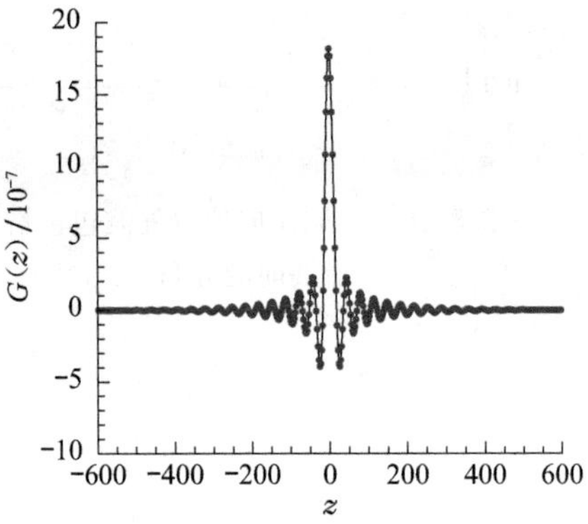

图 2.3.14　$G(z)$沿展向的分布

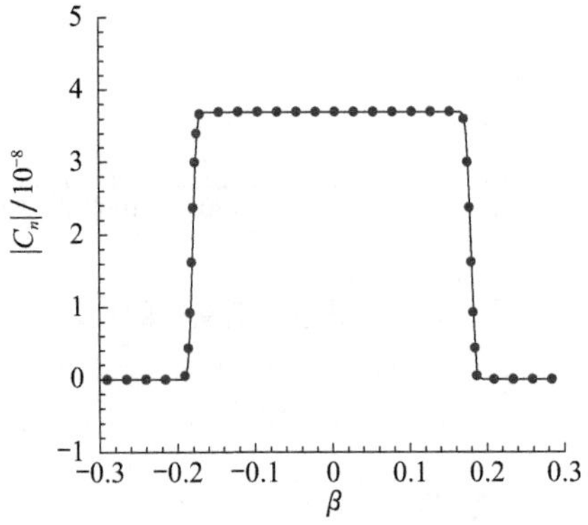

图 2.3.15　各分量扰动与展向波数的关系

将该波包型扰动加在计算域入口处，即 $x_0 = 200$ 处。展向计算域仍为$(-647, 647)$，取 600 个网格，计算至整个流场对时间完全具有周期性。流向扰动速度 u' 在(x,z)平面内的等值线图$(y = 1.59)$如图 2.3.16 所示。可见，在向下游的演化过程中，$z=0$ 附近的峰逐渐衰减下去，而在 $z=0$ 两侧对称位置处，各有一个峰出现。这表明初始扰动中的某个三维扰动逐渐占优。

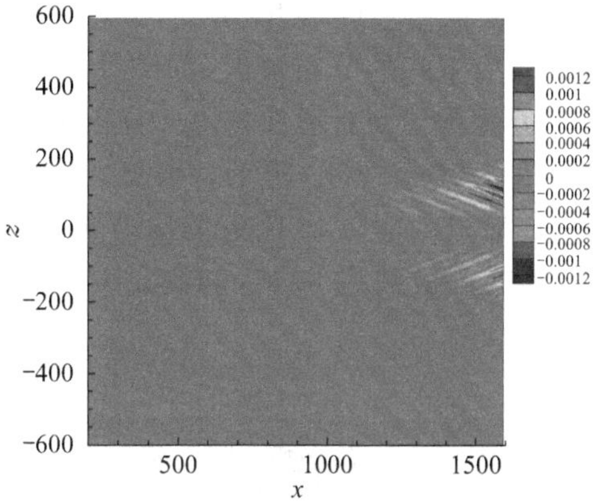

图 2.3.16 流向扰动速度 u'在(x,z)平面内的等值线图(另见文后彩插)

与前面的例子类似,在流向的每一站位处,可以得到扰动在(y,z)平面一个周期内的最大值,即波包在该站位的幅值和对应的展向位置。另外,采用式(2.3.2)进行积分,可得到满足 Cebeci-Stewartson 条件的扰动增长曲线和传播途径。两种方法所得波包幅值演化曲线和传播途径分别示于图 2.3.17 和图 2.3.18 中。由图可见,对于波包幅值演化而言,开始时略有差别,到下游吻合很好。对于传播途径而言,二者始终吻合得很好。而 Cebeci-Stewartson 条件本来就是一个渐近的条件,一开始有一定差别是正常的。

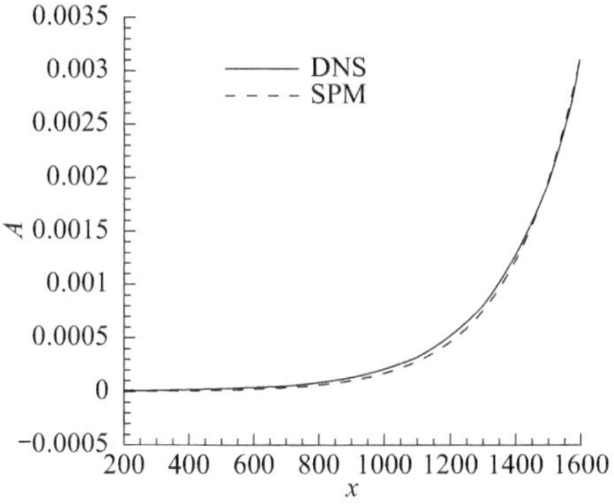

图 2.3.17 波包幅值增长曲线的比较

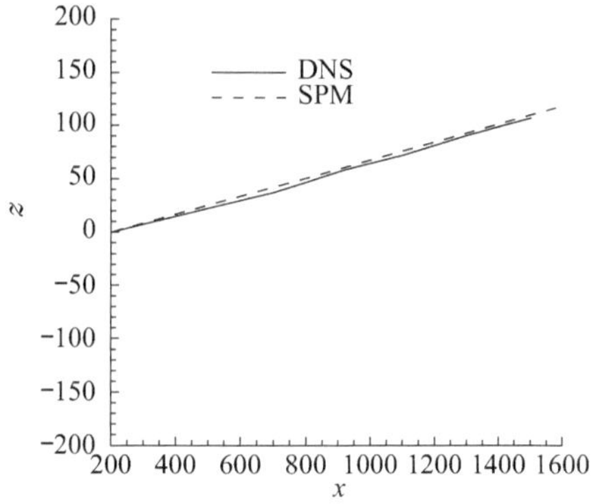

图 2.3.18 波包传播路径的比较

在 DNS 中,将连续的变量离散化了。与之对应,组成波包的波的波数也是不连续的。所以严格讲,波包的包线不光滑。有时还出现几个极大值,且最大值的位置并非连续变化,往往是从一个峰跳跃到另一个峰。但在 $x=1500$ 之后峰的位置未再有跳跃,这表明某一波数的波的幅值已稳定占优。实际上,这个波就是满足 Cebeci-Stewartson 条件的波。因此,DNS 计算得到的传播路径仅至$x=1500$ 处。

对流向扰动速度在展向做傅里叶展开，并对展开后的谱空间的速度沿法向取最大值，可得扰动在(x,β)空间的分布情况，如图 2.3.19 所示。可见，在下游处，展向波数在 0.14 附近的扰动相对增长较快。分析不同流向位置处扰动在谱空间的分布情况，如图 2.3.20(a)、(b)所示。可见，二维扰动在入口附近 x=200～220 处显著衰减，之后，在 β=0.14 附近的扰动快速增长。在 x=1595 处，获得最大增长的扰动，其展向波数为 0.14，与满足 Cebeci-Stewartson 条件的展向波数一致。

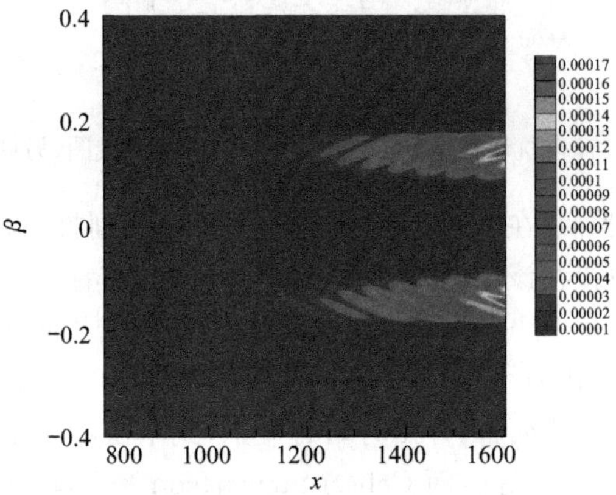

图 2.3.19 流向扰动速度在(x,β)平面内的等值线图(另见文后彩插)

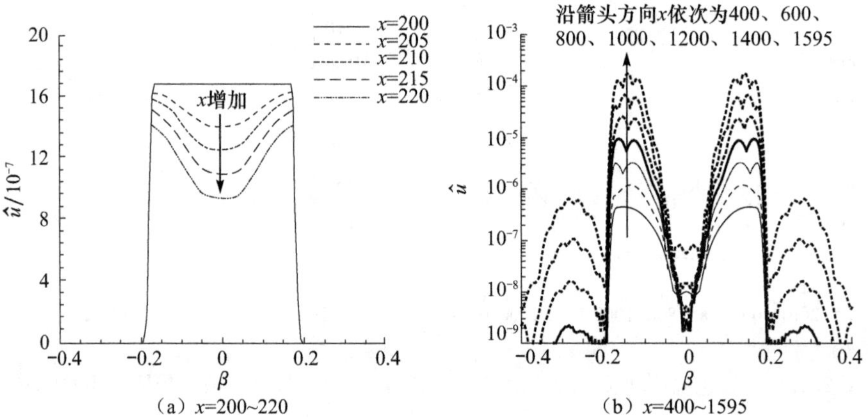

图 2.3.20 扰动幅值在谱空间中的分布

通过以上算例可见，按 Cebeci-Stewartson 条件用线性稳定性理论做转捩预测，反映的是以波包形式出现的放大率最大的波包的峰的演化规律。但一个隐含着的前提是，或者满足 Cebeci-Stewartson 条件的波的波幅在波包的所有波中一开始就占优，或者波包中波数不同的小扰动波的幅值是相同的。同时也可以看出，虽然 Cebeci 和 Stewartson 的结果理论上只适应于波包演化很长时间后的情况，波角也是指在那个时刻的值，但实际上也能反映满足上述条件的波包演化初期时其峰的演化。而且，基本流的缓慢变化，如大多数边界层的情况，虽然会使得波包中各个波的特征关系在流向不再是不变的，有违于 Cebeci 和 Stewartson 当初的假设，但对实际结果影响并不大。

下面来讨论 Cebeci-Stewartson 条件不能被连续满足的情况。

仍以平板边界层为研究对象，来流马赫数为 6，来流温度为 79K，壁面温度条件为绝热。以计算域入口处的边界层位移厚度、来流速度、温度、密度、黏性系数定义的雷诺数为 10^4。

基本流的计算域 $x_L \times y_L$ 为 300×25，网格点为 1200×150。计算定常后，截去入口附近处 0～100 的不光滑部分，得到所需基本流场。

给定频率 $\omega=0.84$，对不同流向位置处的基本流剖面进行稳定性分析，可得扰动的流向增长率与展向波数的变化曲线，即 α_i-β 曲线，如图 2.3.21 所示。可见，沿流向 α_i-β 曲线的形状会发生很大变化。在 $x_0=100$ 处，曲线存在三个极值点，即存在三个满足 $(\partial\alpha/\partial\beta)_i=0$ 条件的扰动。一个是展向波数为 0 的二维扰动，即对应于 A 的扰动，另两个是展向波数的值相同但符号相反的三维扰动。两个三维波的差别只是它们的展向传播方向相反。以下只对 $\beta>0$ 的扰动，即对应于 B 的扰动做说明。在演化过程中，仍用 A、B 表示满足条件 $(\partial\alpha/\partial\beta)_i=0$ 的二维和三维扰动。在 x_0 处 B 为该位置最不稳定的扰动，$\beta=0.797$。而 A 对应的则是最稳定的波，按转捩预测的要求似乎可以排除在外。但随着 x 增大，A 由极大值变为极小值，至 $x=131$ 时，与 B 增长率接近。此后，A 的增长率迅速变大，成为不同展向

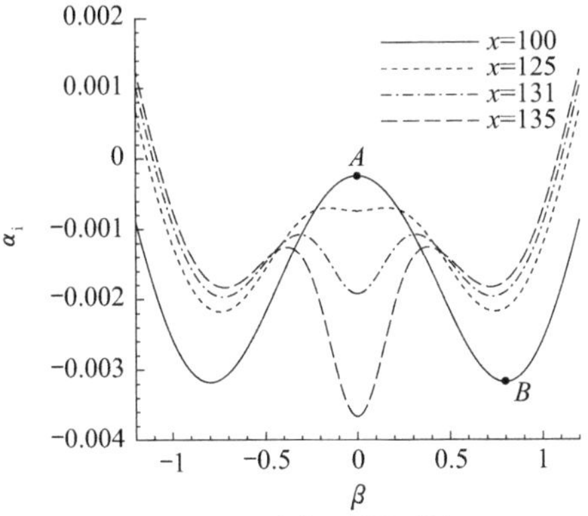

（a）x=100~135

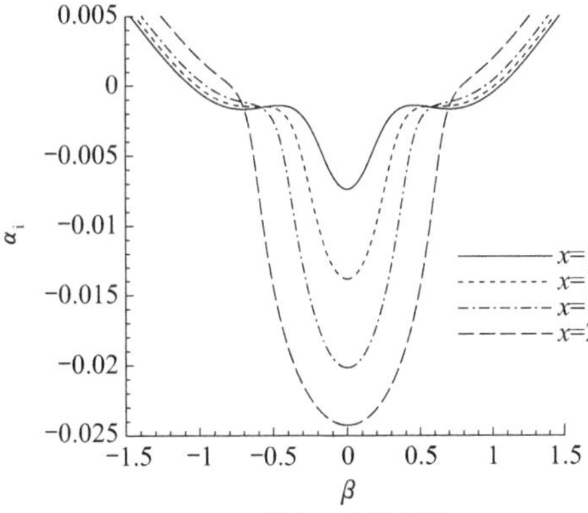

（b）x=140~200

图 2.3.21 扰动增长率随流向位置和展向波数的变化曲线

波数的波中最不稳定的扰动，而 B 的增长率逐渐减小。从 $x=148$ 开始，B 不再是极值点，即不再满足 Cebeci-Stewartson 条件。而除 A 外不再有满足 $(\partial\alpha/\partial\beta)_i=0$ 条件的其他小扰动。x_0 处的 A、B 扰动的流向速度的特征函数 $|\hat{u}|$ 如图 2.3.22 所示。

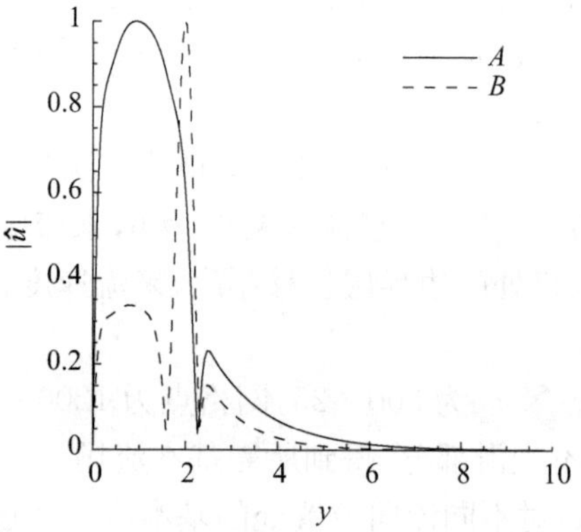

图 2.3.22　流向速度的特征函数 $|\hat{u}|$ 沿 y 的变化

根据 Cebeci 和 Stewartson 的思想，在用线性稳定性理论求扰动放大倍数 e^N 的指数 N 时，应始终跟随满足 $(\partial\alpha/\partial\beta)_i=0$，且对应的是最不稳定的扰动波。因此，一开始应该跟随的是对应于 B 点的波，而不是对应于 A 点的波。但跟随 B 点向下游积分，到 $x=148$ 处后，在 B 点附近就不再能找到满足 $(\partial\alpha/\partial\beta)_i=0$ 的波，即图 2.3.23 中虚线 B 不再能向下游延拓。而另一方面，从 A 出发的扰动开始时并不是最不稳定的波，但其放大率逐步增加，到 $x=131$ 后不久，就成了放大率最大的波，且一直保持这一性质。图 2.3.24 给出了扰动 B 向下游传播过程中展向波数沿流向的变化。在 $x=148$ 处，条件 $(\partial\alpha/\partial\beta)_i=0$ 不再能满足，这时其展向波数约为 0.64。

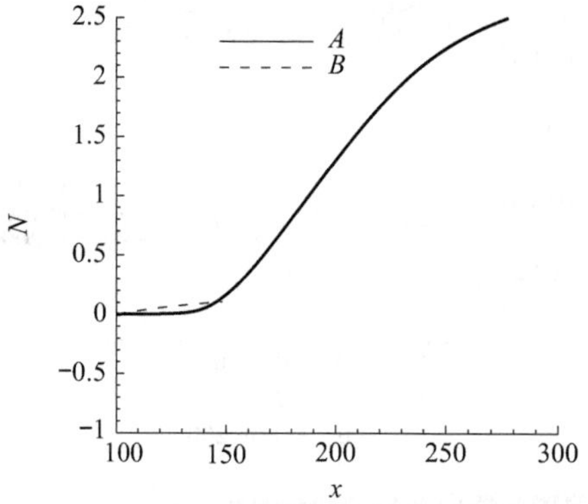

图 2.3.23　扰动沿下游积分的 N 值

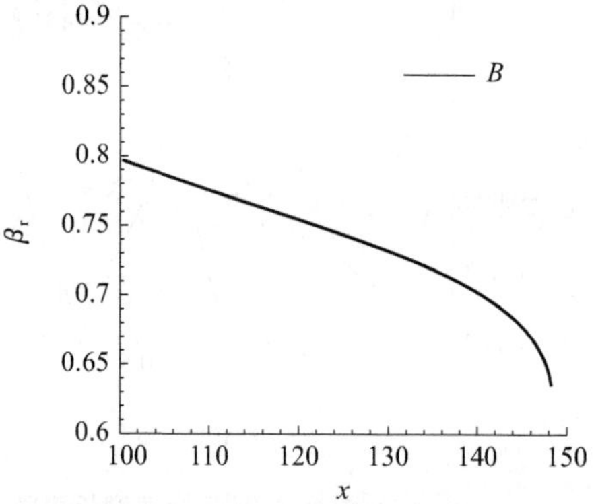

图 2.3.24　展向波数沿流向的变化

对应于这种情况，用线性稳定性理论做转捩预测时应如何处理，是必须要回答的问题。为此，仍用 DNS 方法对波包演化做计算并对结果做分析。

在定常基本流入口 $x_0=100$ 处同时加入分别以 A、B 这两个 T-S 波为基础的在展向加以调制而成的波包，表达式为

$$q'(y,z,t)=G(z)[\hat{q}_A(y)+\hat{q}_B(y)e^{i\beta z}]e^{-i\omega t}+\text{c. c.},\quad G(z)=A_0e^{-a(z-z_L/2)^2} \tag{2.3.6}$$

其中，$A_0=1.5\times10^{-8}$；$a=3\times10^{-3}$；$\hat{q}_A(y)$ 和 $\hat{q}_B(y)$ 分别是波 A 和波 B 的特征函数；$\omega=0.84$；$\beta=0.797$；波 A 的特征值 $\alpha_A=0.913-0.0002i$，波 B 的特征值 $\alpha_B=0.906-0.0032i$。

计算域为 200×25×200，网格数为 800×150×380。当整个流场对时间已是完全周期性后，在给定的流向位置，对每一个展向位置求流向扰动速度在一个时间周期中的最大值，可得该流向位置处波包的形状，如图 2.3.25 所示。可见波包在向下游演化过程中，幅值持续增长，且在靠近入口处增长得慢，在远离入口处增长得快。

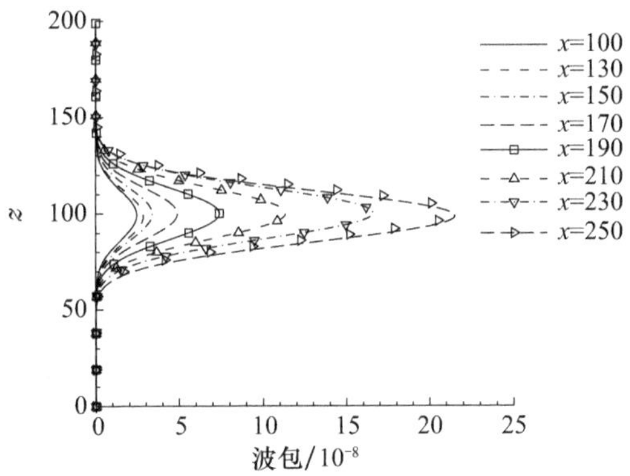

图 2.3.25　不同流向位置处波包沿展向的分布

为了更清楚地看出在扰动幅值的增长中两个波包分别的贡献，对扰动流向速度在展向进行傅里叶变换，得到谱空间中的值，如图 2.3.26 所示。在 x_0 下游不远处，波包 B 增长得比波包 A 快。但从 $x=130$ 后，波包 A 快速放大，并远远超过波包 B，成为主导扰动。因此，在转捩预测中，除非扰动 B 在 $x=148$ 前，已满足触发转捩的条件，否则扰动 A 更可能成为最终触发转捩的扰动。但由于 A 原先对应的是 α_i-β 曲线上的极大值点，其放大率为极小，后来才成为放大率最大的波，波数与其邻近的波的幅值在开始阶段的增长倍数超过它，实际上是否会成为触发转捩的波，需要再做校核。因此，在这种情况下，做转捩预测要格外仔细地分析。

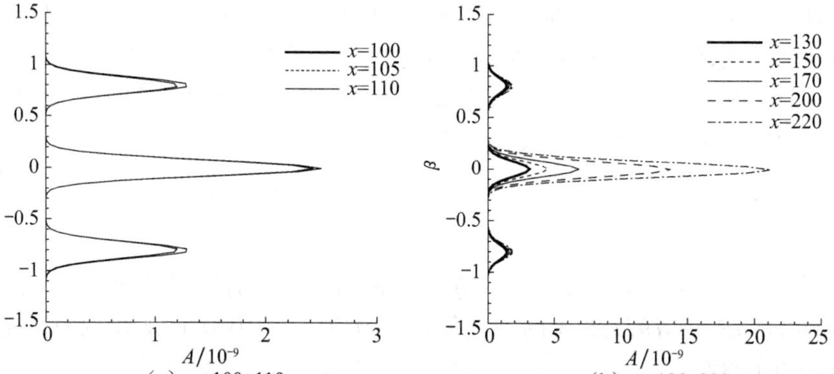

图 2.3.26　扰动在谱空间中的幅值演化

结论是，在 Cebeci-Stewartson 条件不能连续被满足的情况下，且之前放大倍数最大的扰动的幅值还不足以触发转捩，则需要做更仔细的分析。可先在每一站位对所有不同频率的扰动进行稳定性分析，得到该站位流向增长率随展向波数的变化曲线，该曲线的极值点，即是满足 Cebeci-Stewartson 条件的点。从开始积分放大倍数的站位起，跟随对应于每一个极值点的扰动找其放大倍数，以确定哪一个扰动将对触发转捩起关键作用。而若最终触发转捩的扰动在积分过程中要经历放大率不对应于极大值(α_i 的极小值)而对应于极小值(二者都满足 Cebeci-Stewartson 条件)，则还要对波数相近的扰动进行分析，以确保最终触发扰动的波，确是放大倍数最大的波。

2.4　壁面温度条件对转捩预测结果的影响

壁面温度条件对高超声速边界层的转捩问题有很大的影响。苏彩虹和周恒以一个零攻角小钝头锥的转捩问题为例，来说明这一问题[8]。

锥的球头半径 $R=0.5$mm，半锥角 $\theta_c=5°$，来流马赫数 $M_\infty=6$，来流温度为 $T_\infty=79$K，考虑了绝热和定温两种壁面温度条件。定温壁的温度取为 $T_w=294$K。

首先采用 DNS 方法算出基本流。这是一个二维问题，取一个子午面为代表即可。

图 2.4.1(a)、(b)分别给出了绝热壁和定温壁下基本流的压力和马赫数的等值线图。两种情况下的激波位置非常接近。图 2.4.2(a)、(b)给出了壁面压力 p(除以来流压力 p_∞)沿 x 的分布，图 2.4.2(b)为图 2.4.2(a)的在纵坐标方向放大后的图。最大压力 $p/p_\infty=46.53$，与通过激波关系式和等熵关系式计算出的 46.81 很接近。两种温度条件下压力相差很小，说明压力对于壁面温度条件并不

敏感。可以看出,流体先在头部球和锥体相接处经历了一个过度膨胀过程,然后在锥的部分又经历了一个再压缩过程。因此,沿着壁面下游处存在一个小的逆压梯度。

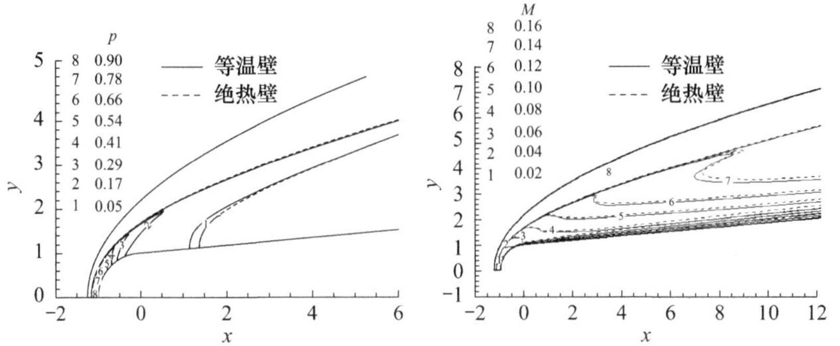

（a）压力p　　（b）马赫数M

图 2.4.1　壁面压力、马赫数等值线图

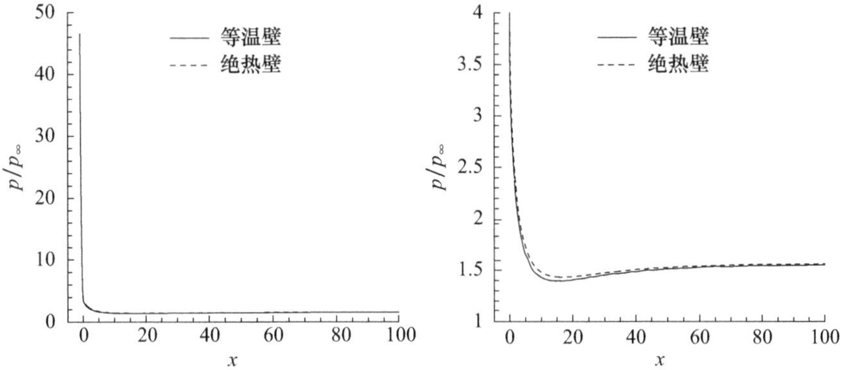

（a）　　（b）

图 2.4.2　压力 p 沿流向分布

图 2.4.3 给出了下游不同位置处,平行于壁面的速度 u 沿壁面法向的分布。可以看出,边界层厚度沿流向逐渐增加。并且在相同的流向位置处绝热壁的边界层厚度要比等温壁厚约 30%,这显然与近壁面处二者的温度分布相差很大有关,其结果是二者流场的稳定性存在差别。

当马赫数大于 2.2 时,除了通常的 T-S 波形式的不稳定波外,还有另一支不稳定波。前者被称为第一模态波,后者被称为第二模态波。而当马赫数大于 4 时,第二模态波的最大增长率大于第一模态波的最大增长率。采用 e^N 方法预测转捩位置时,需要分别考虑这两种模态的波。

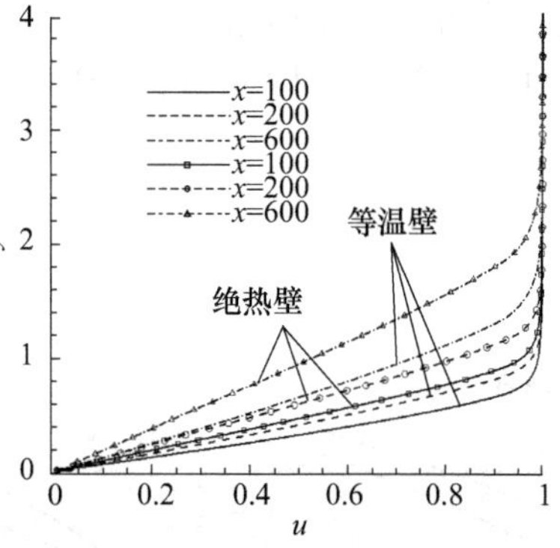

图 2.4.3　流向速度 u 沿壁面法向的分布

图 2.4.4 给出了等温壁和绝热壁条件下第二模态和第一模态的 ZARF 曲线。对第二模态而言,最不稳定的扰动是二维的,中性曲面关于 β 对称,其 ZARF 曲线实际上就是 $\beta=0$ 时的中性曲线。对于第二模态波,两种条件下的临界雷诺数非常接近,等温壁为 $Re_c=7.3\times10^5$,绝热壁为 $Re_c=7.6\times10^5$。然而,第一模态不稳定波的临界雷诺数却相差甚远。对于绝热壁,第一模态波的临界雷诺数小于第二模态波;而对于等温壁,情况恰好相反。而且,绝热壁条件下,不稳定的第一模态波的频率范围要比第二模态宽得多。特别是,在频率保持不变的情况下,第一模态波能保持连续增长的流向长度比第二模态波要大得多。因此,绝热壁条件下的第一模态波必然会比等温壁下的第一模态波对转捩起着更为重要的作用。

图 2.4.5 给出了 $x=200$ 位置处,两个模态不稳定波的放大率随频率的变化。可以看出,无论壁面条件是等温还是绝热,第二模态波的最大放大率都远大于第一模态波的最大放大率,且等温条件下两者差别较大。等温壁面下,第二模态与第一模

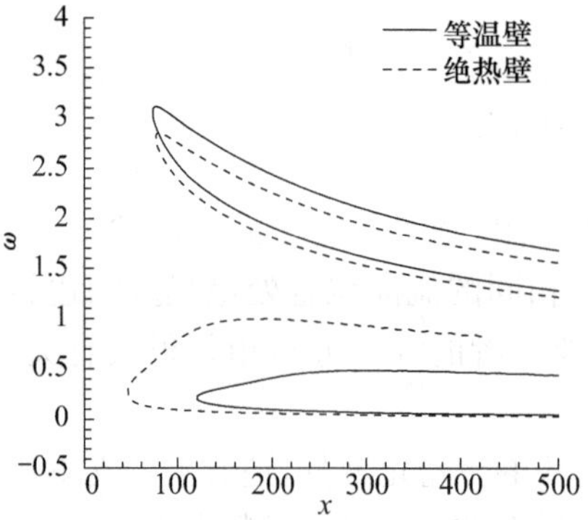

图 2.4.4　第二模态的中性曲线和第一模态的 ZARF 曲线

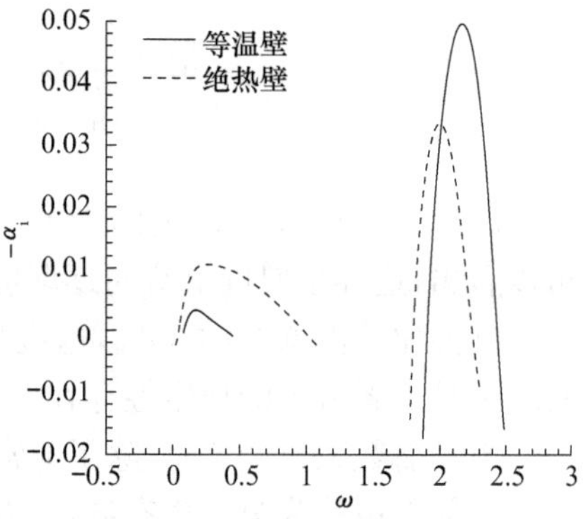

图 2.4.5　$x=200$ 处放大率 $-\alpha_i$ 随频率 ω 的变化

态波的最大放大率之比为 15∶1,而绝热壁面下则仅为 3∶1。绝热壁下的第一模态波比等温壁下的第一模态波更不稳定,而第二模态波则正相反。

图 2.4.6 和图 2.4.7 分别给出了 ZARF 曲线上扰动波传播方向的斜率 $\tan\psi$ 和周向波数 β_r。尽管两种情况下扰动传播方向的相对差别较大,但总的说来传播角都很小,两者的差别仅在 1°左右,即三维扰动波几乎是沿流向传播。但这一结论不一定适用于基本流是三维的情况,如在攻角不为零的情况。

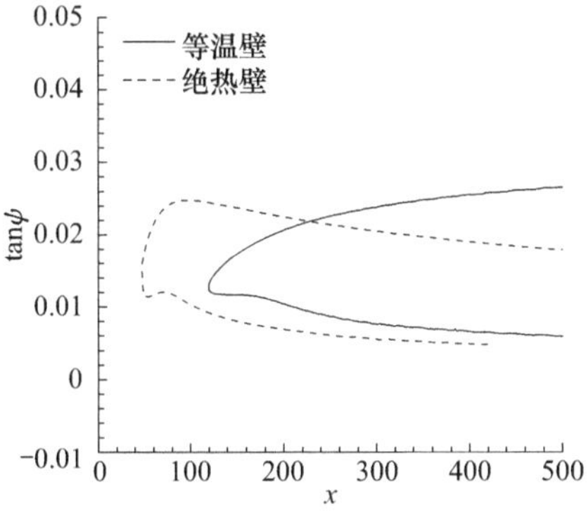

图 2.4.6 ZARF 曲线上扰动传播方向的斜率 $\tan\psi$

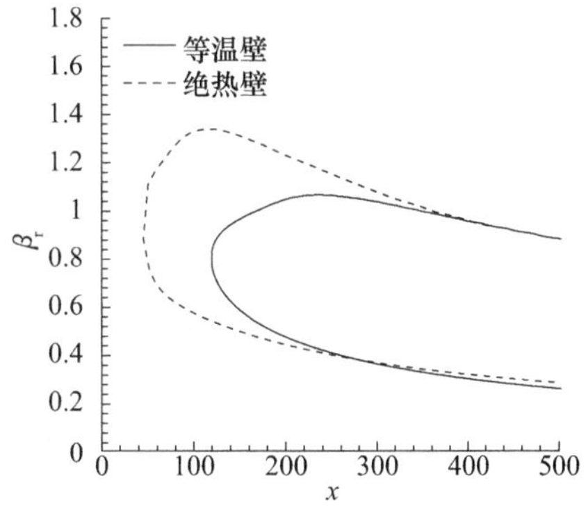

图 2.4.7 ZARF 曲线上的周向波数 β_r

图 2.4.8 给出了由第一模态和第二模态波分别在不同 x 处所能达到的最大的 N 值沿流向的变化。其中,第二模态的 N 值曲线是不同频率的第二模态波的 N 值曲线的包络线。这是因为,从图 2.4.4 中第二模态的中性曲线可以看到,每一个波都只有在 x 的有限范围内是增长的。因此,曲线上每一个点实际上对应的是不同频率的波,而且它们开始增长,也就是开始计算 N 值的起点是不一样的。另外,不同频率的第一模态波的 N 曲线在频率的一定范围内可以不断增长,因而形不成包络线。因此,图中给出的第一模态 N 值曲线(由“1A”和“1I”表示)是对应于不同频率的第一模态不稳定波中幅值放大倍数最先达到 e^{10} 的波的曲线。这里隐含着取$N=10$ 作为转捩开始的判据。相应地,从图中显然可以看出,曲线 2I 上的点最先满足 $N=10$,即第二模态波对等温边界层的转捩起主导作用。而对绝热情况,只有 1A 曲线可以满足 $N=10$ 的条件,即第一模态波对绝热边界层的转捩起主导作用。而如果取 $N=10$ 作为转捩判断标准,则等温壁面下的转捩开始位置为 $x=910$,而绝热壁面下的转捩开始位置为 $x=1460$。但要注意的是,如果等温壁的温度取其他值,则会影响转捩位置。第一模态波和第二模态波的相对重要性也可能有变化。

上述分析是在一个并不合理的前提下做的,这个前提就是 N 是从 ZARF 曲线上的点开始计算的。这隐含着所有 ZARF 曲线上的点表达的小扰动波的幅值都相同。而从感受性的角度看,这样的结论是不正确的。

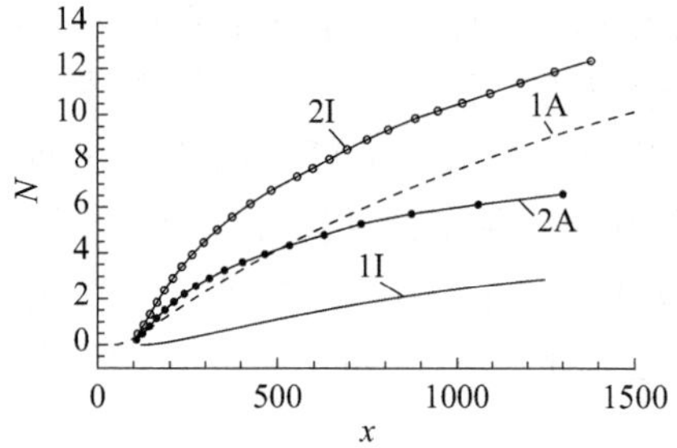

图 2.4.8　N 值沿流向的变化

1I—第一模态，等温壁；1A—第一模态，绝热壁；2I—第二模态，等温壁；2A—第二模态，绝热壁

在以上的分析中，壁面的温度条件或者是绝热的，或者是定温的(实际上往往和等温混为一谈)。但实际问题中的壁面条件远不是如此简单，它既不是绝热的，也不是定温的，更不是等温的。

理想的绝热条件要求壁面的传热系数为零。但一方面实际的材料没有完全绝热的，而另一方面在高超声速飞行器的热防护设计中，往往反而要将边界层中高温气体的热量尽量导走，因此是有热量流入壁面的。在风洞中做实验，高温气体会对实验模型加热，壁面温度也会不断变化。如果每次实验风洞吹风时间不长，则往往要在尽量减少实验间隔的条件下，做很多次实验，模型表面的温度才会趋近于一个定值。但这个定温却不是等温，而只是一个局部热流平衡的温度。实际上在模型上游段还是有热量传入模型，但在靠下游段则会有热量被气流带走，而模型表面温度并不均匀，即不是等温。因此，要就实际问题做转捩预测，如何界定壁面温度是一个非常困难但又必须解决的问题。

2.5　对基于线性稳定性理论的转捩预测方法的改进

在本章前面几节中已详细介绍了现有的基于线性稳定性理论的转捩预测方法，即 e^N 方法。这是迄今国外航空航天界用得最多，也被认为是理论依据相对最充分的一种方法。但是，实际上它有两个基本弱点：一是完全没有考虑感受性问题，不管外界的扰动性质如何，不管飞行器的外形如何(会影响感受性)，在估算小扰动的增长倍数时，一律从 ZARF 曲线开始；二是转捩判据的选用几乎完全要靠经验数据，不同的边界层其值是不同的，对一种飞行器适用的判据对另一种飞行器多半不适用。

为了说明问题，本节用一种典型的飞行器前体，即锥体边界层的转捩预测来进行分析。前面已对零攻角情况做了说明，而实际飞行器经常以某一小攻角飞行，这时飞行器的边界层会发生非对称转捩，它对飞行器的气动特性有显著影响。

实验表明，即使是很小的攻角也可能使转捩位置相对于零攻角情况有显著的改变。一般情况下观察到的转捩位置相对于零攻角情况在迎风面会后移，在背风面会前移。但是，实验中也曾观测到相反的情况。迄今还没有见到对这种看起来反常的情况做出的理论解释。在 2.4 节中，曾讨论壁面温度对转捩的影响及正确界定壁面温度条件的困难。而一般实验结果中都没有可靠的壁面温度数据，使得做正确的理论解释几乎没有可能。

对于高超声速边界层的转捩，如果没有有针对性的实验的帮助，还无法可靠地确定 e^N 方法中的转捩判据。事实上，有人用此方法预测半锥角为 5°、来流攻角为 2°、马赫数为 3.5 的尖锥的转捩位置[3]。用传统的 e^N 方法，即使在 $N=5\sim10$ 的范围内任意调整 N 值，所得的转捩线与实验结果相比，总是只能在部分位置吻合，而其他位置则相差甚多。

苏彩虹和周恒以半锥角为 5°、攻角为 1°的尖锥的转捩预测为例，分析了传统的 e^N 方法存在的问题，并相应地提出改进的方法[9]。

研究对象是一个尖锥。其坐标系的示意图由图 2.5.1 给出。图中，x 沿着锥面的射线方向，φ 是周向角度，y 垂直于锥面。半锥角 θ_c 为 5°，来流的马赫数为 6，温度 T_∞ 为 79K，攻角 α 为 1°，雷诺数 $Re=\rho_\infty U_\infty L/\mu_\infty=10^4$，参考长度 L 为 1mm。气体为理想气体，黏性系数和热传导系数由 Sutherland 公式计算。壁面为等温壁，锥表面温度为 294K。

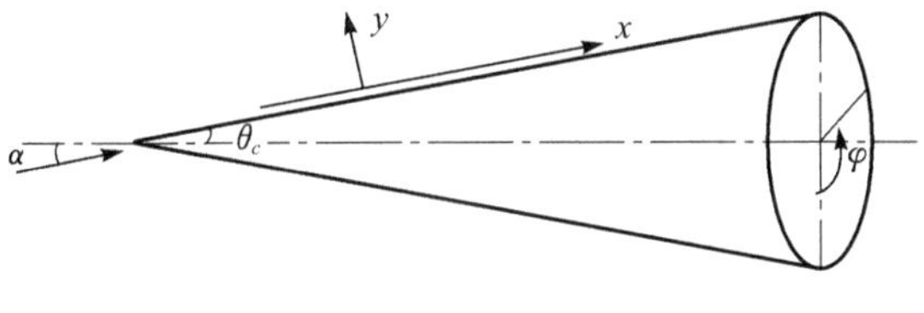

图 2.5.1 锥和坐标系的示意图

进行边界层的转捩预测，需要预先计算出基本流。基本流场可以通过 DNS 方法得到。由于有攻角时，基本流不再是轴对称的，如要通过求解完整的 N-S 方程以得到基本流，计算量太大。为此也可采用先求解出无黏流场，再求解三维边界层方程的办法。求解尖锥的无黏流场可以采用锥型流假定，这样可大大简化计算。从已解出的无黏流场则可以得到用边界层方程计算时所需的边界层外缘的边界条件。

在贴体坐标系下写出三维边界层方程：

$$\frac{\partial}{\partial x}(\rho u x \sin\theta_c)+\frac{\partial}{\partial \varphi}(\rho w)+\frac{\partial}{\partial y}(\rho v x \sin\theta_c)=0 \tag{2.5.1}$$

$$\rho u\frac{\partial u}{\partial x}+\frac{\rho w}{x\sin\theta_c}\frac{\partial u}{\partial \varphi}+\rho v\frac{\partial u}{\partial y}-\frac{\rho w^2}{x}=\frac{\partial}{\partial y}\left(\mu\frac{\partial u}{\partial y}\right) \tag{2.5.2}$$

$$\rho u \frac{\partial w}{\partial x} + \frac{\rho w}{x \sin\theta_c} \frac{\partial w}{\partial \varphi} + \rho v \frac{\partial w}{\partial y} + \frac{\rho u w}{x} = -\frac{1}{x\sin\theta_c} \frac{\partial p}{\partial \varphi} + \frac{\partial}{\partial y}\left(\mu \frac{\partial w}{\partial y}\right) \quad (2.5.3)$$

$$\rho u \frac{\partial H}{\partial x} + \frac{\rho w}{x \sin\theta_c} \frac{\partial H}{\partial \varphi} + \rho v \frac{\partial H}{\partial y} = \frac{\partial}{\partial y}\left[\frac{\mu}{Pr} \frac{\partial H}{\partial y} + \mu\left(1 - \frac{1}{Pr}\right)\left(u \frac{\partial u}{\partial y} + w \frac{\partial w}{\partial y}\right)\right] \quad (2.5.4)$$

其中，u、v、w 分别为 x、y、φ 方向的速度；ρ、p 分别表示密度、压力；H 是总焓；μ 为黏性系数。式(2.5.1)～式(2.5.4)的边界条件为

$$\begin{aligned} &y = 0, \quad u = v = w = 0, \quad H = H_w \\ &y = \delta, \quad u = u_e, \quad w = w_e, \quad H = H_e \end{aligned} \quad (2.5.5)$$

其中，下标 w 指壁面，e 指边界层外缘。

在上边界处，方程变为 Euler 形式：

$$\begin{aligned} &\frac{1}{\sin\theta_c} \frac{\partial u_e}{\partial \varphi} = w_e \\ &\frac{\rho_e w_e}{\sin\theta_c} \frac{\partial w_e}{\partial \varphi} + \rho_e u_e w_e = -\frac{1}{\sin\theta_c} \frac{\partial p}{\partial \varphi} \end{aligned} \quad (2.5.6)$$

在迎风面或背风面，有对称条件

$$w = \frac{\partial u}{\partial \varphi} = \frac{\partial v}{\partial \varphi} = \frac{\partial T}{\partial \varphi} = \frac{\partial p}{\partial \varphi} = \frac{\partial \rho}{\partial \varphi} = \frac{\partial^2 w}{\partial \varphi^2} = 0 \quad (2.5.7)$$

不难发现，φ 方向的动量方程(2.5.3)在对称子午面失效。为此，将方程(2.5.3)对 φ 求导，并利用式(2.5.6)和对称面条件(2.5.7)，得到对称面展向动量方程。因此，求解对称面时，采用以下方程：

$$\frac{\partial}{\partial x}(\rho u x \sin\theta_c) + \rho w_z + \frac{\partial}{\partial y}(\rho v x \sin\theta_c) = 0 \quad (2.5.8)$$

$$\rho u \frac{\partial u}{\partial x} + \rho v \frac{\partial u}{\partial y} = \frac{\partial}{\partial y}\left(\mu \frac{\partial u}{\partial y}\right) \quad (2.5.9)$$

$$\rho u \frac{\partial w_z}{\partial x} + \frac{\rho w_z^2}{x \sin\theta_c} + \rho v \frac{\partial w_z}{\partial y} + \frac{\rho u w_z}{x} = \rho_e\left(\frac{u_e (w_e)_z}{x} + \frac{(w_e)_z^2}{x \sin\theta_c}\right) + \frac{\partial}{\partial y}\left(\mu \frac{\partial w_z}{\partial y}\right) \quad (2.5.10)$$

$$\rho u \frac{\partial H}{\partial x} + \rho v \frac{\partial H}{\partial y} = \frac{\partial}{\partial y}\left[\frac{\mu}{Pr} \frac{\partial H}{\partial y} + \mu\left(1 - \frac{1}{Pr}\right)\left(u \frac{\partial u}{\partial y}\right)\right] \quad (2.5.11)$$

其中，$w_z = \frac{\partial w}{\partial \varphi}$。边界条件为

$$\begin{aligned} &y = 0, \quad u = v = w_z = 0, \quad H = H_w \\ &y = \delta, \quad u = u_e, \quad w_z = (w_e)_z, \quad H = H_e \end{aligned} \quad (2.5.12)$$

求解时先利用对称面方程(2.5.8)～(2.5.11)及边界条件(2.5.12)求解出对称面的解，然后利用方程(2.5.1)～(2.5.4)及边界条件(2.5.5)沿展向积分得到其

他子午面的解。

对尖锥来说，锥顶点是边界层方程的一个奇点，无法从顶点处开始计算。因此，我们从离锥顶点不太远的下游处，如 $x=45$ 处开始计算。这样，需要预知该处的流动物理量的剖面。为此，在与尖锥流动条件完全相同的情况下，先对于一个具有小圆球头部的锥，求解完整的 N-S 方程。球锥的头部半径取为 1mm。这样，用 N-S 方程计算的流场在流向不长，计算量不太大。而之后的流场采用边界层方程计算。

求解边界层方程，可利用坐标变换关系式(2.5.13)在变换后的坐标系 (x,η,φ) 下，采用 Keller 提出的盒式方法求解[10]：

$$\mathrm{d}\eta=\left(\frac{u_e}{\rho_e\mu_e x}\right)^{\frac{1}{2}}\rho\mathrm{d}y$$

$$\rho u=\frac{1}{x\sin\theta_c}\frac{\partial\hat{\psi}}{\partial y},\quad \rho w=\frac{\partial\hat{\phi}}{\partial y},\quad \rho v=-\frac{1}{x\sin\theta_c}\left(\frac{\partial\hat{\psi}}{\partial x}+\frac{\partial\hat{\phi}}{\partial\varphi}\right)$$

$$\hat{\psi}=x\sin(\rho_e\mu_e u_e x)^{\frac{1}{2}}f(\varphi,\eta),\quad \hat{\phi}=(\rho_e\mu_e u_e x)^{\frac{1}{2}}\frac{U_{\mathrm{ref}}}{u_e}g(\varphi,\eta),\quad h=\frac{T}{T_e} \tag{2.5.13}$$

首先在迎风面上($\varphi=0°$)沿着 x 方向开始，随后沿着 φ 方向积分，直到背风面为止。图 2.5.2 给出了 $x=260$ 处的流向速度和温度剖面。图 2.5.3 给出了边界层方程所得基本流与 DNS 结果在 $\varphi=150°$ 和 $\varphi=180°$ 处的比较。两者在 $\varphi=150°$ 吻合很好(事实上，在 $\varphi<150°$ 的子午面内都吻合很好，这里没有给出)，但在 $\varphi=180°$ 处有明显差别。

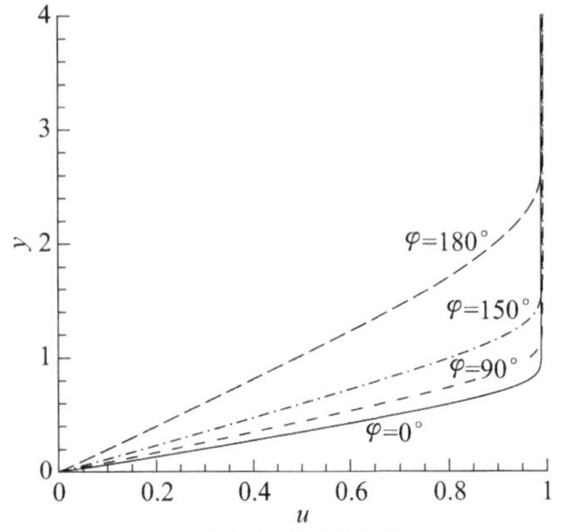

(a) 流向速度剖面

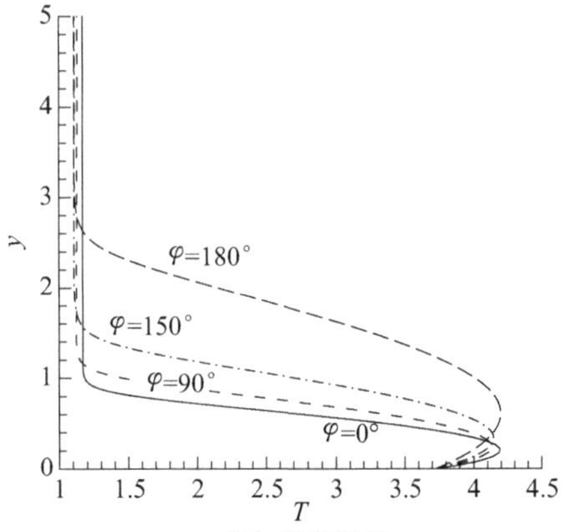

(b) 温度剖面

图 2.5.2　边界层方程计算的 $x=260$ 处的剖面

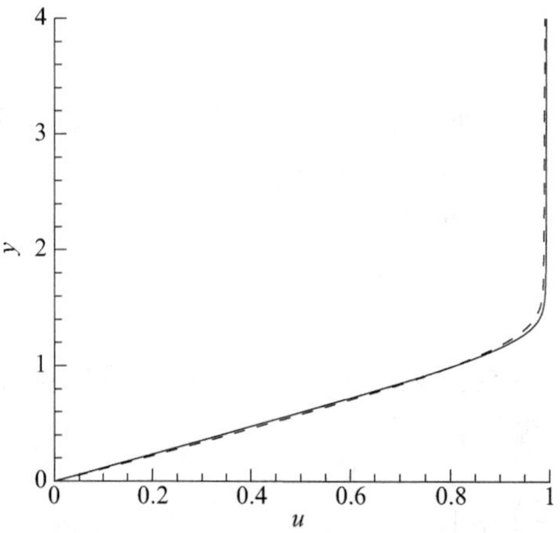

(a) φ=150°

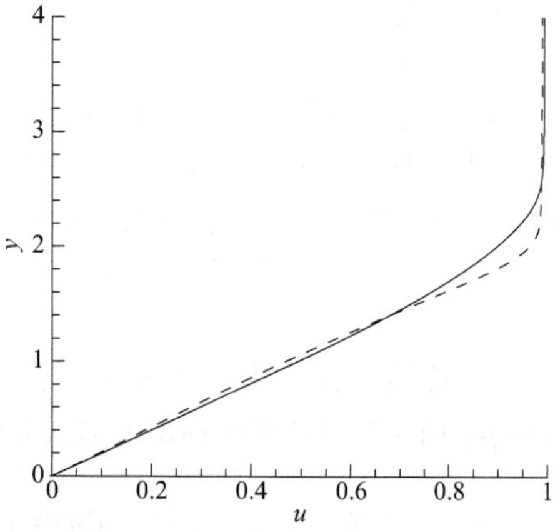

(b) φ=180°

图 2.5.3　边界层方程与 DNS 所得结果的比较

实线为边界层方程得到的结果；虚线为 N-S 方程得到的结果

这里采用传统的 e^N 方法来进行转捩预测。

根据线性稳定性理论，物理量的小扰动部分可以写成进行波形式：

$$q(x,y,\varphi,t)=\hat{q}(y)e^{i(\alpha x+\beta\varphi-\omega t)} \tag{2.5.14}$$

对于空间模式，波数 α、β 为复数，频率 ω 为实数。但对于锥来说，显然任何流动参数在周向都有周期性。因此，采用 Mack 建议的方法[5]，即简单地给定 $\beta_i=0$ 是一个合理的假设。

e^N 方法要沿着给定频率的扰动波的传播途径计算其幅值增长率。Cebeci 和 Stewartson 用最速下降法(鞍点法)导出在给定频率后，优先考虑的波是其波数满足条件 $(\partial\alpha/\partial\beta)_i=0$ 的波，而这种波的传播方向与流向的夹角 ψ 应由 $\tan\psi=-(\partial\alpha/\partial\beta)_r$ 确定。这样，该波幅值相对于其初值的放大倍数 e^N 中的 N 值由下式确定：

$$\sigma=\alpha_i-\beta_i\left(\frac{\partial\alpha}{\partial\beta}\right)_r,\quad N=\ln\left(\frac{A}{A_0}\right)=-\int_{x_0}^{x}\sigma\,dx \tag{2.5.15}$$

其中，σ 是波沿 x 方向总的增长率；x_0 是该波从 ZARF 曲线上出发处的 x 值，而 ZARF 曲线是满足 $\alpha_i=\beta_i=0$，$(\partial\alpha/\partial\beta)_i=0$ 的点的集合。

因此，应该先在每一个子午面上找到 ZARF 曲线。ZARF 曲线上的每一个点对应着一个可能的不稳定波。沿着不稳定波在锥上的传播途径，直到其幅值增长到初始幅值的 e^N 倍(并不是 ZARF 曲线上的每一个点都能达到这个条件)。这样就得到锥面上的一个波的传播轨迹。对于给定的 N 值，所有这样的波的传播轨迹的终点组成一个集合，其最上游的点就是预测的由该子午面上扰动触发的转捩点。将所有子午面上扰动触发的转捩点连起来就得到锥的转捩线。

当马赫数大于2.2时，有两种模态的不稳定波，即第一模态和第二模态，因此要分别对两种模态寻找ZARF曲线。不失一般性，以$\varphi=30°$子午面进行说明。对于三维波，波传播的方向一般既不平行于无黏流的方向，也不平行于波矢方向。波的传播路径要从波出发的子午面一步一步向前积分来得到，而且对于大部分的积分步，需要用插值的方法求出基本流剖面，因为只有在网格点上才有所需的物理量。

图2.5.4给出了从第二模态ZARF曲线上的五个不同点开始的N沿x的变化曲线。每一条曲线对应一个固定的频率ω。从图2.5.4中ZARF曲线的下分支和上分支的流向距离可以看出，低频波通常在x方向有较长的增长区，因此能够达到更大的N值。这是第二模态波的特点。可以达到给定N_{cri}的波被认为是有可能触发转捩的波。而在传统的方法中，N_{cri}只能由实验给定。图2.5.5(a)、(b)、(c)分别给出了波的放大率$-\alpha_i$和波角$\phi(\tan\phi=\beta_r/\alpha_r)$沿$x$方向的变化，以及扰动波在$(\varphi,x)$平面内的传播轨迹。波角非零表明波具有三维性，虽然一般情况下最不稳定的第二模态波是二维的。所有波的传播轨迹保持在离30°很近的子午面内，偏离不超过1°，这可能是由于无黏流的流向速度远大于展向速度的缘故。

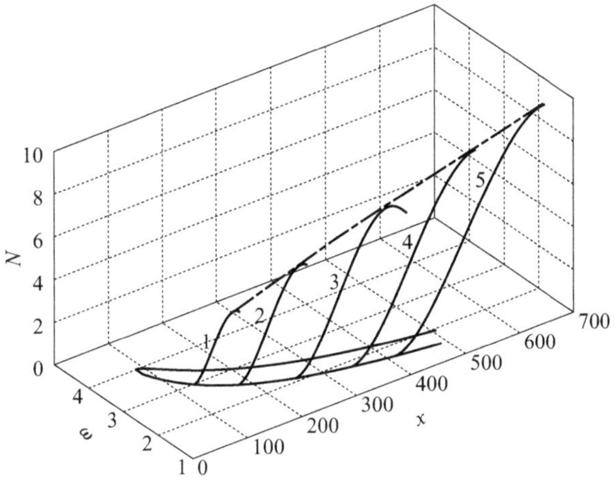

图2.5.4　(ω,x)平面内的第二模态波的ZARF曲线和N值曲线

图2.5.6和图2.5.7分别是第一模态波的ZARF曲线和四个第一模态波的N值曲线。图2.5.8(a)、(b)、(c)分别是波的放大率$-\alpha_i$和波角ϕ沿x方向的变化，以及扰动波在(φ,x)平面内的传播轨迹。与第二模态波相比，第一模态波的增长率和N值更小，但是波角更大。然而，波轨迹偏离30°子午面的角度仍很小，不超过2°。由于第二模态波能够达到更大的N值，根据传统的方法，从30°子午面出发的第二模态波在某一邻近的子午面内的下游某处将触发转捩。

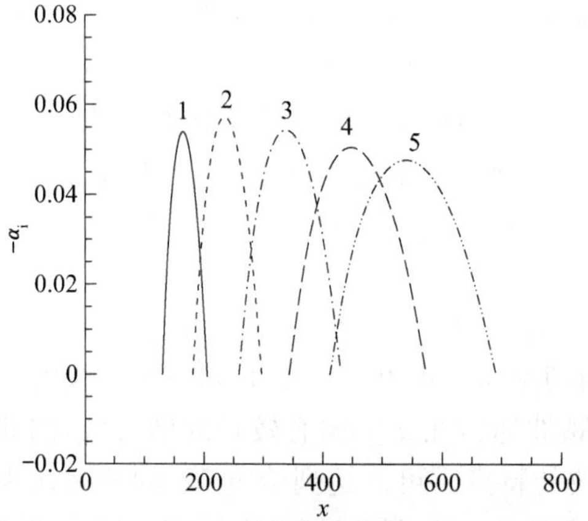

（a）放大率$-\alpha_i$

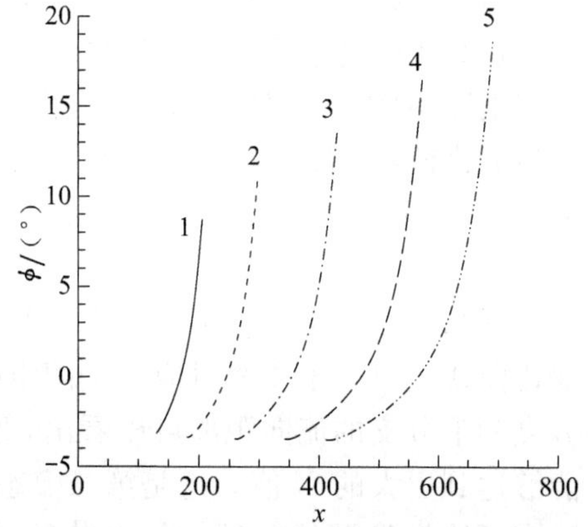

（b）波角ϕ

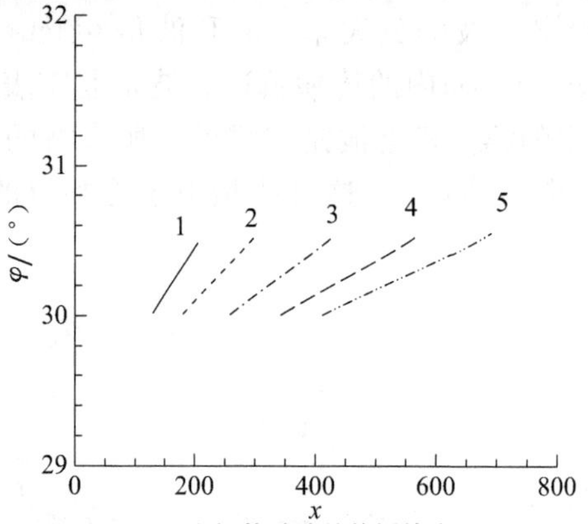

（c）扰动波的传播轨迹

图 2.5.5　第二模态波的放大率$-\alpha_i$、波角ϕ和在(φ,x)平面内传播轨迹

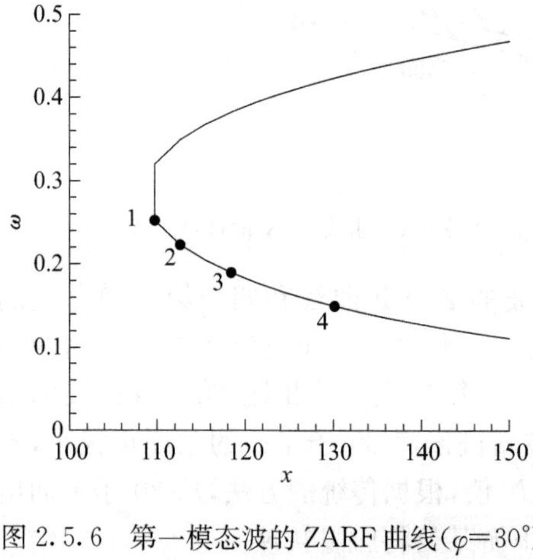

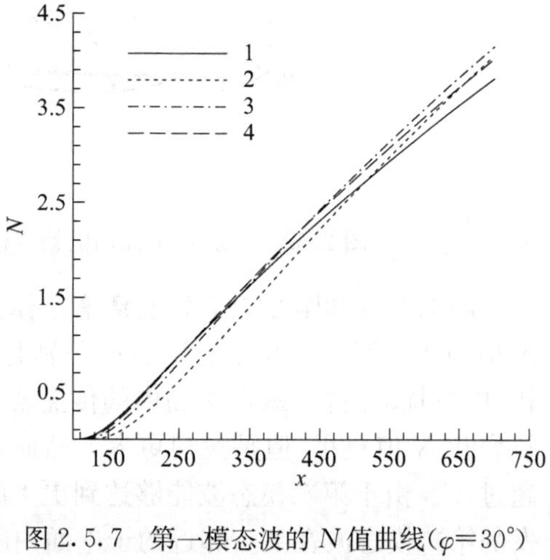

图 2.5.6　第一模态波的 ZARF 曲线($\varphi=30°$)　图 2.5.7　第一模态波的 N 值曲线($\varphi=30°$)

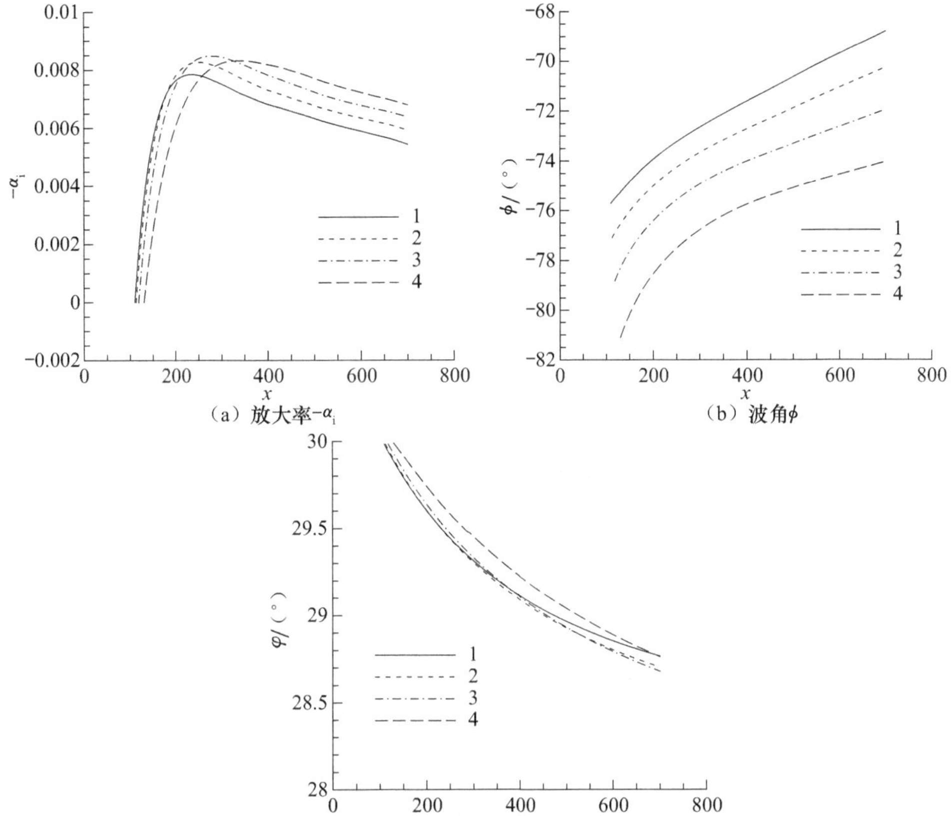

（a）放大率 $-\alpha_i$　（b）波角 ϕ

（c）扰动波的传播轨迹

图 2.5.8　第一模态波的放大率 $-\alpha_i$、波角 ϕ 和在 (φ, x) 平面内传播轨迹

分析从其他子午面出发的波可以得到相似的结果，即第二模态波导致了转捩。如果临界 N 值参考不可压缩边界层的值而暂时取为 8 或 9，则预测的转捩位置如图 2.5.9 所示。前面曾提到，大部分实验都显示背风面先于迎风面发生转捩，且迎

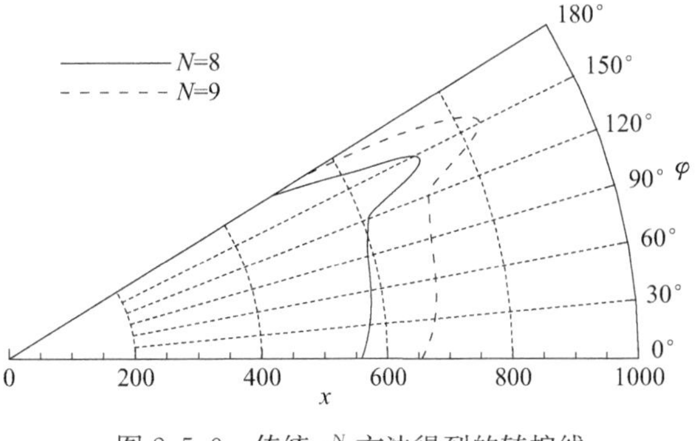

图 2.5.9　传统 e^N 方法得到的转捩线

风面上转捩位置的变化要比背风面上大得多。显然,图 2.5.9 所得的转捩位置甚至仅就其趋势而言都与大多数实验观察结果不符。即传统的 e^N 方法对本问题不能给出正确的结果。

问题产生的原因是,传统的 e^N 方法只考虑增长的扰动,因为它要求从 ZARF 曲线上的点开始计算增长倍数。若转捩判据如航空界通常所取的那样,取 $N=9$,则增长倍数将为 $e^9\approx8000$。假定与 ZARF 曲线上的点对应的扰动其初始幅值为 0.3‰(通常认为高空背景下的扰动是这一量级),则在预测的转捩位置处,扰动幅值将为 2.4,远远超出线性理论有意义的范围(通常认为扰动幅值小于 0.01 时线性理论可用),甚至大于边界层外沿的无黏流速度。这显然是不合理的。

实际上,对于机翼而言,其前缘是感受性起作用的地方。对于不可压缩平板边界层,如果扰动也是从前缘位置进入,则在到达中性曲线或 ZARF 曲线前,按线性稳定性理论,扰动波幅值视频率不同,将会衰减为原来的 1%的量级。因此,对于 $N=9$,在前缘附近初始幅值为 0.3‰的扰动,在预测的转捩位置处,根据线性稳定性理论,其幅值将是 1%的量级。也说是说,将扰动在到达 ZARF 曲线前的衰减也考虑在内,即增长率的积分不是从 ZARF 曲线开始而是从靠近前缘处开始应该更为合理。

此外,平板边界层是二维的。大部分飞机机翼虽然有后掠角,其边界层存在横流,但在翼展方向变化很缓慢。扰动从前缘不同展向位置进入后,在开始放大前将经历相同或基本相同的衰减过程。因此,整个翼展可以使用同一个 N 值。但是对于一个有攻角的锥的边界层而言,边界层是真正三维的。因此,从不同子午面的 ZARF 曲线开始的扰动的增长过程不同,且在到达 ZARF 曲线前的衰减过程也不同。因此,如果还要用传统的 e^N 方法,则对不同的子午面要用不同的转捩判据 N。这显然是行不通的。

第 1 章分析了各种转捩 DNS 结果,发现对自然转捩(即从小扰动开始的转捩),在转捩开始前的地方,扰动的幅值都在 1%～2%范围内。而对不可压缩平板边界层,已发展出若干流动非线性稳定性理论。很多学者都认为,扰动幅值 1%是线性理论不再适用和非线性理论开始起作用的临界点。而一旦达到这一临界点,离转捩开始处就不远了。有人更估计其约为几个 T-S 波的波长,或几十个边界层名义厚度。如果这一结论对超声速、高超声速也适用,则可以说由线性理论得到的小扰动幅值增长到 1.5%可以作为转捩开始的判据。

这样,可以用如下办法来改进传统的 e^N 方法:一是不从 ZARF 曲线开始,而是从某一个可以预估出扰动初始幅值的位置开始,用线性稳定性理论研究扰动的演化,包括其传播途径及幅值增长情况;二是用扰动幅值为 1.5%作为转捩开始的判据,如果要表达成式(2.5.15)的形式,则应取 $N=\ln(0.015/A_0)$,其中 A_0 是初始幅值。

不幸的是,初始扰动幅值的预估是一件非常困难的事情。这是因为感受性与飞行器的具体形式及背景扰动的频谱和形式有关，而背景扰动的频谱和形式一般要靠飞行实验确定。而飞行器经历的环境千变万化，要预先完全了解背景扰动的特征几乎是不可能的。此外，感受性问题本身也是一个很困难的问题。

对于二维机翼的情况，理论研究表明，前缘区是容易感受外来扰动影响的地方。如果外来扰动是声波，则感受性系数即感受出的 T-S 波幅值和声波幅值之比与频率无关(参见 4.3.1 节)。如果声波的频率谱很平坦，即各种频率的声波幅值都一样，则感受出的各种频率的 T-S 波的幅值也均相等。对应于小攻角锥体边界层的转捩问题，如果认为锥头是扰动易于进入的地方，且其感受性的机理和二维机翼前缘相似(实际上由于这里研究的情况是超声速及三维问题，没有理论研究成果可直接引用，因此只是一个假设)，则由于攻角很小，可以认为在锥头下游不远处，如 $x=85$ 处，所有的子午面上的 T-S 扰动波，无论是第一模态还是第二模态，无论频率大小，都具有相同的初始幅值 0.3‰。这样，可以从 $x=85$ 处开始应用公式(2.5.15)，而 N 则取为 3.5(在原始论文中，转捩临界幅值取为 0.01，后来才改为 0.015，这里没有重新计算)。

对应于图 2.5.4 和图 2.5.7，可以画出图 2.5.10(a)和(b)。图 2.5.10 表明，尽管第二模态波从 ZARF 曲线开始有较大的增长率，但是在到达 ZARF 曲线前，它们都经历了非常显著的衰减过程。因此，总的来看，最大的 N 值基本在 0 附近。相反，第一模态波只经历了非常短的衰减过程，其 N 值可以达到需要的 3.5。因此，对于本书的情况，并不像传统 e^N 方法预测的那样——转捩由第二模态波所致，而实际上转捩由第一模态波所致。

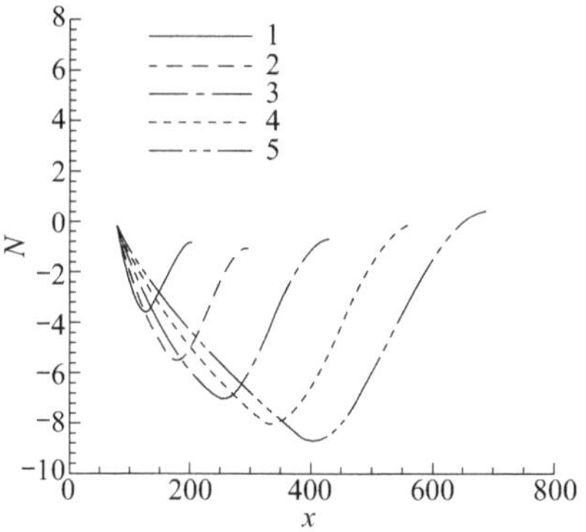

(a) 第二模态

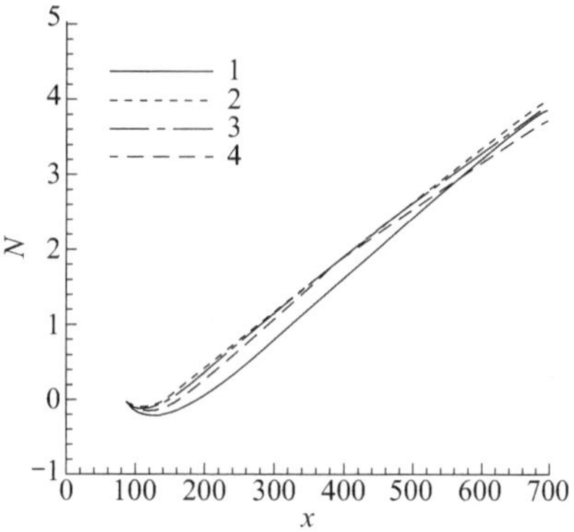

(b) 第一模态

图 2.5.10　$x=85$ 处开始计算的扰动波的 N 值随 x 的变化

图 2.5.11(a)给出了基于由边界层方程得到的基本流进行转捩预测的结果。跟随从背风面出发的扰动波，其 N 值不能达到 3.5，因此在背风面处有空当。其原因是，边界层方程在抛物化的过程中，减小了方程的阶数，丢失了一个边界条件。

缺失的边界条件使得方程在 φ 方向进行积分时，展向速度在背风面可能并不为零，而根据对称条件，它应该为零。因此，靠近背风面的解并不能反映真实的流场。

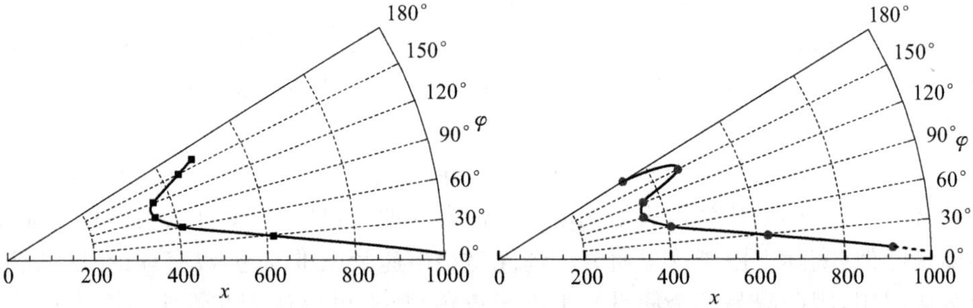

（a）基于由边界层方程得到的基本流计算出的转捩线　（b）基于由DNS得到的基本流计算出的转捩线

图 2.5.11　改进后的 e^N 方法得到的转捩线

图 2.5.11(b)给出了基于由 DNS 计算的基本流而得的转捩预测结果。图中除了背风面处是由第二模态波导致的转捩外，其他位置处的转捩都由第一模态波导致。由于基本流的计算只进行到 $x=1000$，此时迎风面转捩还未发生，因此两幅图中没有迎风面的转捩位置。两条曲线在 $\varphi=0°\sim150°$范围内吻合很好。转捩位置随着 φ 的增大逐渐地向 x 减小的方向移动，也与大部分实验观察到的结果一致。但是在靠近 $\varphi\approx150°$处，转捩位置向下游移动，然后又向上游移动。这个看似奇怪的趋势实际上在 King[11] 的实验中也曾经被观察到，尽管在量上有所不同。图 2.5.12 摘自 King 的文章[11]，其中包含静风洞即小扰动情况下，半锥角为 5°、攻角为 0.6°的尖锥的转捩结果。图 2.5.13 与图 2.5.11(b)为同一个结果，但表示在与图 2.5.12 相同的坐标系，即($Re_{tr,\infty}$，φ)平面内，其中 $Re_{tr,\infty}$ 为转捩雷诺数，该雷诺数的长度值被定义为从相应的虚拟尖锥顶点算起的流向距离。由于实验的马赫

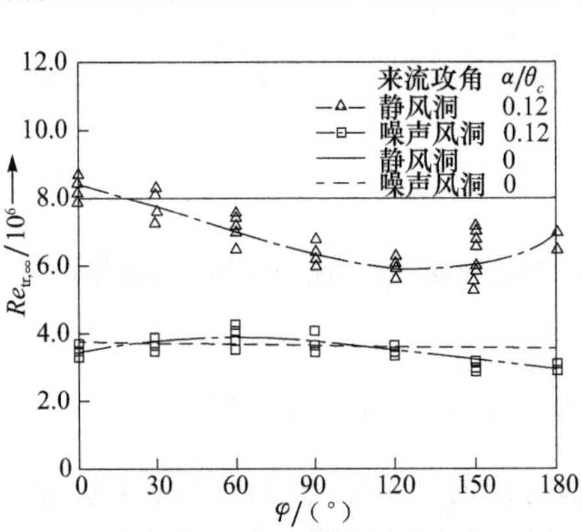

图 2.5.12　转捩雷诺数随 φ 的变化[11]

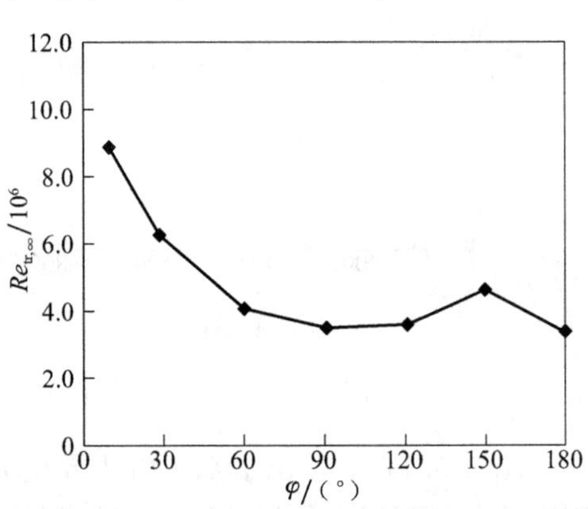

图 2.5.13　转捩雷诺数随 φ 的变化(本书结果)

数和攻角与我们计算的并不相同，完全吻合是不可能的。我们计算的迎风面和背风面的转捩雷诺数差别较大，但这并非不合理的，因为攻角较大。而且，注意到图 2.5.12中 $\varphi=150°$处数据是特别分散的，可以发现，确实存在着 $\varphi=150°$处的转捩位置比 $\varphi=120°$和$\varphi=180°$更靠下游的情况，即同我们的结果类似。

因此，至少在定性上可以说，与实验的吻合非常好。

由于边界层内不稳定波的感受情况未知，为了进行比较，这里选择了三个积分的起始位置，分别为 80、100、125 处，转捩发生时的 N 仍取为 3.5。

前面曾提到，除了背风面的转捩是由第二模态波导致外，其他子午面的转捩都是由第一模态的波导致的。为了进一步研究这一现象，在靠近背风面处即周向150°～180°范围内又选取了 3 个子午面来考察第一模态和第二模态波的转捩情况。图 2.5.14(a)、(b)、(c)分别给出了转捩雷诺数沿周向角度的变化。可以发现，靠近迎风面处的转捩是由第一模态不稳定波激发，而靠近背风面处的转捩则是由第二模态波激发的。改变起始积分的位置，对第二模态波导致的转捩影响较大。这是因为，导致转捩的第二模态波，其频率在不稳定波的频带中是较低的，与高频波相比其开始放大的位置在距锥头更远的下游处。这样，起始积分的位置越靠下游，在开始放大前经历的衰减越少，导致 N 越快地达到 3.5，也就促使转捩越快发生。由比较可见，转捩线的整体趋势随积分起始位置并没有显著变化。其原因应该是在 x 从锥头下游的 80 到 125 倍球头半径的范围内，扰动既不快速增长，又不快速衰减。

然而，就目前为止，并没有充分的论据来给出足够合理的积分起始位置。原因是，对于真正的三维边界层对外部扰动的感受性问题仍了解得太少，特别是小攻角锥的情况。但总的来说，改变积分的起始位置，对于转捩线的整体趋势影响并不大。

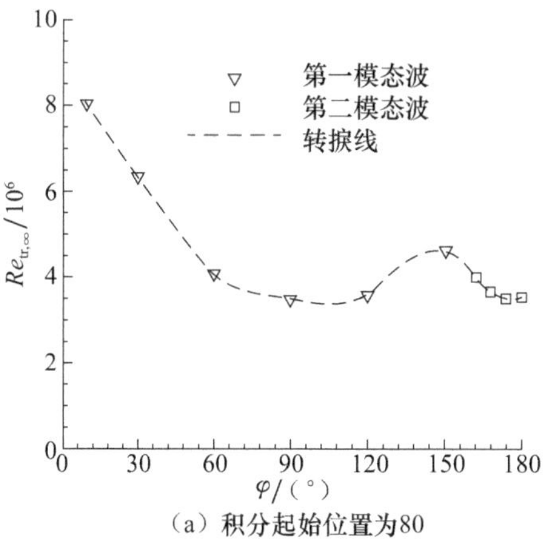

(a) 积分起始位置为80

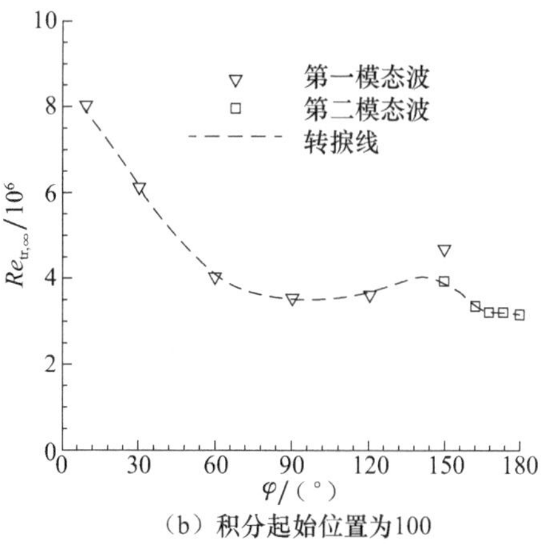

(b) 积分起始位置为100

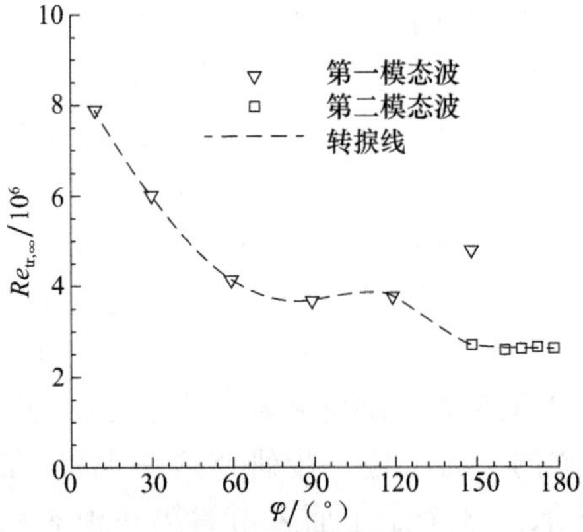

(c) 积分起始位置为125

图 2.5.14 转捩雷诺数随周向角度的变化(0°为迎风面)

中国科学院力学所的李新亮等用 DNS 方法计算了同样参数下的转捩,但初始扰动为距锥头一定距离、一定流向范围内的壁面吹吸。吹吸包括很多不同频率和展向波数的波,在一定程度上和我们假定的初始扰动中不同频率和波数的波具有相同的幅值相近。他们得到的转捩线如图 2.5.15 中虚线所示。可以看出,他们的结果和我们的结果在定性上表现出惊人的一致。而且他们还发现,在转捩开始前的地方,扰动幅值确实都在 0.01 和 0.02 之间。

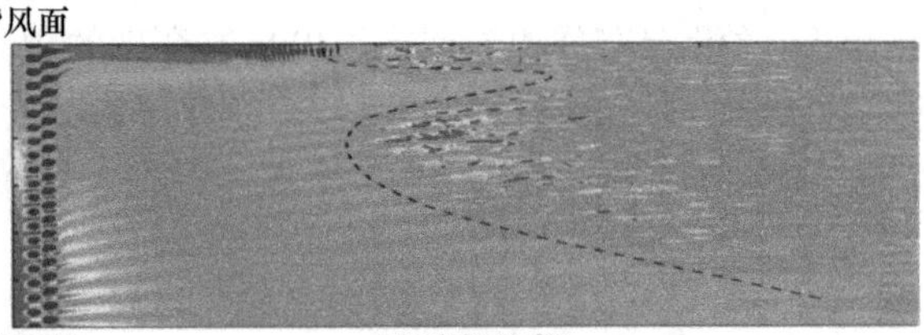

图 2.5.15 中国科学院力学所用 DNS 方法所得的转捩线(另见文后彩插)

结论是,对于马赫数为 6 的小攻角高超声速尖锥或小钝度锥的转捩预测,传统的 e^N 方法即使在定性上也不能给出正确结果。改进后的 e^N 方法可以得到一个相当合理的结果,但它要依赖于对初始扰动的正确预估。这是另一个难题,却是有明确物理意义的问题。此外,对于基本流的计算,边界层方程的计算量远小于 DNS,并且在展向的大部分区域能给出和 DNS 相同的转捩预测结果,但在背风面附近因方程本身的局限性而无法给出正确的结果。

为了进一步检验改进后的 e^N 方法对于三维边界层转捩预测的可靠性,还对其他参数下的圆锥绕流问题进行了转捩预测[12]。包括两个算例,具体参数见表 2.5.1。其中计算参数的含义分别为:以头部半径和无穷远物理量为参考量定

义的雷诺数 Re_n、来流马赫数 M_∞、半锥角 θ_c、攻角 α、无穷远温度 T_∞，壁面温度与无穷远温度的比值 T_w/T_∞。算例 1 与 1980 年 Stetson 所做的钝锥转捩的风洞实验参数相同[13]，中科院力学所李新亮等对该参数下的钝锥转捩做了 DNS，并提供给我们(私人通信提供)，以便与我们的结果进行比较。算例 2 的绝热壁尖锥转捩情况与 1992 年 King[11]的静风洞尖锥转捩实验参数相同，实验数据可用于检验我们的结果。

表 2.5.1 算例参数

计算参数	Re_n	M_∞	θ_c	α	T_∞	T_w/T_∞
算例 1	3.23×10^5	5.9	8°	1°	288.18K	4.38
算例 2	250	3.5	5°	0.6°	90.2K	绝热壁

李新亮采用 DNS 方法计算了算例 1 的基本流。分别用五阶 WENO 格式和三阶 Runge-Kutta 格式对 N-S 方程进行空间和时间方向的离散。计算域包含由钝头产生的激波。流向计算至 130 倍球头半径处，网格选取为 400(流向)×80(周向)×160(法向)。仍采用前面介绍的求解边界层方程的方法计算基本流。图 2.5.16 给出了该方法和 DNS 方法计算得到的流向速度剖面在距头部 128 倍头半径处的比较。二者在 $\varphi<162°$ 的子午面内都吻合很好，但在 $\varphi=180°$ 差别较大。这说明三维边界层方程在距头部较远处的绝大部分子午面内能够得到与 DNS 吻合较好的流场。

仍假设扰动在积分的起始位置处幅值为 0.03%，取两种不同初始位置 $x_0=20,30$，仍用 N 值取 3.5 预测的转捩位置，结果如图 2.5.17 所示。转捩位置相应地有所区别，但总的趋势相同。

选择积分的起始位置为 $x_0=20$，N 为 3.5，由本书方法给出的转捩线与文献[13]的结果比较见图 2.5.18。与李新亮等用 DNS 方法所得结果的比较见

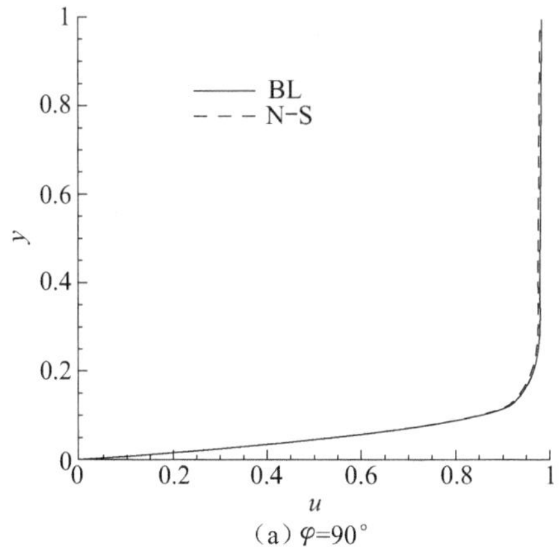

(a) φ=90°

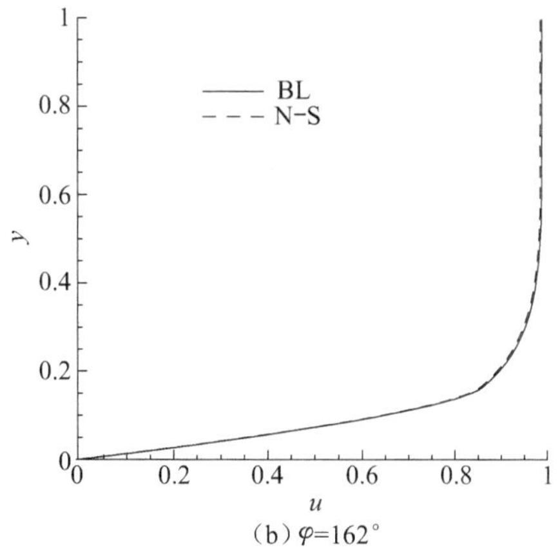

(b) φ=162°

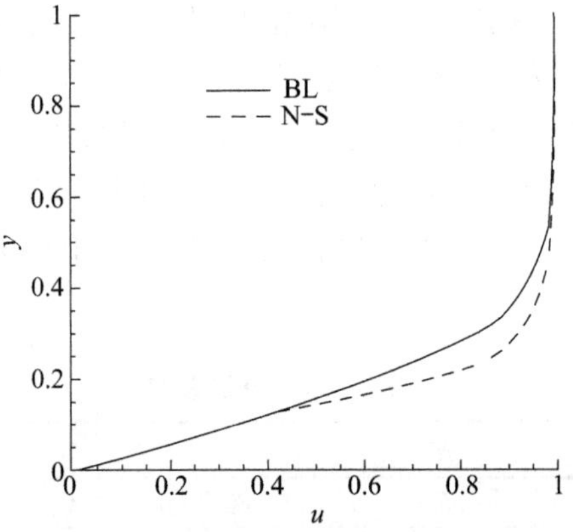

(c) φ=180°

图 2.5.16　两种方法求出的流向速度剖面的比较

BL:边界层方程;N-S:N-S 方程

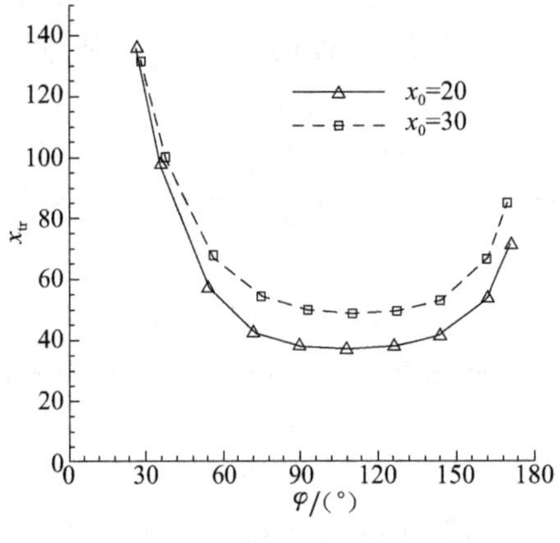

图 2.5.17　转捩位置沿周向角度的变化

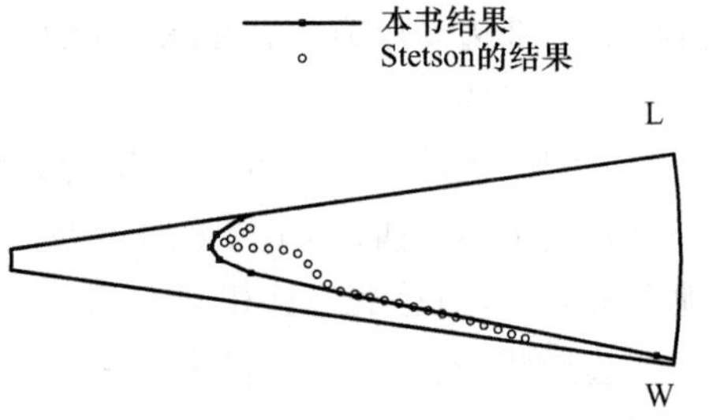

图 2.5.18　本书求出的转捩线与文献[13]的比较

图 2.5.19。尽管在细节上有一定差别,但总的趋势是非常一致的,且二者在 $\varphi\approx$ 150°处都没有出现前面例子中转捩线在靠近背风面处有局部凸向下游的现象。

表 2.5.1 中算例 2 的参数对应于 King[11] 在静风洞中所做的尖锥转捩实验。计算时单位长度雷诺数取为 10^7m^{-1},恰好在实验雷诺数范围内。King 实验的模型名义上是尖锥,但实际上是一个具有非常小的球头的钝锥,其头部半径为 0.025mm。如果是真正的尖锥,那么转捩雷诺数应该是不随实验雷诺数而变化的,因为尖锥没有特征长度。但由于实验模型并不是一个真正的尖锥,转捩雷诺数有些分散。

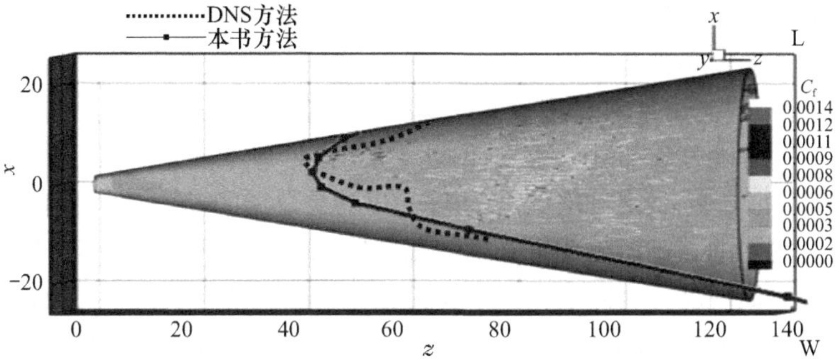

图 2.5.19 本书计算的转捩位置与DNS结果的比较

基本流计算至锥头部下游1000mm位置处，相当于雷诺数为10^7的地方。在图2.5.20中，将传统e^N方法和改进e^N方法得到的转捩位置表达成雷诺数的形式，与King的实验结果[11]进行了比较。改进e^N方法积分的起始位置为距头部10mm处。可以发现，当N值选为11～12时，即远远大于前面建议的3.5时，能够得到较好的比较结果。原因可能是，首先，近尖锥的感受性与钝锥存在很大不同。尽管在球头和锥的接合处边界层很薄，但感受性可能会起作用。其次，头部的流向波长不像不稳定T-S波的展向波长那么小，以至于在一个波长范围内，边界层厚度的相对变化并不小，从而违反了线性稳定性分析中的平行性假设。图2.5.20还表明，由传统和改进的e^N方法得到的结果差别较小。两种方法都能得到与实验相比合理的结果。原因是，本算例攻角较小，不同子午面的扰动波所经历的衰减和增长的过程基本相同，这体现为不同子午面中ZARF曲线的流向位置差别不大，如图2.5.21所示。因此，改进e^N方法所提出的论据对于本算例没有很大影响。但仔细观察可以发现，改进e^N方法的结果比传统方法的要稍好一些。

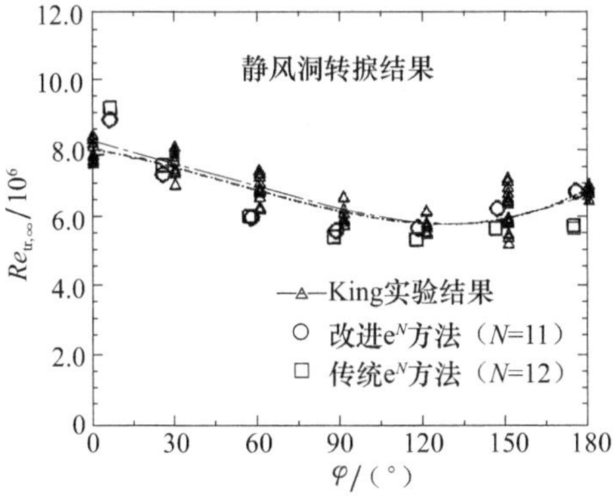

图 2.5.20 本书计算的转捩雷诺数与实验结果[11]的比较

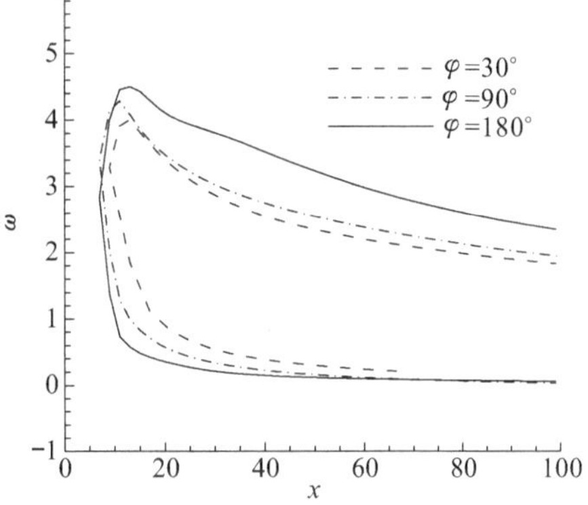

图 2.5.21 不同子午面的ZARF曲线

还有其他因素可能影响转捩预测的结果。首先，考虑壁面的温度条件。King指出锥的壁面温度条件是近似绝热的。然而，由于锥的支撑杆的导热性及尾流带走热量引起的热损失，一般模型表面的实际温度会与壁面真正绝热的模型有明显差别。在一篇综述性文章中[14]，Schneider 指出，对于零攻角尖锥，壁面温度实际上是总温 T_t 的 75%，而不像绝热壁条件给出的是总温的 85%。并且，锥表面的温度分布是不均匀的。锥尾处比锥头处的温度要低约 50°R(40℃)。对于钝锥，绝热壁给出的锥表面温度比实际表面温度要高出 20%。而且，锥头处实测的温度为总温的 80%，锥尾处为总温的 75%。对于有攻角锥，这个问题就变得更加复杂。因此，壁面温度条件对于转捩预测的影响需要将来更加仔细地研究。

其次，有攻角锥的感受性问题是不清楚的，尤其对于尖锥的情况。在应用 e^N 方法中，我们采用搜寻特征值的办法来找到增长最快的扰动波。从数学上来讲，其波长可以是任意实数值。然而，对于尖锥而言，在靠近尖锥头部的地方展向波长必须非常小。当然，前提是通常的扰动波的概念在该处仍然适用。而这样小波长的波是如何通过感受性机制产生的，显然是一个仍未解决的问题。

2.6 考虑慢声波感受性的转捩预测方法

从 2.5 节对于高超声速圆锥边界层的转捩问题中可以看出，对于小扰动引起的自然转捩，想要尽可能有理论根据地预测转捩，需要解决以下三个问题：①正确估算初始扰动；②正确计算扰动的演化；③有一个好的转捩判据。传统的 e^N 方法只考虑了扰动的线性增长，即问题②中的大部分问题，而对于问题①和③的解决都隐含在要依靠经验确定的 N 值上。在 2.5 节中，针对小攻角的高超声速圆锥边界层的转捩预测问题，我们对 e^N 方法的改进主要是在问题①和③上。对于问题①，假定边界层对外界扰动的感受性主要发生在飞行器前缘，因此要在锥头下游不远处估计边界层中扰动的幅值，并假设各种不同频率的扰动幅值都相等；对于问题③，根据大量不可压缩、超声速及高超声速边界层转捩的 DNS 结果，总结出的转捩判据可简化为，只要扰动速度幅值达到来流的 1.5%时转捩就开始，而不再像传统的 e^N 方法中要依赖实验去确定应取的 N 值。在和一些实验结果的比较中，取得了比用原来方法更好的结果。但是，在和 King 在常规风洞所做的小攻角圆锥边界层转捩实验结果[11]比较时，无论是传统的 e^N 方法还是改进后的方法，都不能得到满意的结果。

为此，要分析 King 做实验所用的风洞的两种工作状态。

King 是在 NASA Langely 研究中心的超声速风洞中做的转捩实验[11]，该风洞的示意图如图 2.6.1 所示。风洞在喷管喉部稍上游处有一圈吸气缝，在吸气缝工作时可吸去上游的湍流边界层。这时喉管下游重新生成的边界层有一段可保持为层流，它不会从边界层发射由湍流导致的噪声，因此其下游有一段声波扰动很小的锥形空间。这种状态下工作的风洞称为静风洞。在此条件下的实验，其环境比较接近于在高空飞行时的情况。

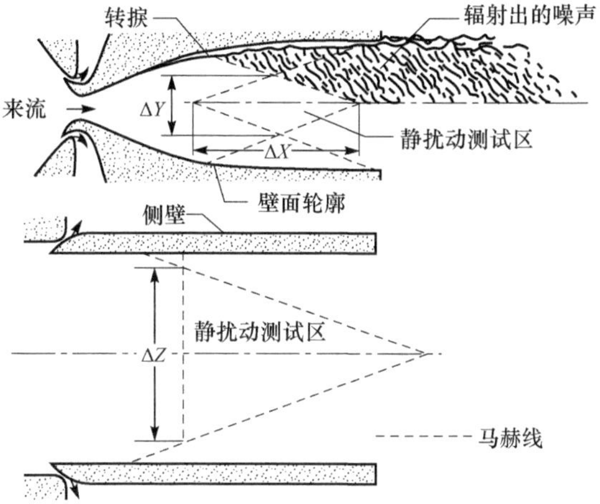

图 2.6.1 风洞剖面图[11]

当吸气缝的阀门关闭时，上游的湍流边界层将延续到喉管下游，即全部边界层都会发射由湍流导致的噪声。这时虽然风洞的气流中仍有其他的背景扰动，但占优的将是边界层湍流导致的声波扰动。在这种状态下工作的风洞就称为常规风洞。

Ma 和 Zhong 对超声速/高超声速来流下的平板和楔的感受性做了较系统的研究[15~17]。他们做了感受性问题的 DNS，并做了分析。从分析中可知，超声速/高超声速流中的扰动可以分为涡扰动、熵扰动、声波扰动，且无论是哪种扰动，在通过激波后都会同时激发上述三种扰动。声波扰动根据其相对于流动的传播方向又分为快声波和慢声波。但涡波、熵波及快声波在边界层外缘的传播速度和边界层中的不稳定小扰动波(即 T-S 波)的传播速度都不同，后者的速度小于边界层外缘的流速，因而都不能直接触发边界层内的 T-S 波。但边界层中有传播速度大于或等于其外缘流速的衰减波，它们有可能被直接激发。而衰减波在向下游传播时，其相速度逐渐变小。如在某处其改变了的相速度和某一 T-S 波的相速度相等，则有可能触发 T-S 波。但由于衰减波已经历了一段衰减，其幅值很小，因而被间接触发的 T-S 波的幅值也很小，即感受性很小，一般对转捩没有什么重要的影响。但慢声波的传播速度小于边界层外缘的速度，有可能和某一 T-S 波的相速度相等，从而使 T-S 波直接被激发。因此，针对 King 在非静风洞条件下做的实验，要考虑的感受性主要应是对慢声波扰动的感受性。

对两种情况，King 都做了实验。对静风洞情况，2.5 节中用传统和改进的 e^N 方法都得到了与实验符合得很好的结果。当然，对传统的方法要适当调整 N 值，而对改进的方法,则要适当调整扰动的初始幅值。

但对在常规风洞条件下做的实验,无论如何调整 N 值或扰动的初始幅值,以使预测结果尽量接近实验结果,也只能做到图 2.6.2 和图 2.6.3 中的结果。可以看到,预测和实验结果吻合得并不好。实验所得转捩线是向上凸的,而预测结果则是向下凹的。即定性上都不符合,这比定量上不符更严重。

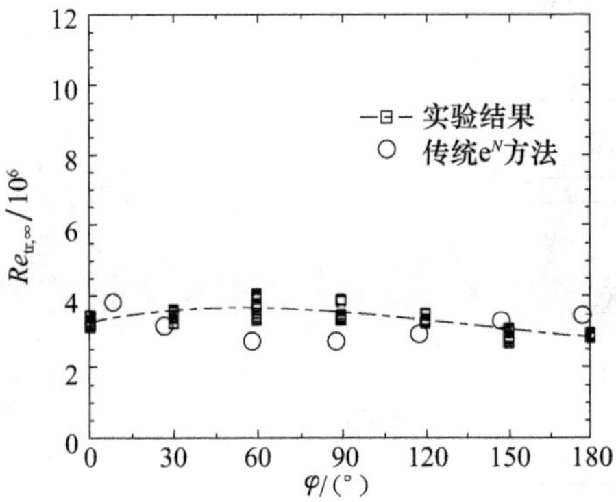

图 2.6.2 传统 e^N 方法的计算结果

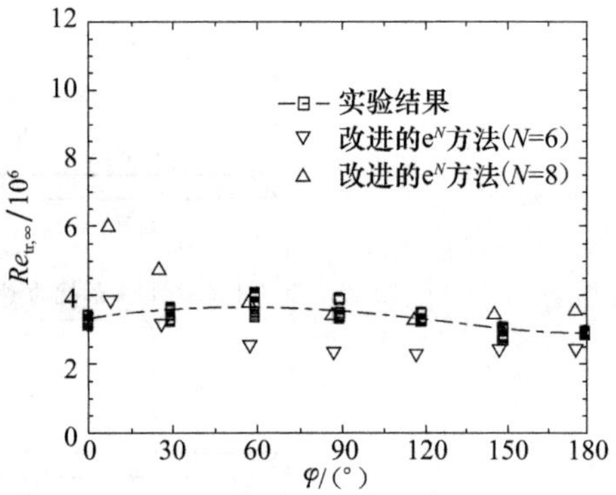

图 2.6.3 改进的 e^N 方法的计算结果

苏彩虹和周恒分析了这个问题[18],认为问题出现的原因是对感受性的考虑与实际不符。在常规风洞的情况下,感受性应该主要是对慢声波的感受。根据这一考虑,我们得到了与实验相符的结果。本节内容主要就介绍这一思路及结果。

King 的实验参数已在表 2.5.1 中给出。为便于读者阅读,此处重复给出。实验模型名义上是尖锥,但实际上具有一个非常小的球头,其头部半径为 0.025mm,锥的半锥角为 5°。来流温度为 90.2K,攻角为 0.6°,锥的头部位于距喷管喉部 12.7cm 的位置。基本流的计算仍采用 2.5 节介绍的 DNS 结合边界层方程的方法。计算时选取参考长度 L 为 2mm,以无穷远来流的速度、密度、黏性系数为无量纲尺度计算出的单元雷诺数为 10^7m^{-1},在 King 所给出的范围之内(King 没有分别给出每一个实验的雷诺数,而只给了所有实验覆盖的雷诺数范围)。

如前面所述,由于风洞不是静风洞,背景扰动中起主导作用的是风洞壁面湍流边界层所发射的声波扰动。即锥体边界层内的不稳定波,主要应是由声波所激发。通常情况下,快声波即使最终能间接地激发一个 T-S 波,其幅值也很小,不会是导致转捩的主要因素。而慢声波则由于其相速度可以与 T-S 匹配,能够直接激发边界层内的扰动,应是关注的重点。

对于超声速风洞,锥头部会产生一道激波。外界的声波扰动在通过激波后,又会分别激发激波后流场内的声波、涡波和熵波。这些扰动波和边界层及壁面的相互作用又会产生新的扰动波,而新的扰动波在激波处又会产生新的各种反射波,导致激波后流场中的扰动非常复杂。根据 Ma 和 Zhong[15~17]等的研究,起主要作用的仅是扰动穿过激波而在激波后第一次激发的波,且以慢声波的作用最大。因此,这里只考虑了慢声波的感受性。但他们的研究方法都是 DNS 方法,并没有分别分析各种感受性的机制,因此这里还要对慢声波的感受性机制做一些假定。

若在锥面某一位置,边界层内的 T-S 波中有相速度和外缘处慢声波相速度相同,则该 T-S 波将被激发。根据 Ma 和 Zhong[15~17]、Zhong[19]以及 Balakumar[20]等的研究,由慢声波激发的 T-S 波,其感受系数的量级为 1。但他们对感受系数的定义不是 T-S 波被激发当地的压力幅值和慢声波压力幅值的比值,而是被激发的 T-S 波到达 ZARF 曲线处的压力幅值和慢声波压力幅值的比值。这种定义适合传统的 e^N 方法,而不适合改进后的 e^N 方法。因此,假定在 T-S 波被激发的当地,其速度幅值和慢声波的速度幅值相等。这一假定会有一定的误差,但实际上慢声波幅值本身的估计也有误差,因此只要不同频率的波,其感受性系数相等或相近,二者可以合并处理。

边界层外缘处慢声波的相速度为

$$c = U_e - a_e = U_e - \frac{1}{M_\infty}\sqrt{\frac{T_e}{T_\infty}} \tag{2.6.1}$$

其中,U、a、M 和 T 分别为速度、声速、马赫数和温度;下标 e 表示边界层外缘处的物理量,下标∞表示激波前来流的物理量。图 2.6.4 和图 2.6.5 分别给出了尖锥边界层外缘处自由流速度和慢声波相速度沿周向角 φ 的变化。边界层外缘的流动是在锥形流假设下求得的,因此和流向位置无关。

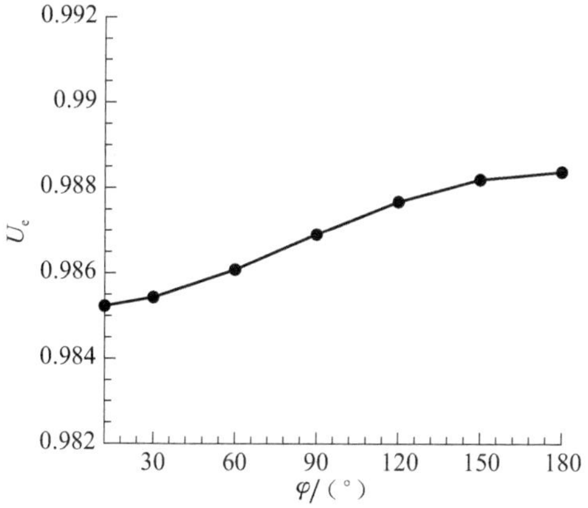

图 2.6.4 边界层外缘子午线方向的速度与 φ 的关系

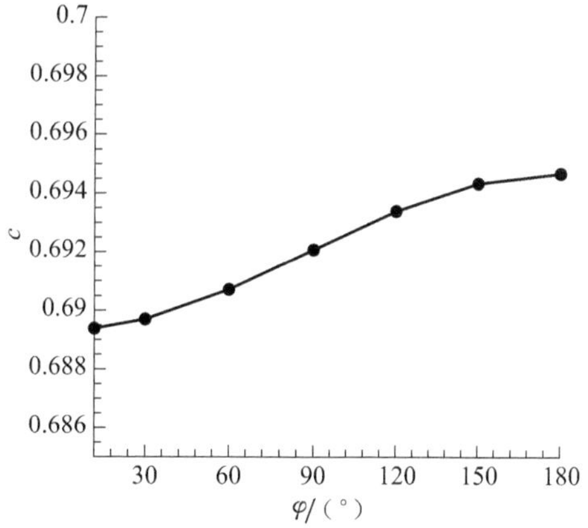

图 2.6.5 边界层外缘子午线方向的相速度和 φ 的关系

根据线性稳定性理论，小扰动可写为

$$q'(x,y,\varphi,t)=\hat{q}(y)\mathrm{e}^{\mathrm{i}(\alpha x+\beta\varphi-\omega t)} \tag{2.6.2}$$

对于空间模式，频率 ω 为实数，波数 α、β 为复数，其虚部的负数 $-\alpha_i$、$-\beta_i$ 分别为沿流向和周向扰动的幅值放大率。按照上述对慢声波感受性的分析，只要 $\omega/\alpha_r=c_{TS}$，该 T-S 波就可被激发。但对转捩预测的线性稳定性理论方法来说，重点是要分析满足 $(\partial\alpha/\partial\beta)_i=0$ 条件的 T-S 波。此外，对锥体的流动，可简单地给定 $\beta_i=0$。这样在锥面的每个位置都能找到一个可被激发出的扰动波。该扰动有可能是增长的，也有可能是衰减的。以 $\varphi=30°$为例(0°表示迎风面，180°表示背风面)，图 2.6.6 给出了不同流向位置所能被激发而同时又满足 $(\partial\alpha/\partial\beta)_i=0$ 的 T-S 波的参数。横坐标 x 表示从锥顶点算起沿轴线的距离。可见，不同流向位置所感受出的扰动频率不同，增长率也不同。高频的 T-S 波在靠近头部的位置被激发，

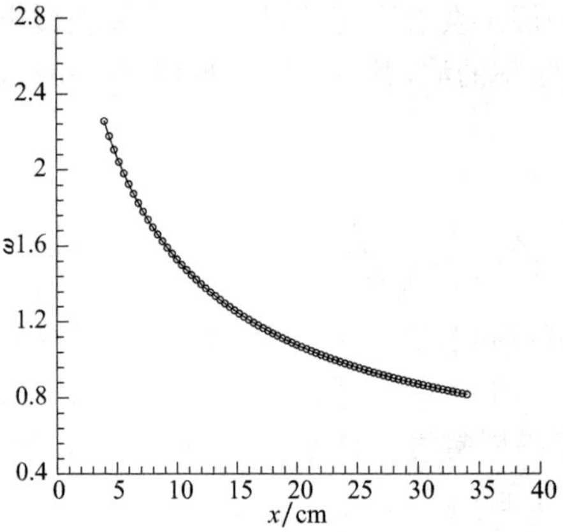

(a) 频率

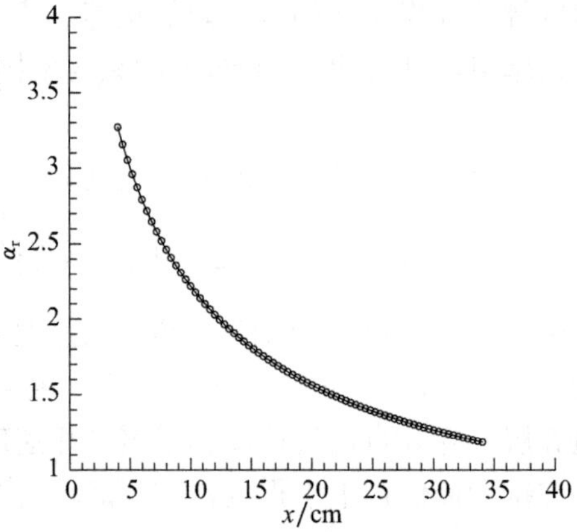

(b) 流向波数

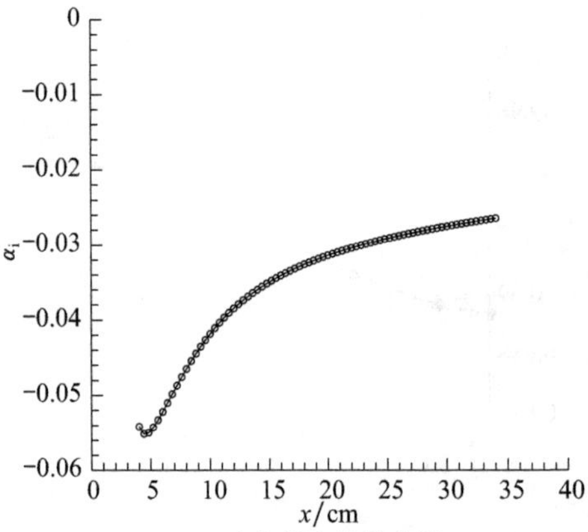

(c) 流向波数虚部

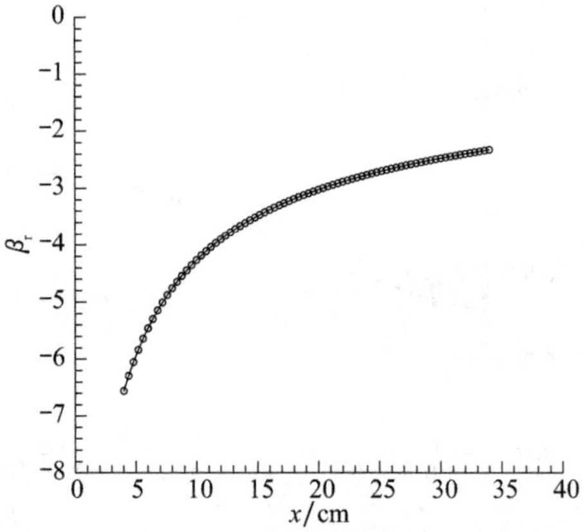

(d) 展向波数

图 2.6.6 边界层中可被激发的 T-S 波($\varphi=30°$)

其增长率较大;而低频的 T-S 波在离头部较远的下游被激发,其增长率较小。本例中,被激发出的 T-S 波的流向波数虚部都是负的,因此都是增长的。

前面已经说过,用传统的 e^N 方法和改进的 e^N 方法来进行转捩预测,都不能给出合理的结果。下面将不采用感受性仅发生在锥头部的假设,而改为主要是针对慢声波的感受性,看是否能得到合理的结果。具体做法是,在某一子午面上,从每个流向位置开始,对在当地由慢声波所激发出的 T-S 波,先假设它们都具有同样大小的幅值。适当估计其值,然后沿着其在锥面上的传播路径计算其幅值的演化,直到其无量纲幅值达到 0.015,这样就得到锥面上的一个点,即传播轨迹终点。所有这些波的传播轨迹终点组成一个集合,其最上游的点就是转捩线上的一个点。将每个子午面上的转捩点连成一条光滑的曲线,就是所求的转捩线。

由于在 King 的文章中,没有直接给出实验中初始扰动的大小,暂时估为 1‰,得到的转捩线与实验结果的比较如图 2.6.7 所示。可以看出,二者相差较大。改变扰动的初始幅值的估值,转捩线的位置会向上游或向下游移动,但趋势不变。因此,简单地认为初始扰动幅值相同所得结果仍然不正确。

图 2.6.8 给出了图 2.6.7 中导致转捩的 T-S 波的频率,即与图 2.6.7 中空心圆圈所对应的频率随周向角的变化。可见,变化是显著的。实际上,风洞中的扰动都有一个频谱,一般是扰动幅值随频率增高而减小,而且沿流向也不是常数[21,22]。下面将这一因素考虑在内,重新估计初始扰动的幅值。

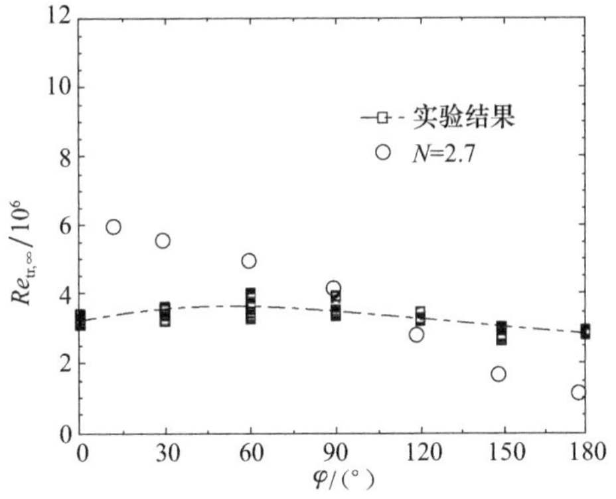

图 2.6.7 e^N 方法与实验结果的比较

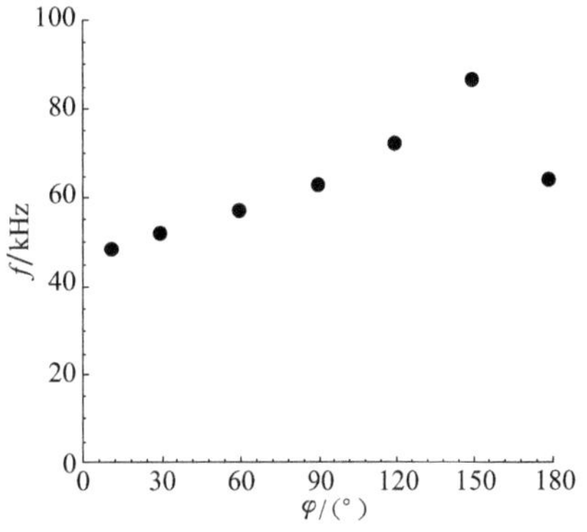

图 2.6.8 导致转捩的扰动频率随周向角的变化

文献[23]给出了 King 做实验的风洞中背景扰动的特性。从中发现,扰动幅值和频率的关系,可用一个指数函数近似地描述。并且,扰动幅值不仅与扰动频率有关,还与流向位置有关[11],如图 2.6.9 所示。其中 x 从风洞喉部算起,取与我们计算所采用的雷诺数最相近的情况，即单元雷诺数 $Re_0 \approx 10^7 m^{-1}$ 的情况（图中空心方块所示），可见其沿流向的变化很大。在 $x \leqslant 17$cm 时扰动非常小，与仪器噪声的量级相当，并非声波扰动。其后很快升高，在 $x = 27$cm 处达到最大值 0.7。然后逐渐降低，到 $x = 30$cm 后基本稳定在 0.5 左右。因此，从 $x = 30$cm 处开始，才考虑声波扰动引起的感受性。文献[23]给出了 $Re_0 = 2.1 \times 10^7 m^{-1}$ 时较详细的频谱关系，我们借用这一数据。从其他风洞的情况看，不同雷诺数下归一化后的频谱形状很相近。随着雷诺数的增加，归一化所用的参考频率也在增加，在一定范围内基本上和雷诺数成正比。我们考虑了这一因素，但这种间接引用不可避免地会带来一些额外的误差。

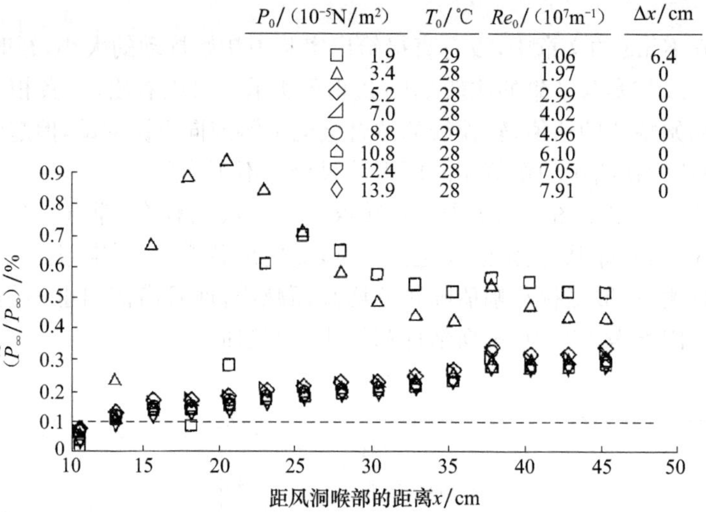

图 2.6.9　King 做实验的风洞中轴线处脉动压力的均方根值沿 x 方向的变化[11]

这样，感受出的 T-S 波可根据其频率估计出初始幅值，再重复前面的步骤寻找转捩位置。不同子午面决定转捩位置的扰动频率不同，其初始幅值也不再相同。但我们仍然不知道它们的绝对大小，只知道它们的相对大小。对其中之一做估计，用 A_0 表示，就可以确定其他扰动的初始幅值。

图 2.6.10 给出了重新计算出的转捩位置与实验结果的比较。实际上，是选择 90°子午面上对应的初始扰动幅值 A_0 为 2‰的结果。显见，转捩线在定性上已和实验结果一致，且两者定量上也吻合得不错。图 2.6.11 给出了导致转捩的扰动频率与周向角的关系。对转捩起决定作用的扰动，其频率在不同周向位置有明显差别。靠近背风面处，频率较低。图 2.6.12 给出了不同子午面处对转捩起决定作用

的 T-S 波被激发的位置，即积分起始位置及转捩位置。

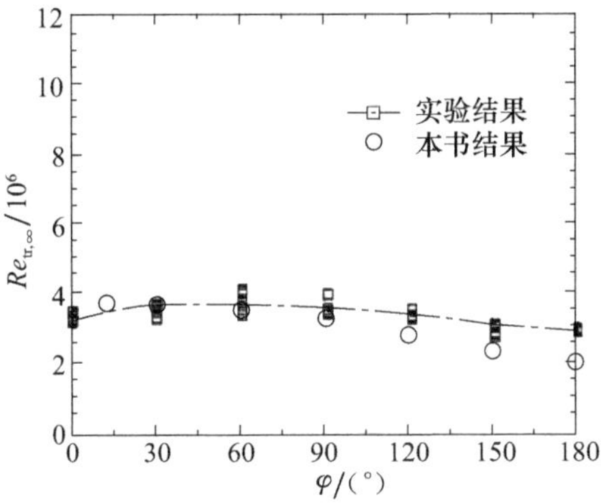

图 2.6.10　考虑对慢声波的感受性后得到的结果

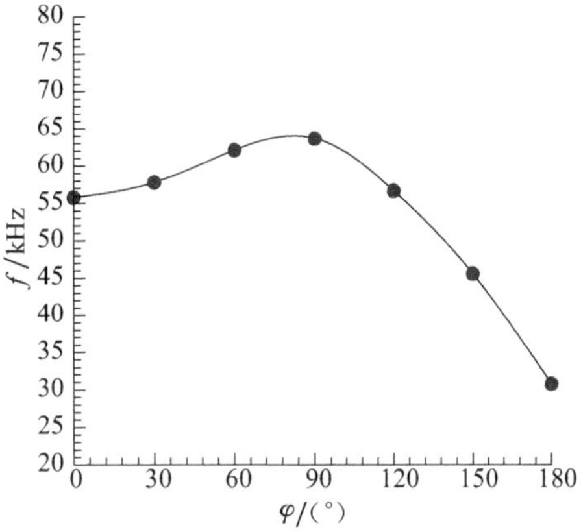

图 2.6.11　导致转捩的扰动频率与周向角的关系

在图 2.6.2 和图 2.6.3 的计算中，没有考虑初始扰动幅值与频率的关系。若将上述扰动初始幅值与频率的关系考虑进去，重新采用传统 e^N 方法和改进的方法(但认为感受性只发生在锥的头部)重新计算，结果如图 2.6.13 和图 2.6.14所示，与图 2.6.2 和图 2.6.3 结果差别不大。可见，不考虑声波扰动的感受机理，这两种方法仍无法给出合理的转捩预测结果。

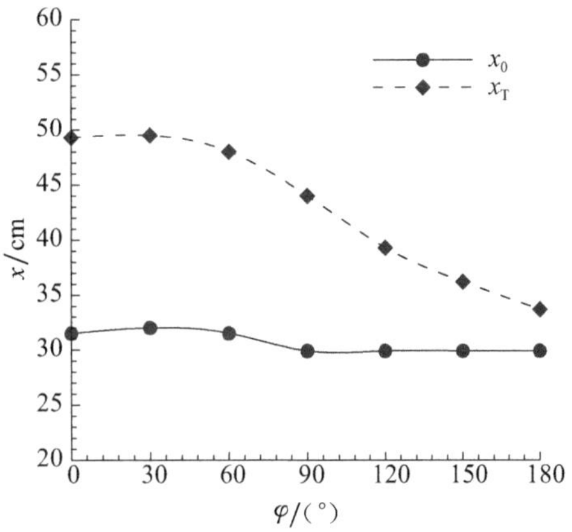

图 2.6.12　积分起始位置与转捩位置沿周向角的变化

因此，预测在风洞实验中锥的转捩时，若风洞中的背景扰动主要是声波扰动，应考虑边界层对慢声波的感受性。这时基于线性稳定性理论的方法仍可给出与实验相比令人满意的结果。前提是正确考虑边界层对慢声波的感受性，包括扰动幅值与频率和流向位置的关系。传统的 e^N 方法所隐含的感受性考虑，以及 2.5 节给出的改进的 e^N 方法所考虑的感受机制，都不是针对声波扰动的，因而在声波扰动起主要作用的情况下，都不能给出正确的转捩线位置。

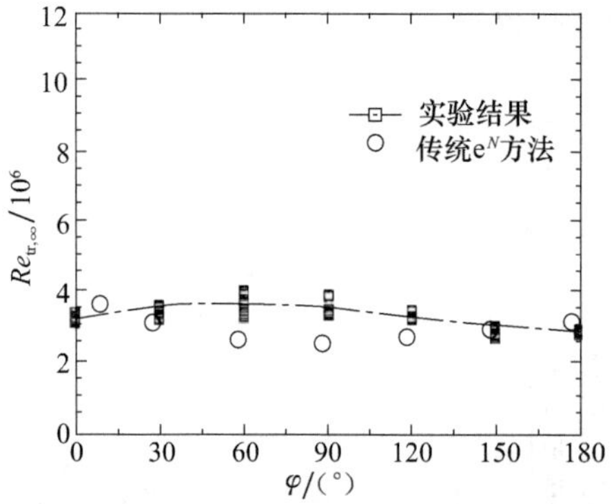

图 2.6.13 传统 e^N 方法重新计算的结果

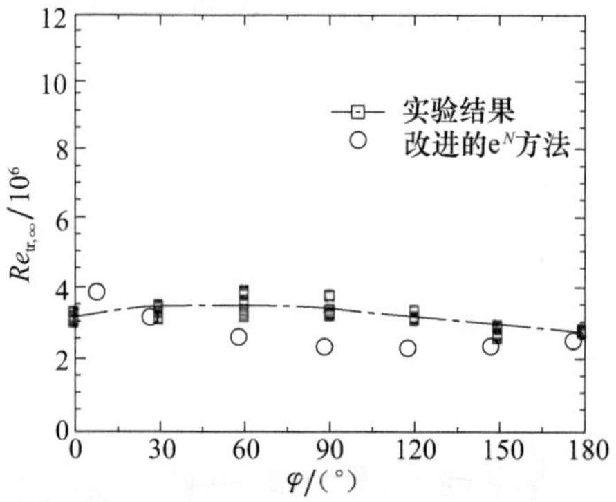

图 2.6.14 改进的 e^N 方法重新计算的结果

2.7 改进 e^N 方法中所提转捩判据的更多验证*

在 2.5 节中,以高超声速小攻角圆锥边界层的转捩预测问题为例,分析了国际上通用的 e^N 方法存在的问题,并对该方法提出了实质上的改进,在相当程度上降低了该方法对实验和经验的依赖。改进主要包括:①根据实际情况适当考虑感受性的问题;②建议了一个转捩判据,即以边界层中扰动速度幅值达到自由流速度的1%~2%为转捩判据,或更具体地,取扰动幅值为 1.5%作为转捩判据。苏彩虹对这一转捩判据是否可靠做了进一步的考察[24]。

无论是传统的 e^N 方法还是改进后的方法,都是建立在线性稳定性理论的基础上。这先天地带来两个不足,一是线性稳定性理论的计算用到了平行流假设,二是没有考虑转捩前扰动的演化必然有非线性起作用的一段,尽管这一段也许很短。因此,为了使得改进的方法有可信度,要对这两个不足是否会带来严重后果做检验。

实际上,上述第一个问题在多数情况下并不是非常重要的。因为过去人们已经将线性稳定性理论(LST)得到的结果,与用 DNS 和非线性抛物化稳定性方程(PSE)所做的小幅值扰动的计算结果比较过很多次,结论是,只要雷诺数比较大,其差别是很小的。而对于自然转捩问题,在扰动演化的大部分区域,雷诺数都是比较大的。所以,本节主要讨论上述第二个问题,即新的转捩判据是否可靠的问题。

---

* 本节内容要用到 PSE 方法,而 PSE 方法是第 3 章的内容,因此若读者不熟悉 PSE 方法,建议在阅读第 3 章后再看本节。

在第3章中将看到，在同样的初始扰动下，用PSE方法和用DNS方法所得到的转捩位置是很接近的。因此，将用两种方法得到转捩位置，一种是用线性稳定性理论中扰动幅值达到1.5%作为转捩判据所得到的转捩位置，一种是用PSE方法所得到的转捩位置，看二者是否吻合。

但是，这两种方法在预测转捩时，有一个根本的区别。在基于线性稳定性理论的方法中，是针对单个的T-S波进行计算，寻找其中幅值最先满足转捩判据的波。而在PSE中，单个T-S波是不能触发转捩的，为了触发转捩，还需要加入其他的扰动波。因此，如要比较二者的结果，则在PSE方法中，首先要考虑如何选择初始扰动波的组合。该组合包含不止一个T-S波，但又要不违背基于线性稳定性理论的预测方法中的基本假设。

下面分别选取不可压缩和高超声速平板边界层来具体介绍考虑的方法。

在前面所建议的基于线性稳定性理论的转捩预测方法中，假设距离平板前缘一定距离的下游的某一位置，各种不同频率的扰动波具有同样的初始幅值，如$A_0=0.3‰$。从该位置开始计算扰动波的幅值沿流向的变化。在所有扰动波中，幅值最先达到某个给定的转捩判据值，如1.5%的那个波将触发转捩。

与线性稳定性理论中的每一个T-S波对应，在PSE的计算中首先也选取同一个T-S波。但只有一个T-S波，PSE方法可以计算其演化，但不会像第3章中那样，得到一个转捩位置。为了在PSE的计算中能得到一个转捩位置，必须至少有一个以上的其他T-S波。而其他的T-S波实际上是存在的，因为已假设了在平板前缘下游某处，存在各种不同频率但幅值相同的T-S波。但在非线性PSE的计算中，并不是任意几个波都会有直接的相互作用，而只有它们的频率和波数间满足某种关系，才会有强的非线性作用，从而更容易导致转捩。而转捩预测正是要找最容易导致转捩的扰动。

在不可压缩流的非线性稳定性理论中，有一个非常著名的波之间直接发生非线作用的模型，即三波共振模型。它包含一个二维T-S波和一对三维T-S斜波，后者的频率和流向波数是二维波的一半。但这是在N-S方程的非线性项是二阶的条件下得到的。而对可压缩流，N-S方程的非线性项不限于二阶，因此像不可压缩流那样完全满足共振条件的共振三波是不存在的。

但仍可以借用这一概念来设计一个计算模型，即在基于线性稳定性理论的转捩预测中，若考虑的是一个二维扰动，则在PSE的计算中，除了这个波外，可加入一对其频率为二维波频率一半的三维斜波。但每个斜波的幅值应是二维波的一半，因为两个斜波的频率相同，二者幅值相加，将和二维波的幅值相同，与前述各种频率的波的初始幅值相同。而若在线性稳定性理论的计算中考虑的是三维扰动，则应加入与其对称的另一个三维斜波和一个二维T-S波，二维波的频率应为三维波频率的2倍。但二维波的幅值应为假设各种频率的波幅值都相同的那个幅值，而每个三维波的幅值则是该幅值的一半，因为两个三维波相加后的幅值和那个幅值相同，符合原先的假设。

即在 PSE 计算中，无论基于线性稳定性理论的转捩预测中计算的是二维 T-S 波还是三维 T-S 波，在三波共振模型中的三个波，必须满足所有不同频率的初始扰动幅值都相同的基本假设。更具体地说，在 PSE 计算中，无论加入的扰动是二维的还是三维的，组合出来的二维扰动的幅值应为 A_0，而每个三维扰动的幅值应为 $0.5A_0$，因为这两个三维波频率相同，这样它们组合出的幅值就为 A_0。

按照上述条件，三维波的频率是二维波的一半，似乎有无穷多个波组合，因为对于三维扰动，展向波数可以是任意的。然而，在基于线性稳定性理论的方法中，我们只考虑满足 Cebeci-Stewartson 条件的扰动（参见 2.2 节）。在 PSE 方法中，应采取相同的原则。这样，三维斜波的展向波数就被唯一地确定了。我们对三维波的展向波数与这一波数稍有不同的情况也做了计算，发现由 Cebeci-Stewartson 条件确定的三维波和相应的二维波组成的三个波，的确最容易导致转捩，即符合转捩预测的要求。

在第 3 章中将可看到，在 PSE 的计算中，壁面剪切应力突然抬升的地方，或者计算突然无法进行下去的地方，就相当于由初始扰动组合触发的转捩位置。以下就采用这样的方法作为 PSE 计算中的转捩判据。

先对一个不可压缩平板边界层用两种方法做转捩预测。基本流采用 Blasius 相似性解。基于线性稳定性理论的方法开始积分的位置和 PSE 开始计算的位置均为距平板前缘 0.3m 处，该处边界层的排移厚度为 4.6×10^{-4}m。用该排移厚度及来流参数对各参量进行无量纲化，该处的雷诺数为 2000。

对于不可压缩边界层，起主导作用的 T-S 波是二维的，因此在基于线性稳定性理论的方法中只考虑二维的扰动。图 2.7.1 给出了由线性稳定性理论计算得到的 T-S 波的幅值增长曲线。对于给定的转捩判据 A_{tr}，可以找到不同频率的扰动波幅值达到该值的位置。图 2.7.2 给出了分别对应于转捩判据 $A_{tr}=0.01$、0.015 和 0.02 时，不同频率的扰动波给出的转捩位置的连线。对于给定的 A_{tr}，连线最上游的位置就是预测的转捩位置。因此，以上三个转捩准则给出的转捩位置分别为 360、410 和 440。

前面曾提到，在 PSE 计算中，初始扰动应包含一个二维波和一对具有值相同、符号相反的展向波数的三维扰动，分别记为(2,0)模态，以及(1,1)和(1,−1)模态。模态(M,N)中的两个数字，M 表示该扰动波的频率是最低频率的 M 倍，N 表示该扰动波的展向波数是最小波数的 N 倍。斜波的频率是基本波频率的一半，展向波数由条件$(\partial\alpha/\partial\beta)_i=0$ 确定，α 为流向波数，下标 i 表示虚部。图 2.7.3 给出了所加入的三维扰动的展向波数及流向波数虚部随频率的变化。PSE 方法的非线性项

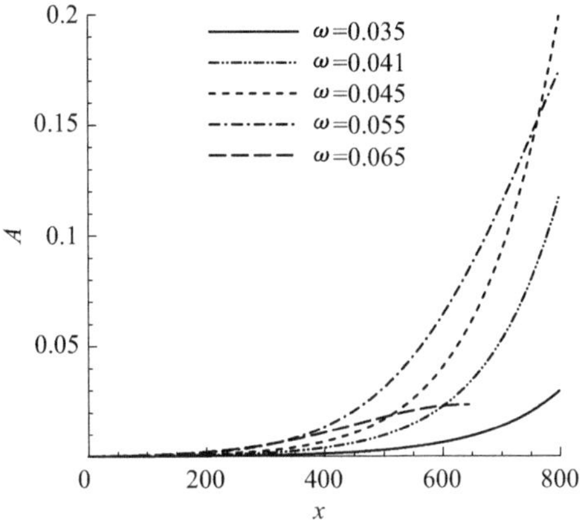

图 2.7.1 不同频率的 T-S 波的幅值演化

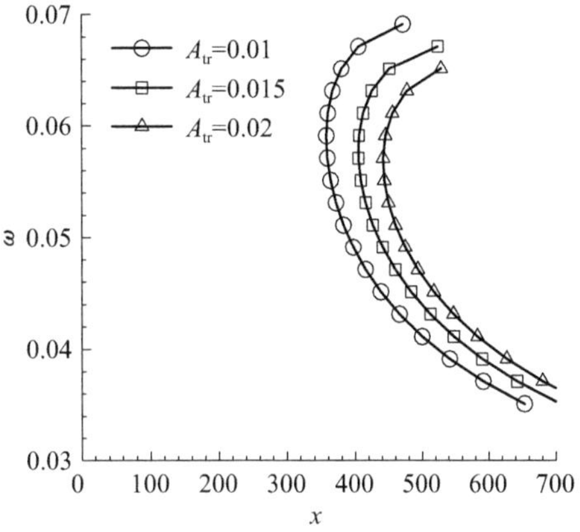

图 2.7.2 基于线性稳定性理论预测出的转捩位置

频率最高为 7 阶,展向波数最高为 3 阶。计算直至某处壁面剪切应力突然升高,或者计算发散为止。

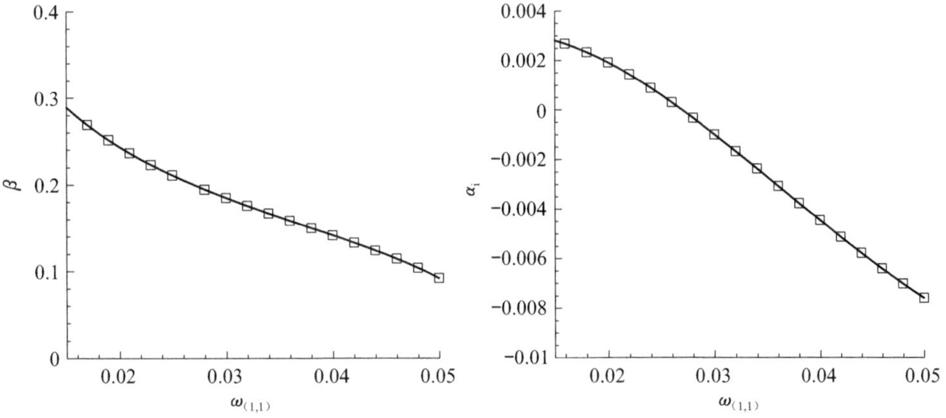

(a) β (b) α_i

图 2.7.3 三维扰动波展向波数和增长率随频率的变化

为了确定转捩的位置,图 2.7.4 给出了壁面摩擦系数 C_f 曲线。C_f 曲线的快速抬升表明了转捩开始的位置。PSE 得到的结果与基于线性理论所得结果的比较,如图 2.7.5 所示。对于 PSE 方法,图 2.7.5 中的频率表示的是二维扰动的频率。其横轴对应的最上游的位置为 $x=440$,即由 PSE 方法给出的转捩位置。通过插值可以估计出,如果在基于线性稳定性理论的方法中采用$A_{tr}=0.018$ 作为转捩判据,则预测的转捩位置将和 PSE 方法给出的结果一致,即 $x=440$。而 0.018

正是在改进的预测方法中所建议的 1%～2%的范围内。或者，将转捩判据定为 $A_{tr}=0.15$，那么由线性稳定性理论预测的转捩位置为 $x=410$。与 PSE 给出的 $x=440$ 相比，差别为 30 个无量纲单位，折算成有量纲值为 $30\times4.6\times10^{-4}$ m $=1.38$cm，这在工程上是完全可以接受的。此外，两种方法中触发转捩的二维波的频率也是相近的，其中微小的差别应为非平行和非线性的影响。

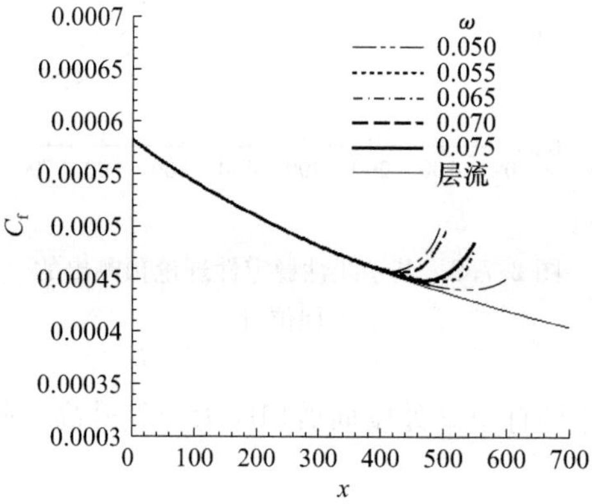

图 2.7.4 PSE 计算出的壁面摩擦系数曲线

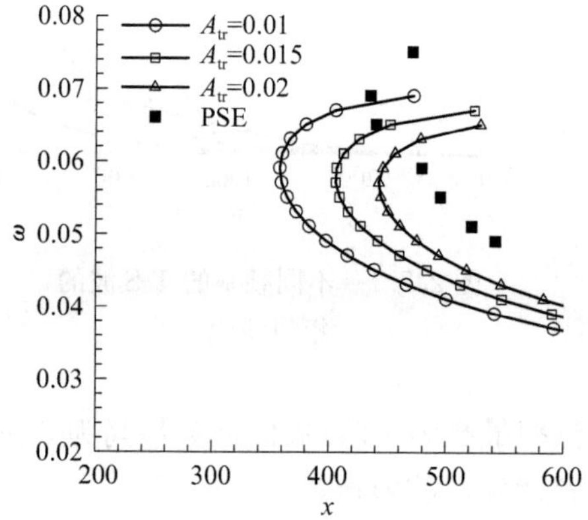

图 2.7.5 PSE 和以扰动幅值为转捩判据所得转捩位置的比较

图 2.7.6 给出了由两种方法得到的频率为 0.065 和 0.070 的二维波的幅值演化曲线。这两个频率与 PSE 方法中触发转捩的扰动相近。可以看出，由两种方法给出的结果吻合很好。

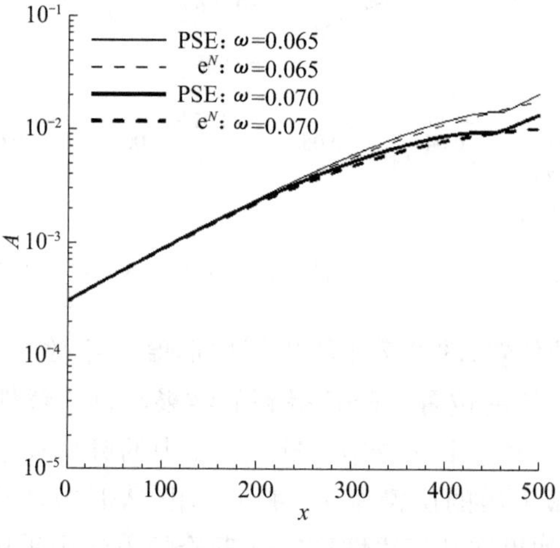

图 2.7.6 两种方法计算出的扰动速度幅值的比较

下面再对一个马赫数为6的高超声速平板边界层做同样的比较。开始计算扰动幅值演化的地方距平板前缘0.06m，按Blasius相似性解得到的该处边界层排移厚度为4.16×10^{-4}m。由来流的速度、温度、密度、黏性系数及计算域入口处的边界层排移厚度定义的雷诺数为36000。壁面设为绝热壁。与不可压缩流的稳定性特征不同，对于高超声速边界层，除第一模态外，还存在第二模态不稳定波，如图2.7.7给出的中性曲线所示。入口处扰动的增长率随频率的变化如图2.7.8所示。在基于线性稳定性理论的预测方法中，两种模态的波都应考虑在内。对于第二模态，只需考虑二维波，但对于第一模态扰动，需要考虑所有满足$(\partial\alpha/\partial\beta)_i=0$条件的扰动。图2.7.9给出了基于线性稳定性理论的方法计算的某些二维、三维扰动的幅值演化。其中，三维扰动为第一模态，其波数满足关系$(\partial\alpha/\partial\beta)_i=0$，而二维扰动包括第一模态和第二模态的扰动。图2.7.10是针对三个不同转捩判据

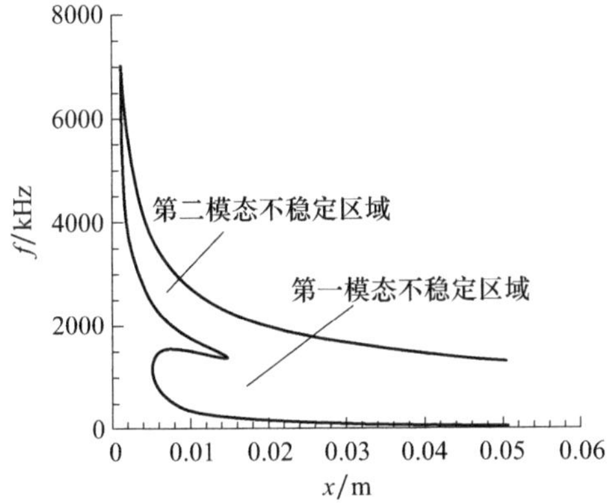

图2.7.7 中性曲线

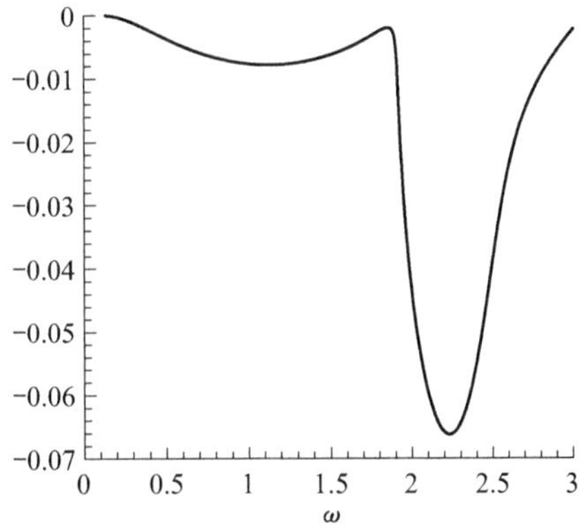

图2.7.8 入口处扰动增长率随频率的变化

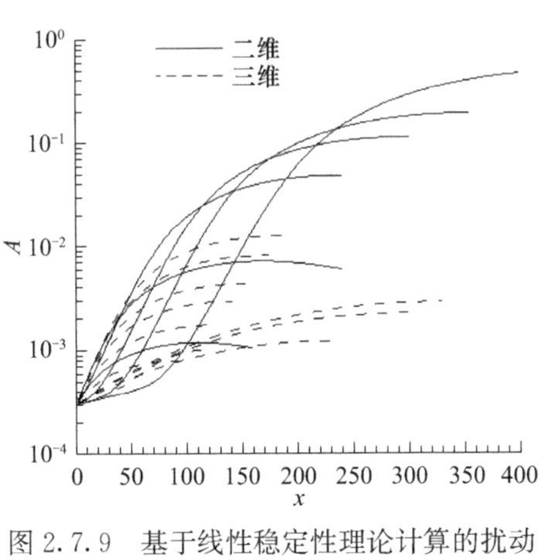

图2.7.9 基于线性稳定性理论计算的扰动幅值的演化

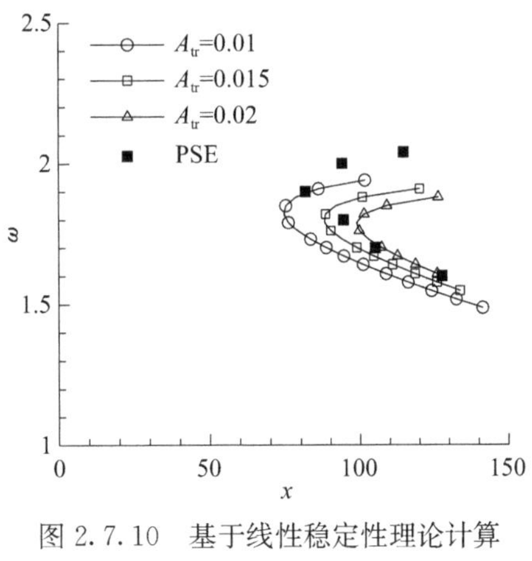

图2.7.10 基于线性稳定性理论计算出的转捩位置

$A_{tr}=0.01, 0.15, 0.20$ 所得的对应于不同频率波所得转捩位置的连线。各曲线中最靠上游的位置即为在其对应的转捩判据下所预测的转捩位置。

PSE 计算中初始扰动的选取原则与不可压缩情况相同。由两种方法预测的转捩位置的比较如图 2.7.11 所示。PSE 方法预测得到的转捩位置为 $x=80$。通过插值可以估计出，若在基于线性稳定性理论的方法中选取 $A_{tr}=0.013$ 作为转捩判据，其得到的转捩位置与 PSE 完全相同。而 $A_{tr}=0.013$ 正如在改进方法中建议的那样，在 1%～2%范围内。或者，简单地将转捩判据固定至$A_{tr}=0.015$，那么由线性稳定性理论给出的转捩位置为 88。两个方法得到的转捩位置的差别为 8 个无量纲单位，折算为有量纲单位时为 $8\times4.16\times10^{-4}\,\mathrm{m}=0.333\mathrm{cm}$，在实际工程应用中完全可以忽略。

与不可压缩情况相似，PSE 方法给出的触发转捩的扰动波的频率比改进 e^N 方法中略大。图 2.7.12 给出了 PSE 方法中触发转捩的扰动幅值曲线，其频率为 $\omega_{(2,0)}=1.9$，并给出了基于线性稳定性理论的方法中该频率扰动的幅值演化曲线。可以发现，直到 PSE 方法预测的转捩位置前，两种方法给出的幅值演化曲线是相近的。这表明基于线性稳定性理论所带来的误差是可以接受的。

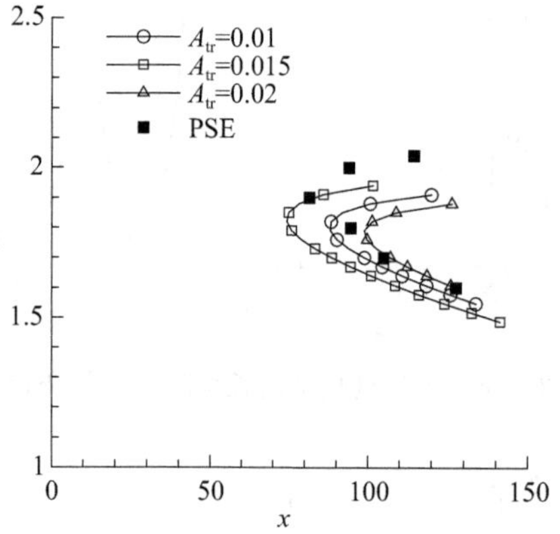

图 2.7.11 两种方法所得转捩位置的比较

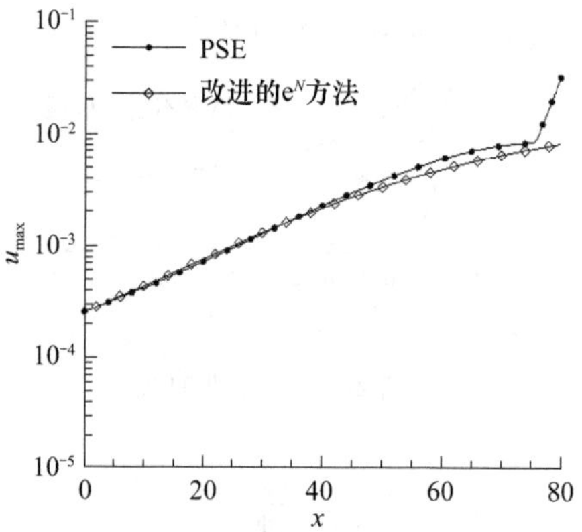

图 2.7.12 扰动速度幅值演化的比较($\omega_{(2,0)}=1.9$)

以上两个算例的马赫数跨越了很大的范围。而我们由众多转捩的 DNS 结果总结得到的转捩判据 $A_{tr}=0.15$，对这两种情况都是可用的。这很令人鼓舞，因为它表明我们提出的转捩判据很可能是一个具有一般性的转捩判据。当然，为了验证其合理性，还需对更多的情况进行检验。

2.8 从初始扰动变化对转捩位置的影响看转捩预测的复杂性

边界层转捩发生的位置取决于边界层的稳定性特征及扰动的特征，如扰动幅值的频率谱及谱随时间的变化等。一般来说，初始扰动的幅值及其放大率越大，转捩位置越靠上游。如果初始扰动的幅值和性质不变，则转捩位置也应保持不变。然而，初始扰动的幅值和性质实际上是不断变化的。例如，飞行器经历的环境显然是不断变化的，因为它可在不同高度以不同速度飞行，从而其稳定性特征及边界层内初始扰动的特征也都会随之不断变化。即使是在同一高度以同一速度飞行，其背景扰动的特征也不是一成不变的。

苏彩虹和周恒研究了一种简化的情况，但也显示了初始扰动的变化对转捩位置的影响远比一般想象要复杂得多[25]。其中，假定一平板边界层的稳定性特征不变，仅仅是初始扰动的幅值不断变化，看其对转捩位置的影响。

采用DNS方法研究这一问题。平板边界层的来流马赫数为4.5，壁面为绝热条件，基本流由相似性解给出。以计算域入口处的排移厚度、自由流的速度、密度和黏性系数定义的雷诺数为17000。

计算方法中，对流项通量分裂后采用五阶迎风差分格式，黏性项采用六阶中心型差分格式，时间推进采用二阶Runge-Kutta法。

整个计算分为三个阶段：①在入口处引入三个小幅值T-S波，计算直至转捩发生；②入口扰动幅值减小至原来的一半，继续计算直至得到一个新的定常的转捩位置；③将初始扰动幅值恢复为第一步中的大小，计算直至新转捩位置定常。

为了提高计算效率，采用非线性抛物化稳定性方程(NPSE)结合DNS的方法(参见3.10节)，即先用NPSE计算扰动演化至$x=220$处(x从计算域入口处算起)，然后采用DNS方法继续计算，直至转捩发生。NPSE计算入口处引入的三个T-S波的参数如表2.8.1所示。DNS入口处的扰动包含由NPSE在$x=220$处所得的所有的波。这些波的频率的最大公约数为0.1。因此，DNS入口处的扰动有一个共同的周期T，$T=2\pi/0.1=62.8$。以下再提到周期时，如不特别指明，就是指这一周期。它实际相当于表2.8.1中扰动Ⅰ和Ⅱ的5个周期，扰动Ⅲ的3个周期。

表2.8.1　初始扰动参数

扰动	幅值	流向波数α_r	流向增长率$-\alpha_i$	展向波数β_r	频率ω
Ⅰ	0.0025	0.599	0.0016	0.0	0.5
Ⅱ	0.0025	0.604	0.0034	0.3	0.5
Ⅲ	0.0025	0.385	0.0116	0.6	0.3

以壁面摩擦系数C_f曲线的抬升作为转捩发生的位置。C_f由式(2.8.1)计算。第一阶段计算结束时得到的壁面摩擦系数C_f沿流向的分布曲线如图2.8.1所示，可以看出，转捩过程的起点约在$x=370$处，结束约在$x=550$处。

$$C_{\mathrm{f}}=\mu\frac{\partial u}{\partial y}\Big/\frac{1}{2}\rho U_{\infty}^{2} \tag{2.8.1}$$

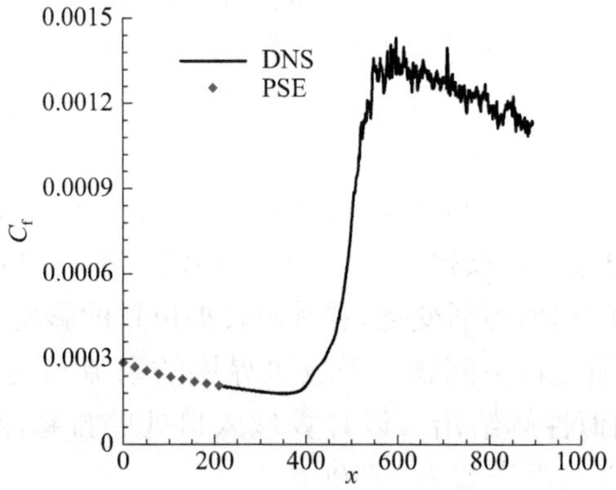

图 2.8.1　第一阶段壁面摩擦系数 C_{f} 沿流向的分布

在第二阶段的计算中，初始扰动的幅值减小至原来的一半。仍先用 NPSE 计算至 $x=220$ 处，再用 DNS 继续计算，其计算域入口处的初始扰动为由 NPSE 计算至 $x=220$ 处所得的扰动。注意，由于计算是第一阶段的继续，而不是重新开始，因此 DNS 的基本流并不是由相似性解给出的层流，而是第一步结束时得到的流场。这意味着在入口下游已经存在第一步中引入的扰动，与真实的流动情况对应。

图 2.8.2 给出了不同周期末壁面处沿某一流向网格线的压力分布。图中实线是第一步计算得到的，虚线是当前计算得到的，其中 T 表示周期数，$\bar{V}$ 表示扰动的平均传播速度。由于第一阶段和第二阶段计算中入口扰动具有相同的周期，因此图 2.8.2(a)、(b)和(c)中的实线是相同的。从图中的某一点开始，虚线和实线在该点下游完全重合，表明第二阶段幅值减小后的扰动刚刚传到该处。由该点位置和时间，可推断出扰动传播的速度。这样得到的扰动传播速度约为每一个周期传播 53 个无量纲长度，如图所示。扰动从 $x=220$ 处开始，将在第 3 个周期末到达转捩的开始处，即 $x=370$ 处。但图 2.8.3 所示的 C_{f} 曲线并没有立即发生变化，而是直到第 5 个周期末，才在 $x=400$ 附近处有一点变化。在第 6 个周期结束时，转捩开始位置向下游有明显的移动，但结束位置仍无变化。此后的几个周期中，转捩位置整体不断向下游移动，但移动速度明显小于扰动的传播速度。第 14 个周期后，转捩位置向下游移动逐步变慢，直到 20 个周期末才变为定常。这一最终转捩位置就是通常所认为的对应于小幅值入口扰动的转捩位置。至此，第二阶段计算结束。

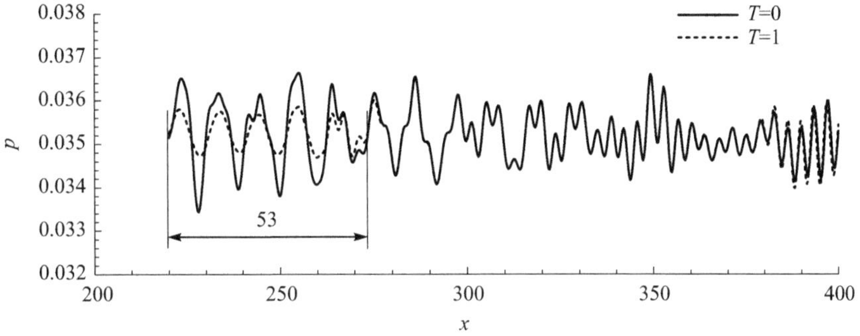

(a) $\bar{V}$=53

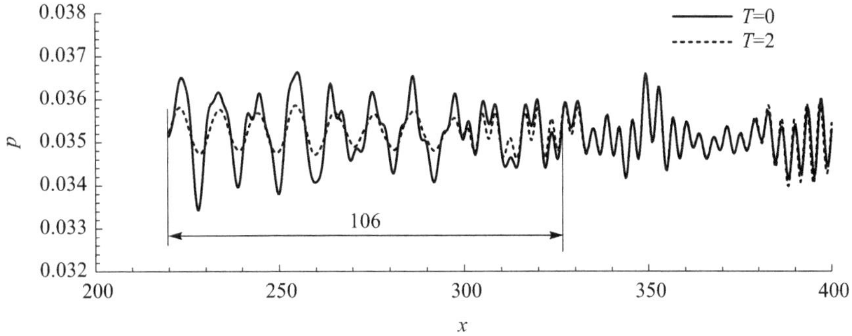

(b) $\bar{V}$=53

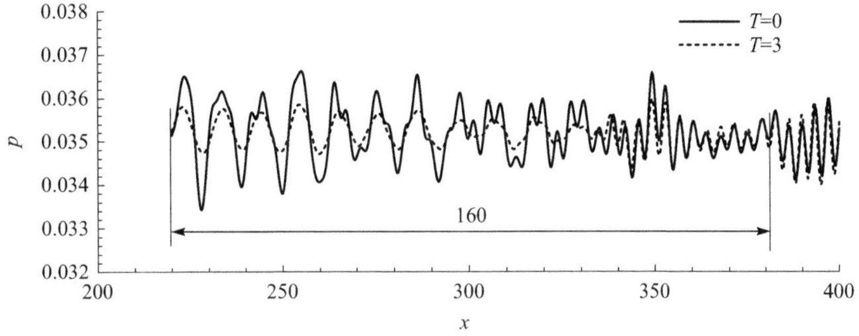

(c) $\bar{V}$=53.3

图 2.8.2 不同周期末扰动压力沿壁面某一流向网格线的分布

在第三阶段计算中，入口处初始扰动的幅值恢复到第一步中的大小。图 2.8.4 为不同周期末的 C_f 曲线。可以看出，在前 4 个周期，C_f 曲线没有变化。到第 5 个周期末，C_f 曲线在 $x=370$ 处开始抬升，和第一步中的一样。随后，曲线进一步抬升，在 x 方向的范围也逐步增大，但开始位置始终不变，这表明转捩位置向上游的恢复是一步到位的。

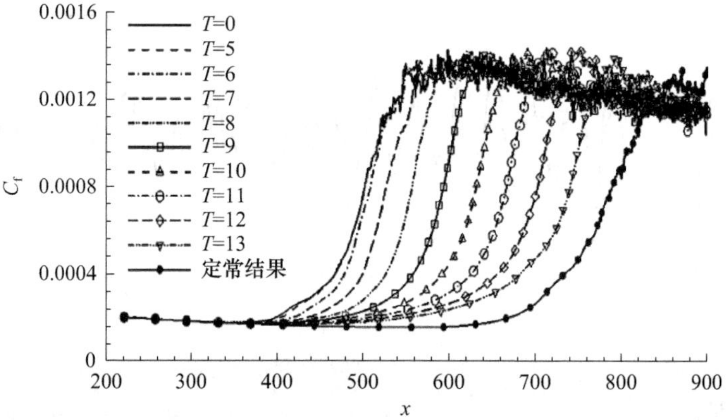

图 2.8.3　第二阶段不同周期末 C_f 曲线

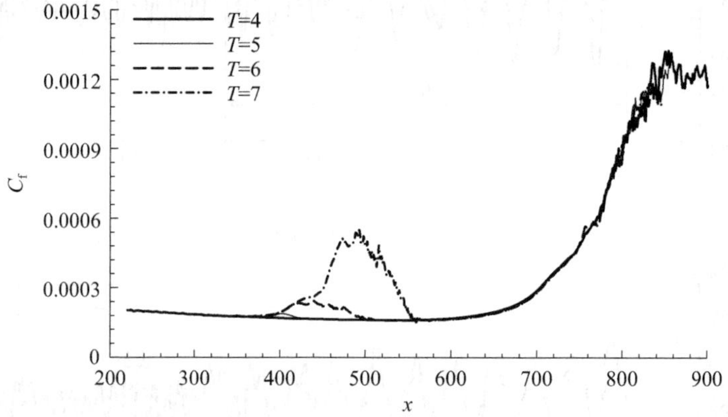

图 2.8.4　第三阶段不同周期末的 C_f 曲线

图 2.8.5(a)给出了第三阶段开始时在 $y=0.42$ 平面内流向扰动速度的灰度图。从入口到 $x=700$ 左右，流动都是规则的，是有扰动的层流。图 2.8.5(b)、(c)

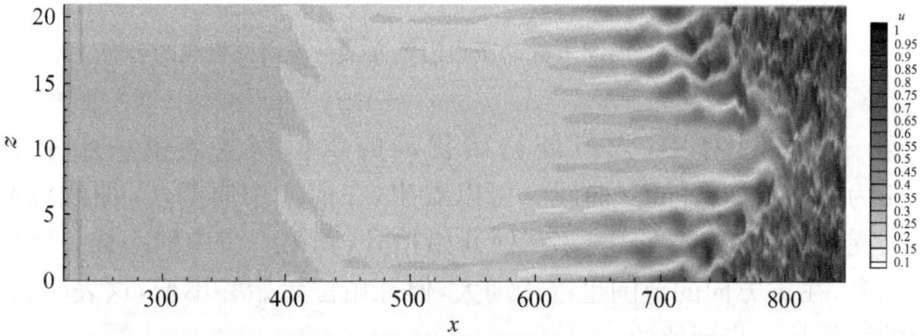

(a) 第三阶段开始时流向扰动速度的灰度图

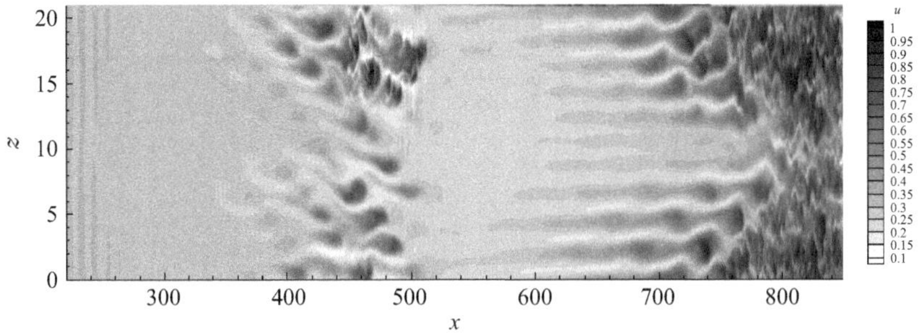

（b）第6个周期末流向扰动速度的灰度图

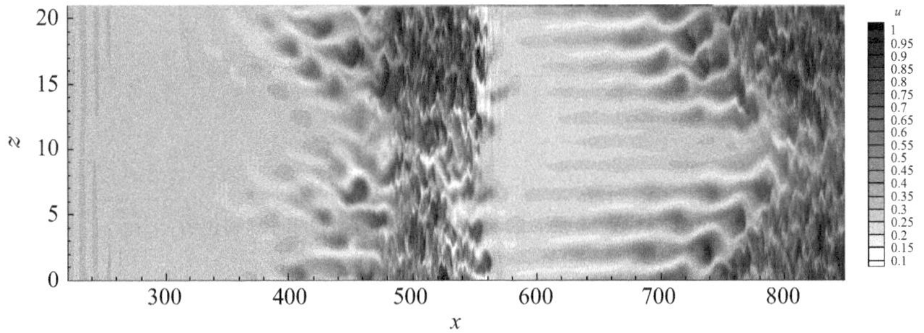

（c）第7个周期末流向扰动速度的灰度图

图 2.8.5 流向扰动速度在 $y=0.42$ 平面内的灰度图

分别给出了第 6 和第 7 个周期末的相应的结果。流向扰动速度在 $x=400$ 处开始显著增大，而后更变得无规则，如图 2.8.5(c)所示，表明转捩开始。尽管如此，在第 6 个周期末 $x=500\sim700$ 范围内，以及第 7 个周期末 $x=560\sim700$ 范围内的流动仍是层流。

分别取不同时刻，即第三阶段开始时和第 5、6、7 个周期末不同位置的平均流剖面，用线性稳定性分析得到(ω,β)平面内的中性曲线，其中 ω 是频率，β 是展向波数，结果如图 2.8.6 所示。上方的中性曲线代表第二模态 T-S 波，下方的中性曲线为第一模态 T-S 波。可见，第二模态波中性曲线的范围逐渐缩小，而第一模态波则逐渐扩大，实际上第一模态 T-S 波的最大增长率也随之增大。这与第 1 章中所阐述的超声速边界层中转捩的内在机理是一致的，表明转捩确已开始。

在第 8 个周期末，转捩区(约为图 2.8.5(c)中 $x=480\sim560$ 的范围)内扰动幅值已经很大，流动变量的梯度在转捩区和下游的层流区相接处变得很大，从而导致采用高精度格式的计算发散。而若降低格式精度或采用某种方法抹平局部较大的梯度来遏制计算发散，则某些流动的细节将失去可靠性。为此，停止了计算。

如果在第二阶段计算中，入口处初始扰动幅值不是减小到第一步中的一半，而是减小到 3/4，结果和前面第二阶段的结果非常相似，如图 2.8.7 所示。扰动传播

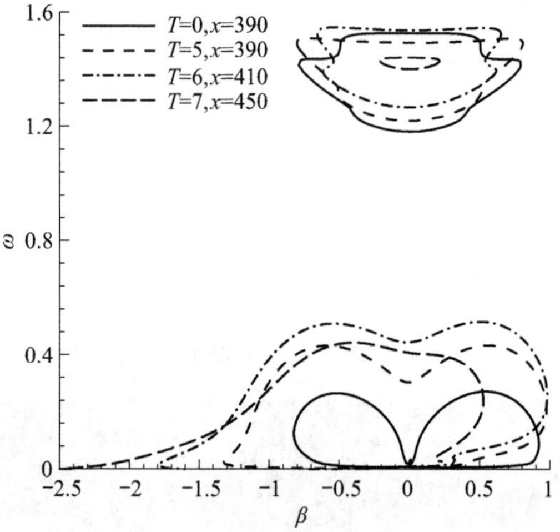

图 2.8.6　中性曲线的演化

T、x 分别代表选取平均流剖面的以周期计的时刻和位置

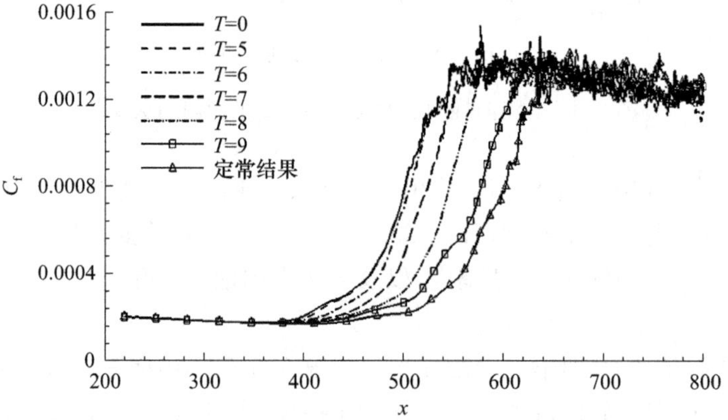

图 2.8.7　第一步初始扰动幅值减小到 3/4 时的 C_f 曲线

速度仍是每一个周期约 53 个无量纲长度，在第 5 个周期末，转捩区的起始点附近 C_f 曲线开始处有了微小变化，在第 6 个周期末，整个曲线开始向下游移动，但转捩区的结束位置仍无变化。此后，转捩位置不断向下游移动，速度约为每周期 30 个无量纲长度。10 个周期后，转捩位置移动变慢，最后定常的位置如图 2.8.7 所示。由于入口处扰动的幅值大于前述第二阶段中的情况，因此最终的转捩区也比第二阶段的更靠上游一些。

从上面的计算结果可以看到，入口扰动幅值变大和变小，对转捩位置的影响是完全不同的。扰动幅值变小时，对转捩位置的影响，要在扰动到达转捩开始处约两个周期后才显现出来，且此后转捩位置向下游移动的速度显著小于扰动的传播速度。

另外，当扰动幅值变大时，只要变大的扰动传至适当的转捩位置，转捩便发生。但尽管转捩在原来对应于小幅值初始扰动的转捩位置的上游被激发，两个转捩区也不会立即融合。在新的和旧的转捩区之间，流动仍会维持一段时间为层流。

这两个过程为何不同，需要一个理论上的解释。

转捩的内在机理在第1章中已有详尽的介绍。对于时间模式的不可压缩流的转捩，湍流能量的瞬时增长率完全取决于平均流剖面的线性稳定性特征，而非线性作用则表现为使得不同谐波间能量重新分配和对平均流剖面的修正，但不影响总能量的瞬时增长率。转捩的内在机理是，当小扰动因平均流的不稳定性而增长后，平均流剖面将由于非线性作用而被修正。如果平均流剖面经修正后，其线性稳定性特征发生的改变表现为在频率-波数空间内中性曲线所围的如图2.8.6所示的不稳定区扩大，同时不稳定波最大的线性放大率也显著增大，就会产生一种正反馈作用，从而触发 breakdown 过程。在超声速边界层中，平均流剖面的稳定性特征的变化是，在频率-波数空间中，第一模态波的不稳定区和最大放大率增大，而第二模态波则正相反。即对第一模态波而言形成了正反馈，而对第二模态波则形成了负反馈。

在上面第一步计算得到的转捩区中，平均流剖面的稳定性特征已发生了上述变化。在第二阶段减小了幅值的扰动进入该转捩区时，其幅值和相应的雷诺应力都还很小，对平均流剖面的修正作用也很小，因而平均流剖面的稳定特征将在一定周期内基本保持不变。另外，由于平均流剖面的稳定性特征几乎不变，使得传来的扰动仍能在很短的距离内快速增大，这样原来的转捩机理仍然起作用。而若没有已发生转捩的区域，则扰动还需传播很长的距离，幅值才能放大到足以触发转捩。这就是即使幅值减小了的扰动已经传到了转捩处，转捩区仍可以在两个周期内保持不变的原因，如图2.8.3和图2.8.7所示。

当转捩区最终开始向下游移动，前面提到的转捩机制仍然起作用，即小幅值扰动一旦进入转捩区，与在基本层流中传播的情况相比，其幅值能在一个更短的距离内获得较大的增长。这就是转捩区向下游移动的速度要远小于扰动在基本层流中传播速度的原因。

反之，对于初始扰动的幅值由小变大的情况，扰动所引起的转捩位置和直接由大扰动触发的转捩位置几乎一样，其原因是显而易见的。尽管大幅值扰动在层流中的传播过程与在基本流中传播并不完全相同(因为基本流已被之前存在的小幅值扰动修正)，但差别很小。因此，扰动将经历几乎相同的放大过程，引起的转捩位置也基本相同。

总的来说，转捩位置和初始扰动之间不是简单的一一对应关系。也就是说，它们之间的关系不能用一个函数关系表达。至少,转捩位置与扰动的变化历史有关。对实际问题而言,扰动的初始幅值和性质是不断变化的。例如,飞行器经历的环境必然是不断变化的,因此边界层中通过感受性机制产生的初始扰动也必然不断变化。当扰动的幅值变小时,转捩位置并不会立即改变。如果小扰动持续的时间很短,则转捩位置或者保持不变,或者延迟一段时间向下游推移,但推移速度比扰动的传播速度要小。而在扰动由小变大时,一个新的转捩区会突然出现在原有转捩区的上游,但原有的湍流区仍会存在一段时间,而在这两个区之间是一段层流区域。因此,尽管每一组初始扰动单独作用时都有其对应的转捩位置,平均转捩位置并不能简单地由对应于每一组扰动的转捩位置加权(对其存在时间)平均而得。转捩位置有比简单加权平均得到的结果更靠近上游的趋势。因为对于扰动幅值的变化,转捩位置向上游和下游的对应移动并不是对称的。这在飞行器的工程设计中是一个应当注意的问题。

2.9 小　　结

虽然从上面介绍的内容看,在转捩预测问题上已取得了一定的进展,但对于复杂的工程技术问题而言,还有不少问题有待研究。例如,要在大气中做长距离飞行的飞行器,常常有前缘后掠的翼,这时其边界层中会产生横流。对于横流的不稳定性,虽然已有不少研究,但它对转捩的影响,至今没有一个明确的说法。然而,它对转捩有重要影响却是一个公认的事实。对其研究至少包含两个问题,一是感受性问题,包括前缘后掠对扰动的感受性,以及翼表面细微粗糙度对激发横流涡的感受性;二是横流不稳定性产生的横流涡对转捩到底有什么影响,有横流涡后转捩判据应如何修改。又如,飞行器表面的大小粗糙元对转捩的影响等。但这类问题,需要和飞行器研制部门紧密结合才能有针对性地研究,而不大可能泛泛地加以研究。

参考文献

[1] 周恒,赵耕夫.流动稳定性.北京:国防工业出版社,2004

[2] Cebeci T, Stewartson K. On stability and transition in three-dimensional flows. AIAA Journal, 1980, 18(4): 398-405

[3] Malik M R, Balakumar P. Instability and transition in three-dimensional supersonic boundary layers. AIAA 4th International Aerospace Planes Conference, Orlando, 1992

[4] Malik M R. COSAL: A black box compressible stability analysis code for transition prediction in three-dimensional boundary layers. NASA-CR-165925, 1982

[5] Mack L M. Stability of transition prediction in three-dimensional boundary layers, on swept wings at transonic speeds. Proceedings of IUTAM Symposium, Toulouse, 1989

[6] Arnal D, Casalis G, Juillen J C. Experimental and theoretical analysis of natural transition on infinite swept wing. Proceedings of IUTAM Symposium, Toulouse, 1989

[7] Su C H. Physical implication of two problems in transition prediction of boundary layers based on linear stability theory. Science China Physics, Mechanics & Astronomy, 2014, 57(5):950-962

[8] 苏彩虹,周恒. 零攻角小钝头钝锥高超声速绕流边界层的稳定性分析和转捩预报. 应用数学和力学,2007,28(5):505-512

[9] 苏彩虹,周恒. 小攻角高超声速尖锥边界层的转捩预测及 e^N 法的改进. 中国科学 G 辑,2009,39(1):123-130

[10] Keller H B. Numerical methods in boundary-layer theory. Annual Review of Fluid Mechanics, 1978, 10:417-433

[11] King R A. Three-dimensional boundary-layer transition on a cone at Mach 3.5. Experiments in Fluids, 1992, 13:305-314

[12] 苏彩虹,周恒. 超声速和高超声速有攻角圆锥边界层的转捩预测. 中国科学 G 辑,2009,39(6):874-882

[13] Stetson K F. Hypersonic boundary layer transition experiments. AFWAL-TR-80-3062, 1980

[14] Schneider S P. Hypersonic laminar-turbulent transition on circular cones and scramjet forebodies. Progress in Aerospace Sciences, 2004, 40(1-2):1-50

[15] Ma Y B, Zhong X L. Receptivity of a supersonic boundary layer over a flat plate. Part 1. Wave structures and interactions. Journal of Fluid Mechanics, 2003, 488:31-78

[16] Ma Y B, Zhong X L. Receptivity of a supersonic boundary layer over a flat plate. Part 2. Receptivity to free-stream sound. Journal of Fluid Mechanics, 2003, 488:79-121

[17] Ma Y B, Zhong X L. Receptivity of a supersonic boundary layer over a flat plate. Part 3. Effects of different types of free-stream disturbances. Journal of Fluid Mechanics, 2005, 532:63-109

[18] Su C H, Zhou H. Transition prediction of the supersonic boundary layer on a cone under the consideration of receptivity to slow acoustic waves. Science China Physics, Mechanics & Astronomy, 2011, 54(10):1875-1882

[19] Zhong X L, Ma Y B. Boundary-layer receptivity of Mach 7.99 flow over a blunt cone to free-stream acoustic waves. Journal of Fluid Mechanics, 2006, 556:55-103

[20] Balakumar P. Receptivity of a supersonic boundary layer to acoustic disturbances. AIAA Journal, 2009, 47(5):1069-1078

[21] Stetson K F, Thompson E R, et al. Hypersonic transition testing and prediction. AIAA Paper 88-2007, 1988

[22] Kendall J M. Wind tunnel experiments relating to supersonic and hypersonic boundary layer transition. AIAA Paper 74-133, 1974

[23] Beckwith I E, Creel Jr T R, Chen F J, et al. Freestream noise and transition measurements

on a cone in a Mach 3. 5 pilot low-disturbance tunnel. NASA Technical Paper 2180,1983

[24] Su C H. The reliability of the improved e^N method for the transition prediction of boundary layer on a flat plate. Science China Physics, Mechanics & Astronomy, 2012, 55 (5):837-843

[25] Su C H, Zhou H. The variation of transition location in response to the variation of the amplitudes of initial disturbances. Science China Physics, Mechanics & Astronomy, 2010, 53(6):1109-1115

第3章　抛物化稳定性方程在可压缩边界层转捩问题研究中的应用

3.1　引　　言

用抛物化稳定性方程研究边界层中扰动的演化，最早出现在20世纪80年代。当时用线性稳定性理论研究以T-S波形式出现的小扰动的演化时，一般要做平行流假设，即假设边界层厚度不变。这在雷诺数很大时带来的误差并不大，但在雷诺数不是很大时会带来看得见的误差。例如，用线性稳定性理论求得的临界雷诺数与实验相比就是如此。为此人们考虑了一些办法。例如，Gaster[1]就用以雷诺数的倒数为小参数的摄动法，以平行流假设的方程为零级近似，加上由非平行性所带来的一级修正，得到求特征值的一级修正，从而得到了与实验很接近的临界雷诺数。但该方法用起来不方便。此外，还有其他的办法，有的效果都不如Gaster的方法，有的和Gaster的结果相近。

另外，当然也可以用DNS方法研究边界层中扰动的演化。只要数值计算方法可靠，其结果应该是可信的，因为边界层的非平行性影响自然就考虑在内了，而且其应用范围并不仅限于小扰动。但这样做的工作量很大，作为研究手段，用起来很不方便。

1987年，Herbert和Bertolotti[2]提出了抛物化稳定性方程(parabolized stability equations，PSE)的方法。当时他们研究的是不可压缩边界层的线性PSE，这是一种比较简单的情况。Bertolotti等[3]用线性PSE方法在大雷诺数下得到的小扰动(以T-S波形式出现)演化和DNS的结果一致，优于用线性稳定性理论所得结果，证实了线性PSE计算的可靠性，如图3.1.1所示。图中的PSE曲线有两条，是因为使用的正规化条件不同所致，这在下面讲述PSE方法时会有所解释。他们还同时用PSE方法寻找不可压缩边界层的中性曲线，比用线性稳定性理论得到的更符合Schubauer和Skramstad、Ross等、Strazisar等和Kachanov等的实验结果，也与Gaster[1]得到的计算结果一致，如图3.1.2所示。他们还做了单个T-S波的非线性演化的计算，所得的平均流修正(0F(MFD))及一阶波(1F(TS))、二阶波(2F)、三阶波(3F)的波形都与DNS所得一致，如图3.1.3所示。这些结果的比较证实了PSE的可靠性，而PSE计算花费的时间比DNS要少得多。Joslin等和Esfahanian等也做了同样的验证。Malik等[4]将非线性PSE计算所得与实验测量

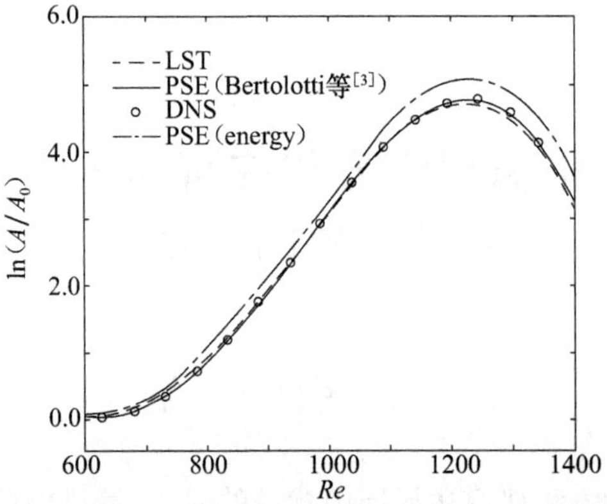

图 3.1.1　不同方法得到的大雷诺数处小扰动增长率

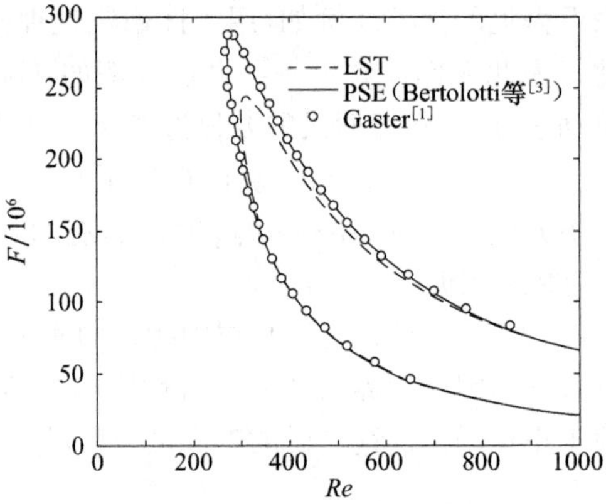

图 3.1.2　不同方法得到的中性曲线

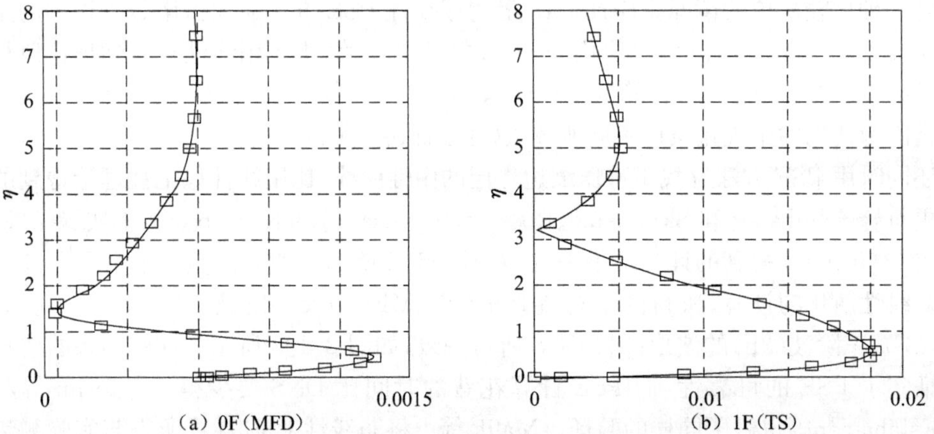

(a) 0F(MFD)　　(b) 1F(TS)

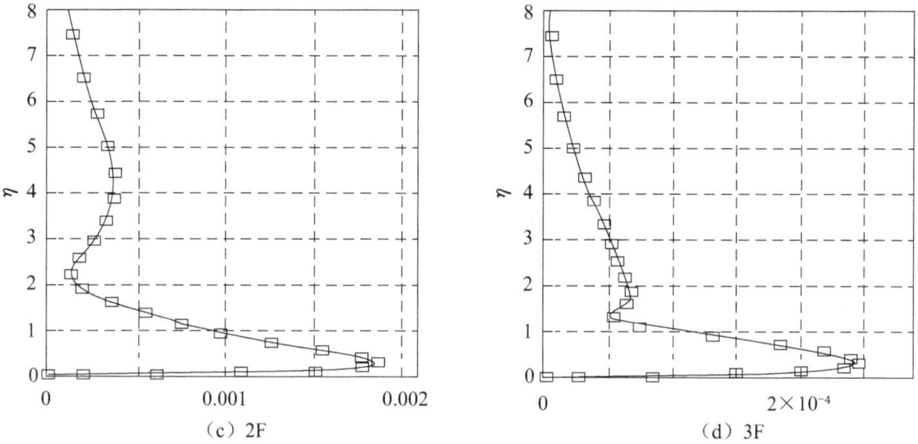

图 3.1.3　Bertolotti 等[3]的非线性 PSE 计算与空间模式 DNS 的对比

实线为非线性 PSE 结果；方形标记为 DNS 结果

结果对比，发现二者一致，又从实验上验证了其可靠性。Herbert[5]对不可压缩流 PSE 的研究进行了总结。在此基础之上，Malik 等[4]开始用 PSE 作为可靠的工具来研究不可压缩边界层的稳定性问题。

相对于不可压缩边界层，可压缩边界层的 PSE 更复杂，其结果也较少。但由于航空航天技术发展的需求，这方面的研究逐渐增多。Bertolotti 和 Herbert[6]提出了可压缩平板边界层的线性 PSE，并发现用线性 PSE 在大雷诺数处得到的小扰动演化与线性稳定性理论的结果一致。可压缩边界层的非线性 PSE 研究工作相对较少，较早的工作主要来自美国国家航空航天局(NASA)Langley 研究中心的 Chang 等。Chang 等[7]提出了可压缩边界层的非线性 PSE。为了验证其可靠性，Chang 等[7]、Pruett 等、Jiang 等分别将非线性 PSE 结果与 DNS 的结果对比，发现二者一致，但 PSE 计算花费时间要少得多。遗憾的是，上述关于可压缩边界层的线性和非线性 PSE 的验证工作都不够充分。张永明和周恒考虑了亚声速、超声速第一模态和第二模态共三个典型工况，对每个工况同时考虑平均流修正、一阶波和二阶波的幅值大小和剖面形状，从而对非线性 PSE 做了比较充分的验证[8]。

鉴于 PSE 方法是研究扰动演化的有效方法，本章首先系统地介绍这一方法及必要的验证，然后介绍我们对其应用的推广。

3.2　可压缩边界层 PSE 的控制方程

下面先介绍可压缩边界层 PSE 的推导过程，以及求解方程所用的数值方法。

这些是前人已做过的工作，但都是 PSE 方法的基础。为方便读者，本节仍做较详细的介绍。

推导 PSE 需经四个步骤：①由有量纲的完全 N-S 方程出发，选用适当的特征量将其无量纲化(3.2 节)；②推导出完全的扰动方程(3.2 节)；③针对扰动的特点推出稳定性方程(3.3 节)；④利用边界层厚度增长缓慢的性质将其抛物化而得到 PSE(3.3 节和 3.4 节)。下面作具体的介绍。

用上标 * 表示有量纲的量，在三维笛卡儿坐标系下用 x^*、y^* 和 z^* 表示流向、法向和展向，则有量纲的完全 N-S 方程为

$$
\begin{gathered}
\frac{\partial \rho^*}{\partial t^*}+\nabla\cdot(\rho^* V^*)=0 \\
\rho^*\left[\frac{\partial V^*}{\partial t^*}+(V^*\cdot\nabla)V^*\right]=-\nabla p^*-\nabla\times[\mu^*(\nabla\times V^*)] \\
+\nabla[(\lambda^*+2\mu^*)\nabla\cdot V^*] \\
\rho^* c_p^*\left[\frac{\partial T^*}{\partial t^*}+(V^*\cdot\nabla)T^*\right]=\nabla\cdot(k^*\nabla T^*)+\frac{\partial p^*}{\partial t^*}+(V^*\cdot\nabla)p^*+\Phi^* \\
p^*=\rho^* R^* T^*
\end{gathered}
\tag{3.2.1}
$$

其中，V^* 是速度矢量$(u^*,v^*,w^*)^{\mathrm{T}}$；$t^*$ 是时间；ρ^* 是密度；p^* 是压力；T^* 是温度；c_p^* 是比定压热容；k^* 是热传导系数；μ^* 是第一动力黏性系数；λ^* 是第二动力黏性系数；R^* 为普适气体常数；Φ^* 为黏性耗散函数，表示为

$$
\Phi^*=2\mu^* S^*:S^*+\lambda^*(\nabla\cdot V^*)^2 \tag{3.2.2}
$$

其中，S^* 为应变率张量，表达式为

$$
S^*=\begin{pmatrix}
\dfrac{\partial u^*}{\partial x^*} & \dfrac{1}{2}\left(\dfrac{\partial u^*}{\partial y^*}+\dfrac{\partial v^*}{\partial x^*}\right) & \dfrac{1}{2}\left(\dfrac{\partial u^*}{\partial z^*}+\dfrac{\partial w^*}{\partial x^*}\right) \\
\dfrac{1}{2}\left(\dfrac{\partial u^*}{\partial y^*}+\dfrac{\partial v^*}{\partial x^*}\right) & \dfrac{\partial v^*}{\partial y^*} & \dfrac{1}{2}\left(\dfrac{\partial v^*}{\partial z^*}+\dfrac{\partial w^*}{\partial y^*}\right) \\
\dfrac{1}{2}\left(\dfrac{\partial u^*}{\partial z^*}+\dfrac{\partial w^*}{\partial x^*}\right) & \dfrac{1}{2}\left(\dfrac{\partial v^*}{\partial z^*}+\dfrac{\partial w^*}{\partial y^*}\right) & \dfrac{\partial w^*}{\partial z^*}
\end{pmatrix}
\tag{3.2.3}
$$

式(3.2.1)中的四个方程分别为连续性方程、动量方程、内能方程和状态方程。本节假设可压缩流体为完全气体，使用完全气体的状态方程。

为将 N-S 方程无量纲化，选用的特征量如下。取特征长度为

$$
l_0^*=\sqrt{\nu_e^* x_0^*/u_e^*} \tag{3.2.4}
$$

其中，x_0^* 为平板前缘到计算域入口的距离；ν_e^* 为运动黏性系数，下标 e 表示取边界层外缘的自由来流中的值。其他的参考特征量为：边界层外缘自由流的速度 u_e^*、温度 T_e^*、密度 ρ_e^*，第一动力黏性系数 μ_e^*，第二动力黏性系数 λ_e^*，热传导系数 k_e^*。导出的特征量有：特征压力 $\rho_e^* u_e^{*2}$、特征时间 l_0^*/u_e^*。有了特征量后，即可导

出各无量纲变量，如

$$x=\frac{x^*}{l_0^*},\quad y=\frac{y^*}{l_0^*},\quad z=\frac{z^*}{l_0^*},\quad u=\frac{u^*}{u_e^*},$$

$$v=\frac{v^*}{u_e^*},\quad w=\frac{w^*}{u_e^*},\quad p=\frac{p^*}{\rho_e^* u_e^{*2}},\quad t=\frac{t^*}{l_0^*/u_e^*}$$

或反之，有

$$x^*=xl_0^*,\quad y^*=yl_0^*,\quad z^*=zl_0^*,\quad u^*=uu_e^*,\quad v^*=vu_e^*,\quad w^*=wu_e^*,$$

$$p^*=p\rho_e^* u_e^{*2},\quad t^*=tl_0^*/u_e^* \tag{3.2.5}$$

将上式代入有量纲 N-S 方程(3.2.1)，即得无量纲 N-S 方程。

将无量纲方程整理，可得下列无量纲 N-S 方程：

$$\frac{\partial\rho}{\partial t}+\frac{\partial(\rho u)}{\partial x}+\frac{\partial(\rho v)}{\partial y}+\frac{\partial(\rho w)}{\partial z}=0 \tag{3.2.6a}$$

$$\rho\left(\frac{\partial u}{\partial t}+u\frac{\partial u}{\partial x}+v\frac{\partial u}{\partial y}+w\frac{\partial u}{\partial z}\right)=-\frac{\partial p}{\partial x}+\frac{1}{Re_0}\left\{\frac{\partial}{\partial x}\left[\mu\left(\frac{4}{3}\frac{\partial u}{\partial x}-\frac{2}{3}\frac{\partial v}{\partial y}-\frac{2}{3}\frac{\partial w}{\partial z}\right)\right]\right.$$
$$\left.+\frac{\partial}{\partial y}\left[\mu\left(\frac{\partial u}{\partial y}+\frac{\partial v}{\partial x}\right)\right]+\frac{\partial}{\partial z}\left[\mu\left(\frac{\partial w}{\partial x}+\frac{\partial u}{\partial z}\right)\right]\right\} \tag{3.2.6b}$$

$$\rho\left(\frac{\partial v}{\partial t}+u\frac{\partial v}{\partial x}+v\frac{\partial v}{\partial y}+w\frac{\partial v}{\partial z}\right)=-\frac{\partial p}{\partial y}+\frac{1}{Re_0}\left\{\frac{\partial}{\partial x}\left[\mu\left(\frac{\partial u}{\partial y}+\frac{\partial v}{\partial x}\right)\right]\right.$$
$$+\frac{\partial}{\partial y}\left[\mu\left(-\frac{2}{3}\frac{\partial u}{\partial x}+\frac{4}{3}\frac{\partial v}{\partial y}-\frac{2}{3}\frac{\partial w}{\partial z}\right)\right]$$
$$\left.+\frac{\partial}{\partial z}\left[\mu\left(\frac{\partial v}{\partial z}+\frac{\partial w}{\partial y}\right)\right]\right\} \tag{3.2.6c}$$

$$\rho\left(\frac{\partial w}{\partial t}+u\frac{\partial w}{\partial x}+v\frac{\partial w}{\partial y}+w\frac{\partial w}{\partial z}\right)=-\frac{\partial p}{\partial z}+\frac{1}{Re_0}\left\{\frac{\partial}{\partial x}\left[\mu\left(\frac{\partial w}{\partial x}+\frac{\partial u}{\partial z}\right)\right]\right.$$
$$+\frac{\partial}{\partial y}\left[\mu\left(\frac{\partial v}{\partial z}+\frac{\partial w}{\partial y}\right)\right]$$
$$\left.+\frac{\partial}{\partial z}\left[\mu\left(-\frac{2}{3}\frac{\partial u}{\partial x}-\frac{2}{3}\frac{\partial v}{\partial y}+\frac{4}{3}\frac{\partial w}{\partial z}\right)\right]\right\} \tag{3.2.6d}$$

$$\rho\left(\frac{\partial T}{\partial t}+u\frac{\partial T}{\partial x}+v\frac{\partial T}{\partial y}+w\frac{\partial T}{\partial z}\right)=\frac{1}{Re_0 Pr}\left[\frac{\partial}{\partial x}\left(\mu\frac{\partial T}{\partial x}\right)+\frac{\partial}{\partial y}\left(\mu\frac{\partial T}{\partial y}\right)+\frac{\partial}{\partial z}\left(\mu\frac{\partial T}{\partial z}\right)\right]$$
$$+(\gamma-1)M^2\left(\frac{\partial p}{\partial t}+u\frac{\partial p}{\partial x}+v\frac{\partial p}{\partial y}+w\frac{\partial p}{\partial z}\right)$$
$$+\frac{(\gamma-1)M^2}{Re_0}\left[2\mu\left(\frac{\partial u}{\partial x}\right)^2+2\mu\left(\frac{\partial v}{\partial y}\right)^2+2\mu\left(\frac{\partial w}{\partial z}\right)^2\right.$$
$$+\mu\left(\frac{\partial u}{\partial y}+\frac{\partial v}{\partial x}\right)^2+\mu\left(\frac{\partial u}{\partial z}+\frac{\partial w}{\partial x}\right)^2$$

$$+\mu\left(\frac{\partial v}{\partial z}+\frac{\partial w}{\partial y}\right)^2-\frac{2}{3}\mu\left(\frac{\partial u}{\partial x}+\frac{\partial v}{\partial y}+\frac{\partial w}{\partial z}\right)^2\Bigg] \tag{3.2.6e}$$

$$p=\frac{1}{\gamma M^2}\rho T \tag{3.2.6f}$$

其中,式(3.2.6a)为连续性方程;式(3.2.6b)、式(3.2.6c)和式(3.2.6d)分别为流向、法向和展向的动量方程;式(3.2.6e)为内能方程;式(3.2.6f)为状态方程。

方程(3.2.6)中出现了几个无量纲数,即计算域入口处的雷诺数 Re_0、普朗特数 Pr 和马赫数 M,分别介绍如下。

平板前缘到入口处的无量纲距离为 $x_0=x_0^*/l_0^*=\sqrt{u_e^*x_0^*/\nu_e^*}$,而入口处的雷诺数 Re_0 的表达式则为 $Re_0=\nu_e^*l_0^*/\nu_e^*=\sqrt{u_e^*x_0^*/\nu_e^*}=x_0$。平板前缘到入口下游某处的距离为 $x=x^*/l_0^*=x^*\sqrt{u_e^*/(x_0^*\nu_e^*)}=x_0\dfrac{x^*}{x_0^*}=Re_0\dfrac{x^*}{x_0^*}=Re_0\dfrac{x_0^*+\Delta x^*}{x_0^*}=Re_0a$,显然 $a=\dfrac{x_0^*+\Delta x^*}{x_0^*}\geqslant 1$。由此得到各变量对 x 的一阶、二阶导数的量级分别为

$$\frac{\partial}{\partial x}\sim\frac{1}{a}\frac{1}{Re_0},\quad \frac{\partial^2}{\partial x^2}\sim\frac{1}{a^2}\frac{1}{Re_0^2},\quad a\geqslant 1 \tag{3.2.7}$$

这将是后面对方程进行抛物化的依据。

普朗特数表达式为 $Pr=c_p^*\mu_e^*/k_e^*$。马赫数表达式为 $M=u_e^*/a_e^*$,其中 a_e^* 为边界层外缘自由来流中的声速,其表达式为 $a_e^*=\sqrt{\gamma R^*T_e^*}$,其中 γ 为比热容比,其表达式为 $\gamma=c_p^*/c_v^*$,c_p^* 为比定压热容,c_v^* 为比定容热容。

在整理无量纲 N-S 方程时,还要注意黏性系数和热传导系数的处理。这里使用 Stokes 假设,即第二动力黏性系数和第一动力黏性系数有如下关系:

$$\lambda^*=-\frac{2}{3}\mu^* \tag{3.2.8}$$

而无量纲的第一动力黏性系数则使用 Sutherland 公式,假设其随温度的变化满足如下关系式:

$$\mu=\frac{\mu^*}{\mu_e^*}=\left(\frac{T^*}{T_e^*}\right)^{\frac{3}{2}}\frac{T_e^*+C_1}{T^*+C_1} \tag{3.2.9}$$

其中,$C_1=110.4\text{K}$ 为常数。无量纲的热传导系数也使用 Sutherland 公式,形式为

$$k=\frac{k^*}{k_e^*}=\left(\frac{T^*}{T_e^*}\right)^{\frac{3}{2}}\frac{T_e^*+C_2}{T^*+C_2} \tag{3.2.10}$$

一般来讲,可以取 $C_2=C_1$,则无量纲的热传导系数与第一动力黏性系数相同:

$$\mu=k \tag{3.2.11}$$

以后的公式中可以都用黏性系数 μ 表示。

将式(3.2.6)中的状态方程代入连续性方程、动量方程和内能方程，消去压力 p，则无量纲方程化简为 5 个方程，其中的变量也是 5 个，即 ρ、u、v、w、T：

$$\frac{\partial\rho}{\partial t}+\frac{\partial(\rho u)}{\partial x}+\frac{\partial(\rho v)}{\partial y}+\frac{\partial(\rho w)}{\partial z}=0 \tag{3.2.12a}$$

$$\begin{aligned}\rho\left(\frac{\partial u}{\partial t}+u\frac{\partial u}{\partial x}+v\frac{\partial u}{\partial y}+w\frac{\partial u}{\partial z}\right)=&-\frac{1}{\gamma M^2}\frac{\partial}{\partial x}(\rho T)\\&+\frac{1}{Re_0}\left\{\frac{\partial}{\partial x}\left[\mu\left(\frac{4}{3}\frac{\partial u}{\partial x}-\frac{2}{3}\frac{\partial v}{\partial y}-\frac{2}{3}\frac{\partial w}{\partial z}\right)\right]\right.\\&\left.+\frac{\partial}{\partial y}\left[\mu\left(\frac{\partial u}{\partial y}+\frac{\partial v}{\partial x}\right)\right]+\frac{\partial}{\partial z}\left[\mu\left(\frac{\partial w}{\partial x}+\frac{\partial u}{\partial z}\right)\right]\right\}\end{aligned} \tag{3.2.12b}$$

$$\begin{aligned}\rho\left(\frac{\partial v}{\partial t}+u\frac{\partial v}{\partial x}+v\frac{\partial v}{\partial y}+w\frac{\partial v}{\partial z}\right)=&-\frac{1}{\gamma M^2}\frac{\partial}{\partial y}(\rho T)+\frac{1}{Re_0}\left\{\frac{\partial}{\partial x}\left[\mu\left(\frac{\partial u}{\partial y}+\frac{\partial v}{\partial x}\right)\right]\right.\\&+\frac{\partial}{\partial y}\left[\mu\left(-\frac{2}{3}\frac{\partial u}{\partial x}+\frac{4}{3}\frac{\partial v}{\partial y}-\frac{2}{3}\frac{\partial w}{\partial z}\right)\right]\\&\left.+\frac{\partial}{\partial z}\left[\mu\left(\frac{\partial v}{\partial z}+\frac{\partial w}{\partial y}\right)\right]\right\}\end{aligned} \tag{3.2.12c}$$

$$\begin{aligned}\rho\left(\frac{\partial w}{\partial t}+u\frac{\partial w}{\partial x}+v\frac{\partial w}{\partial y}+w\frac{\partial w}{\partial z}\right)=&-\frac{1}{\gamma M^2}\frac{\partial}{\partial z}(\rho T)\\&+\frac{1}{Re_0}\left\{\frac{\partial}{\partial x}\left[\mu\left(\frac{\partial w}{\partial x}+\frac{\partial u}{\partial z}\right)\right]+\frac{\partial}{\partial y}\left[\mu\left(\frac{\partial v}{\partial z}+\frac{\partial w}{\partial y}\right)\right]\right.\\&\left.+\frac{\partial}{\partial z}\left[\mu\left(-\frac{2}{3}\frac{\partial u}{\partial x}-\frac{2}{3}\frac{\partial v}{\partial y}+\frac{4}{3}\frac{\partial w}{\partial z}\right)\right]\right\}\end{aligned} \tag{3.2.12d}$$

$$\begin{aligned}\rho\left(\frac{\partial T}{\partial t}+u\frac{\partial T}{\partial x}+v\frac{\partial T}{\partial y}+w\frac{\partial T}{\partial z}\right)=&\frac{1}{Re_0 Pr}\left[\frac{\partial}{\partial x}\left(\mu\frac{\partial T}{\partial x}\right)+\frac{\partial}{\partial y}\left(\mu\frac{\partial T}{\partial y}\right)+\frac{\partial}{\partial z}\left(\mu\frac{\partial T}{\partial z}\right)\right]\\&+\frac{\gamma-1}{\gamma}\left[\frac{\partial(\rho T)}{\partial t}+u\frac{\partial(\rho T)}{\partial x}+v\frac{\partial(\rho T)}{\partial y}+w\frac{\partial(\rho T)}{\partial z}\right]\\&+\frac{(\gamma-1)M^2}{Re_0}\left[2\mu\left(\frac{\partial u}{\partial x}\right)^2+2\mu\left(\frac{\partial v}{\partial y}\right)^2+2\mu\left(\frac{\partial w}{\partial z}\right)^2\right.\\&+\mu\left(\frac{\partial u}{\partial y}+\frac{\partial v}{\partial x}\right)^2+\mu\left(\frac{\partial u}{\partial z}+\frac{\partial w}{\partial x}\right)^2+\mu\left(\frac{\partial v}{\partial z}+\frac{\partial w}{\partial y}\right)^2\\&\left.-\frac{2}{3}\mu\left(\frac{\partial u}{\partial x}+\frac{\partial v}{\partial y}+\frac{\partial w}{\partial z}\right)^2\right]\end{aligned} \tag{3.2.12e}$$

在将 PSE 方法所得结果与用 DNS 方法所得结果比较时，要注意到在 PSE 方法中，无量纲化时所用的长度参考量为式(3.2.4)所定义的值。而通常在 DNS 计算所用的无量纲 N-S 方程中，所用的无量纲化长度参考量往往是入口处的边界层

位移排移厚度 δ_0^*。物理上相同的位置，在两种方法中对应的无量纲坐标是不同的。在比较两种方法所得结果时要将结果转换到同一坐标系中再加以比较。

将方程(3.2.12)中的瞬时量设为定常基本流与扰动量之和：

$$u=\bar{u}+u',\quad v=\bar{v}+v',\quad w=\bar{w}+w'$$
$$\rho=\bar{\rho}+\rho',\quad T=\bar{T}+T',\quad \mu=\bar{\mu}+\mu' \tag{3.2.13}$$

其中，上标"－"表示基本流；上标"′"表示扰动量。将式(3.2.13)代入式(3.2.12)，并减去定常基本流满足的方程，就可得到扰动方程(为方便起见，方程变量写成矢量形式，系数写成矩阵形式)：

$$V_{xx}\frac{\partial^2\phi}{\partial x^2}+V_{yy}\frac{\partial^2\phi}{\partial y^2}+V_{zz}\frac{\partial^2\phi}{\partial z^2}+V_{xy}\frac{\partial^2\phi}{\partial x\partial y}+V_{xz}\frac{\partial^2\phi}{\partial x\partial z}+V_{yz}\frac{\partial^2\phi}{\partial y\partial z}$$
$$+\left(\Gamma\frac{\partial\phi}{\partial t}+A\frac{\partial\phi}{\partial x}+B\frac{\partial\phi}{\partial y}+C\frac{\partial\phi}{\partial z}+D\phi\right)=0 \tag{3.2.14}$$

其中，ϕ 为扰动矢量 $\phi=(\rho',u',v',w',T')^{\mathrm{T}}$。系数矩阵 $V_{xx},V_{yy},V_{zz},V_{xy},V_{xz},V_{yz}$，$\Gamma,A,B,C,D$ 都可分解为线性部分与非线性部分，其中线性部分只包含定常基本流的量，非线性部分则包含扰动量。二者分别用上标 l 和 n 表示，则这些矩阵可记为

$$V_{xx}=V_{xx}^{\mathrm{l}}+V_{xx}^{\mathrm{n}},\quad V_{yy}=V_{yy}^{\mathrm{l}}+V_{yy}^{\mathrm{n}},\quad V_{zz}=V_{zz}^{\mathrm{l}}+V_{zz}^{\mathrm{n}}$$
$$V_{xy}=V_{xy}^{\mathrm{l}}+V_{xy}^{\mathrm{n}},\quad V_{xz}=V_{xz}^{\mathrm{l}}+V_{xz}^{\mathrm{n}},\quad V_{yz}=V_{yz}^{\mathrm{l}}+V_{yz}^{\mathrm{n}}$$
$$\Gamma=\Gamma^{\mathrm{l}}+\Gamma^{\mathrm{n}}$$
$$A=A^{\mathrm{l}}+A^{\mathrm{n}},\quad B=B^{\mathrm{l}}+B^{\mathrm{n}},\quad C=C^{\mathrm{l}}+C^{\mathrm{n}},\quad D=D^{\mathrm{l}}+D^{\mathrm{n}}$$

通过量级分析可以发现，对流项和黏性项的量级分别为 1 和 $1/Re_0$。系数矩阵 Γ，A,B,C,D 同时包含对流项和黏性项，其总的量级为 1；系数矩阵 V_{xx},V_{yy},V_{zz}，V_{xy},V_{xz},V_{yz} 只包含黏性项，其量级为 $1/Re_0$。

将式(3.2.14)中的线性和非线性部分分别放在方程两边，则得到如下形式的非线性扰动方程：

$$V_{xx}^{\mathrm{l}}\frac{\partial^2\phi}{\partial x^2}+V_{yy}^{\mathrm{l}}\frac{\partial^2\phi}{\partial y^2}+V_{zz}^{\mathrm{l}}\frac{\partial^2\phi}{\partial z^2}+V_{xy}^{\mathrm{l}}\frac{\partial^2\phi}{\partial x\partial y}+V_{xz}^{\mathrm{l}}\frac{\partial^2\phi}{\partial x\partial z}+V_{yz}^{\mathrm{l}}\frac{\partial^2\phi}{\partial y\partial z}$$
$$+\left(\Gamma^{\mathrm{l}}\frac{\partial\phi}{\partial t}+A^{\mathrm{l}}\frac{\partial\phi}{\partial x}+B^{\mathrm{l}}\frac{\partial\phi}{\partial y}+C^{\mathrm{l}}\frac{\partial\phi}{\partial z}+D^{\mathrm{l}}\phi\right)=F^{\mathrm{n}} \tag{3.2.15}$$

其中右边的矢量函数 F^{n} 包括所有的非线性项，其表达式如下：

$$F^{\mathrm{n}}=-V_{xx}^{\mathrm{n}}\frac{\partial^2\phi}{\partial x^2}-V_{yy}^{\mathrm{n}}\frac{\partial^2\phi}{\partial y^2}-V_{zz}^{\mathrm{n}}\frac{\partial^2\phi}{\partial z^2}-V_{xy}^{\mathrm{n}}\frac{\partial^2\phi}{\partial x\partial y}-V_{xz}^{\mathrm{n}}\frac{\partial^2\phi}{\partial x\partial z}-V_{yz}^{\mathrm{n}}\frac{\partial^2\phi}{\partial y\partial z}$$
$$-\left(\Gamma^{\mathrm{n}}\frac{\partial\phi}{\partial t}+A^{\mathrm{n}}\frac{\partial\phi}{\partial x}+B^{\mathrm{n}}\frac{\partial\phi}{\partial y}+C^{\mathrm{n}}\frac{\partial\phi}{\partial z}+D^{\mathrm{n}}\phi\right) \tag{3.2.16}$$

非线性扰动方程(3.2.15)的系数矩阵和非线性项矢量的元素详见本章附录 A。其

中需要注意的是μ'的处理。利用 Sutherland 公式(3.2.9)将μ'表示为$\overline{T}$和T'的函数，由 Sutherland 公式可知μ是T的函数，即$\mu=\mu(T)$：

$$\mu=\frac{\mu^*}{\mu_e^*}=\left(\frac{T^*}{T_e^*}\right)^{\frac{3}{2}}\frac{T_e^*+C_1}{T^*+C_1}=T^{\frac{3}{2}}\frac{T_e^*+C_1}{TT_e^*+C_1} \tag{3.2.17}$$

μ'相对μ来说是很小的量，可用μ的微分$\mathrm{d}\mu$近似为

$$\mu'\approx \mathrm{d}\mu=\frac{\mathrm{d}\mu}{\mathrm{d}T}\mathrm{d}T=\left[\frac{3}{2}T^{\frac{1}{2}}\frac{T_e^*+C_1}{TT_e^*+C_1}-T^{\frac{3}{2}}T_e^*\frac{T_e^*+C_1}{(TT_e^*+C_1)^2}\right]\mathrm{d}T$$

考虑到$T\approx\overline{T}$，$\mathrm{d}T\approx T'$，代入上式，则得到μ'的近似表达式：

$$\mu'\approx\left[\frac{3}{2}\overline{T}^{\frac{1}{2}}\frac{T_e^*+C_1}{\overline{T}T_e^*+C_1}-\overline{T}^{\frac{3}{2}}T_e^*\frac{T_e^*+C_1}{(\overline{T}T_e^*+C_1)^2}\right]T' \tag{3.2.18}$$

或简写为

$$\mu'=\tau T' \tag{3.2.19}$$

其中，τ是基本流温度$\overline{T}$的函数，即

$$\tau=\tau(\overline{T})=\frac{3}{2}\overline{T}^{\frac{1}{2}}\frac{T_e^*+C_1}{\overline{T}T_e^*+C_1}-\overline{T}^{\frac{3}{2}}T_e^*\frac{T_e^*+C_1}{(\overline{T}T_e^*+C_1)^2} \tag{3.2.20}$$

3.3　线性 PSE

对于小扰动情况，非线性扰动方程(3.2.15)中的非线性部分F^n可以略去，从而得到线性化扰动方程：

$$\begin{aligned}&V_{xx}^l\frac{\partial^2\phi}{\partial x^2}+V_{yy}^l\frac{\partial^2\phi}{\partial y^2}+V_{zz}^l\frac{\partial^2\phi}{\partial z^2}+V_{xy}^l\frac{\partial^2\phi}{\partial x\partial y}+V_{xz}^l\frac{\partial^2\phi}{\partial x\partial z}+V_{yz}^l\frac{\partial^2\phi}{\partial y\partial z}\\&+\left(\Gamma^l\frac{\partial\phi}{\partial t}+A^l\frac{\partial\phi}{\partial x}+B^l\frac{\partial\phi}{\partial y}+C^l\frac{\partial\phi}{\partial z}+D^l\phi\right)=0\end{aligned} \tag{3.3.1}$$

这是一个椭圆型方程，对其求解需要给出初始条件和计算域所有边界上的条件，计算量很大。

对流动稳定性问题来说，小扰动以 T-S 波形式出现。但与一般的线性稳定性理论不同的是，对空间模式问题来说，由于边界层厚度沿流向是缓变的，基本流沿流向也是缓变的。因此，T-S 波的形状函数和流向波数也是沿流向缓变的，但频率则不变。展向波数是否变，则要根据具体情况考虑。若假设展向波数不变，则扰动可写成下列形式：

$$\phi(x,y,z,t)=\hat{\phi}(x,y)\mathrm{e}^{\mathrm{i}\left(\int_{x_0}^{x}\alpha(x)\mathrm{d}x+\beta z-\omega t\right)}+\mathrm{c.c.} \tag{3.3.2}$$

式中，$\hat{\phi}=(\hat{\rho},\hat{u},\hat{v},\hat{w},\hat{T})^{\mathrm{T}}$为复数形式的形状函数矢量；$\alpha=\alpha_r+\mathrm{i}\alpha_i$为复数形式的流向波数，其中$\alpha_r$为流向波数，$-\alpha_i$为流向增长率；$\beta$为展向波数；$\omega$为频率；c. c. 表示复共轭。

将式(3.3.2)代入线性扰动方程(3.3.1),可得到线性稳定性方程:

$$V_{xx}^{1}\frac{\partial^2\hat{\phi}}{\partial x^2}+V_{yy}^{1}\frac{\partial^2\hat{\phi}}{\partial y^2}+V_{xy}^{1}\frac{\partial^2\hat{V}}{\partial x\partial y}+\left(\hat{A}\frac{\partial\hat{\phi}}{\partial x}+\hat{B}\frac{\partial\hat{\phi}}{\partial y}+\hat{D}\hat{\phi}\right)=0 \tag{3.3.3}$$

其中系数矩阵为

$$\hat{D}=-\mathrm{i}\omega\Gamma^{1}+\mathrm{i}\alpha A^{1}+\mathrm{i}\beta C^{1}+D^{1}+\left(\mathrm{i}\frac{\mathrm{d}\alpha}{\mathrm{d}x}-\alpha^2\right)V_{xx}^{1}-\alpha\beta V_{xz}^{1}-\beta^2V_{zz}^{1}$$

$$\hat{A}=A^{1}+2\mathrm{i}\alpha V_{xx}^{1}+\mathrm{i}\beta V_{xz}^{1}$$

$$\hat{B}=B^{1}+\mathrm{i}\alpha V_{xy}^{1}+\mathrm{i}\beta V_{yz}^{1}$$

但方程(3.3.3)仍然是椭圆型的。下面介绍如何将其抛物化。

用式(3.2.7)估计方程(3.3.3)中各导数,综合考虑方程各项系数的量级,可得方程各项的量级估计如下:

$$\begin{array}{cccccc} V_{xx}^{1}\dfrac{\partial^2\hat{\phi}}{\partial x^2} & +V_{yy}^{1}\dfrac{\partial^2\hat{\phi}}{\partial y^2} & +V_{xy}^{1}\dfrac{\partial^2\hat{\phi}}{\partial x\partial y} & +\Bigl(\hat{A}\dfrac{\partial\hat{\phi}}{\partial x} & +\hat{B}\dfrac{\partial\hat{\phi}}{\partial y} & +\hat{D}\hat{\phi}\Bigr)=0 \\ \dfrac{1}{a^2}\dfrac{1}{Re_0^3} & \dfrac{1}{Re_0} & \dfrac{1}{a}\dfrac{1}{Re_0^2} & \dfrac{1}{a}\dfrac{1}{Re_0} & 1 & 1 \end{array} \tag{3.3.4}$$

雷诺数 Re_0 一般是一个大数,则 $1/Re_0$ 是个小量,$1/Re_0^2$ 是二阶小量。去掉方程中二阶以上小量(即含 $1/Re_0^2$ 的项),就得线性 PSE:

$$V_{yy}^{1}\frac{\partial^2\hat{\phi}}{\partial y^2}+\left(\hat{A}\frac{\partial\hat{\phi}}{\partial x}+\hat{B}\frac{\partial\hat{\phi}}{\partial y}+\hat{D}\hat{\phi}\right)=0 \tag{3.3.5}$$

其系数矩阵元素的具体表达式见本章附录 B。

由于方程(3.3.5)已是抛物型的,计算时只需给定入口条件,即可向下游逐步推进计算,工作量比解椭圆型方程要小得多。通常入口条件就是给定的适合当地基本流的 T-S 波。

去掉 $1/Re_0^2$ 量级小量的过程即为抛物化。它实际上利用了下述事实:由于基本流沿流向只是逐渐改变,扰动的形状函数及波数的流向变化也是缓慢的,以致其二阶导数 $\partial^2\hat{\phi}/\partial x^2$ 相对于其一阶导数 $\partial\hat{\phi}/\partial x$ 可以忽略。

壁面处使用无滑移边界条件和适当的温度条件。通常在做理论研究时,取等温或绝热条件。使用等温条件时为

$$\hat{u}=\hat{v}=\hat{w}=\hat{T}=0,\quad y=0 \tag{3.3.6}$$

使用绝热条件时为

$$\hat{u}=\hat{v}=\hat{w}=0,\quad \frac{\partial\hat{T}}{\partial y}=0,\quad y=0 \tag{3.3.7}$$

边界层外的自由流条件为

$$\hat{u}=\hat{v}=\hat{w}=\hat{T}=\hat{\rho}=0,\quad y\rightarrow\infty \tag{3.3.8}$$

但无论是等温还是绝热边界条件，在壁面都只有四个条件，而未知量有五个。在邻近壁面的点对它们做法向差分格式时，都缺少一个条件。可利用壁面点的连续性方程导出一个补充条件。因为线性化的连续方程为

$$\frac{\partial\rho'}{\partial t}+\bar{\rho}\Big(\frac{\partial u'}{\partial x}+\frac{\partial v'}{\partial y}+\frac{\partial w'}{\partial z}\Big)+\Big(\bar{u}\,\frac{\partial\rho'}{\partial x}+\bar{v}\,\frac{\partial\rho'}{\partial y}+\bar{w}\,\frac{\partial\rho'}{\partial z}\Big)$$
$$+\Big(\frac{\partial\bar{u}}{\partial x}+\frac{\partial\bar{v}}{\partial y}+\frac{\partial\bar{w}}{\partial z}\Big)\rho'+\Big(\frac{\partial\bar{\rho}}{\partial x}u'+\frac{\partial\bar{\rho}}{\partial y}v'+\frac{\partial\bar{\rho}}{\partial z}w'\Big)=0$$

考虑到在壁面，所以速度分量都为零，再考虑到式(3.3.2)，可得

$$-\mathrm{i}\omega\hat{\rho}+\bar{\rho}\Big(\frac{\partial\hat{v}}{\partial y}\Big)+\text{c. c.}=0$$

如果 $\partial\hat{v}/\partial y$ 用法向差分格式近似，则可把 $\hat{\rho}$ 用内点的 $\bar{\rho}$ 和 $\hat{v}$ 值表达，相当于补充了一个条件。

方程(3.3.5)中有两个未知函数，即形状函数 $\hat{\phi}$ 和波数 α，一个方程不足以解这两个量，这就需要补充一个条件。通常是对求得的形状函数加一个正规化条件，以下四种是常用的补充条件：

(1)

$$\frac{\mathrm{d}\hat{u}_{\max}}{\mathrm{d}x}=0 \tag{3.3.9}$$

其物理意义为，形状函数的最大流向分量沿流向不变。这时 $-\alpha_{\mathrm{i}}$ 就是扰动流向速度最大值沿流向的增长率。

(2)

$$\int_0^\infty \hat{u}^{\mathrm{c}}\,\frac{\partial\hat{u}}{\partial x}\mathrm{d}y=0 \tag{3.3.10}$$

式中，上标 c 表示复共轭。其物理意义为，形状函数的流向分量的模的平方沿法向的积分沿流向不变。如果是不可压缩流，则相当于形状函数代表的扰动流向速度的动能沿流向不变。

(3)

$$\int_0^\infty\Big(\hat{u}^{\mathrm{c}}\,\frac{\partial\hat{u}}{\partial x}+\hat{v}^{\mathrm{c}}\,\frac{\partial\hat{v}}{\partial x}+\hat{w}^{\mathrm{c}}\,\frac{\partial\hat{w}}{\partial x}\Big)\mathrm{d}y=0 \tag{3.3.11}$$

其物理意义为，形状函数的速度模的平方沿法向的积分沿流向不变。对不可压缩的情况，相当于形状函数代表的扰动动能沿流向不变。

(4)

$$\int_0^\infty\bar{\rho}\Big(\hat{u}^{\mathrm{c}}\,\frac{\partial\hat{u}}{\partial x}+\hat{v}^{\mathrm{c}}\,\frac{\partial\hat{v}}{\partial x}+\hat{w}^{\mathrm{c}}\,\frac{\partial\hat{w}}{\partial x}\Big)\mathrm{d}y=0 \tag{3.3.12}$$

其物理意义为，形状函数代表的扰动动能沿流向不变。这时 $-\alpha_{\mathrm{i}}$ 就是扰动动能沿流向的增长率。

如果回头看图 3.1.1，其中标为 PSE 的曲线用的是条件(3.3.9)，标为 PSE(energy)的曲线用的是条件(3.3.11)或(3.3.12)(因为对不可压缩问题，$\bar{\rho}=1$)，因此严格地讲，其比较的不是同一个量，即标为 PSE 的是形状函数最大值的增长率，而标为 PSE(energy)的是扰动能量的增长率。因此，更好的办法应该是折算成同一个量后再加以比较。例如，用式(3.3.9)正规化的虽然不是扰动能量，但在得到解后，不难算出每一站位的扰动能量，而由扰动能量沿流向的分布，可以算出扰动能量的增长率。

在具体求解时，如已知某一站位 i 的 $\hat{\phi}$ 和 α(例如，在入口处由线性稳定性理论的特征值问题求得)，则可用简单的一阶向前差分表达方程(3.3.5)的 x 向导数，用适当精度的差分格式表达对 y 的导数，这样就可求得下一站位的 $\hat{\phi}$ 和 α。但方程只有一个，而未知量有两个，因此先要估一个 α 值，通常直接使用站位 i 处的已知 α 值，以 α^{old} 表示。在求得站位 $i+1$ 处的 $\hat{\phi}$ 后，要在式(3.3.9)～式(3.3.12)四种补充条件中选定一种，并计算其方程左边表达式的增长率。如该值为零，即已满足该补充条件，计算结束；否则对 α^{old} 修正，将不满足补充条件的因素包含在其中，从而令补充条件满足。如式(3.3.13)～式(3.3.16)所示，就得到一个修正了的 α，即式中的 α^{new}。以新的 α 和原来的 $\hat{\phi}$ 重新做一次，如此反复迭代，直至以预设精度满足补充条件为止。

$$\alpha^{\text{new}}=\alpha^{\text{old}}-\mathrm{i}\frac{1}{\hat{u}_{\max}}\frac{\mathrm{d}\hat{u}_{\max}}{\mathrm{d}x} \tag{3.3.13}$$

$$\alpha^{\text{new}}=\alpha^{\text{old}}-\mathrm{i}\frac{1}{\int_0^\infty|\hat{u}|^2\mathrm{d}y}\int_0^\infty\hat{u}^{\mathrm{c}}\frac{\partial\hat{u}}{\partial x}\mathrm{d}y \tag{3.3.14}$$

$$\begin{aligned}\alpha^{\text{new}}&=\alpha^{\text{old}}-\mathrm{i}\frac{1}{E}\int_0^\infty\left(\hat{u}^{\mathrm{c}}\frac{\partial\hat{u}}{\partial x}+\hat{v}^{\mathrm{c}}\frac{\partial\hat{v}}{\partial x}+\hat{w}^{\mathrm{c}}\frac{\partial\hat{w}}{\partial x}\right)\mathrm{d}y\\E&=\int_0^\infty(|\hat{u}|^2+|\hat{v}|^2+|\hat{w}|^2)\mathrm{d}y\end{aligned} \tag{3.3.15}$$

$$\begin{aligned}\alpha^{\text{new}}&=\alpha^{\text{old}}-\mathrm{i}\frac{1}{E}\int_0^\infty\bar{\rho}\left(\hat{u}^{\mathrm{c}}\frac{\partial\hat{u}}{\partial x}+\hat{v}^{\mathrm{c}}\frac{\partial\hat{v}}{\partial x}+\hat{w}^{\mathrm{c}}\frac{\partial\hat{w}}{\partial x}\right)\mathrm{d}y\\E&=\int_0^\infty\bar{\rho}(|\hat{u}|^2+|\hat{v}|^2+|\hat{w}|^2)\mathrm{d}y\end{aligned} \tag{3.3.16}$$

其中，E 为扰动能量。式(3.3.13)～式(3.3.16)分别称为第一至第四迭代法则。

上面各式的推导可以式(3.3.13)的推导为例进行说明，因为 $\hat{u}_{\max}$ 是复数，可以表达为 $|\hat{u}_{\max}|\mathrm{e}^{\mathrm{i}\theta}$。所以，有

$$\begin{aligned}\frac{1}{\hat{u}_{\max}}\frac{\mathrm{d}\hat{u}_{\max}}{\mathrm{d}x}&=\frac{1}{|\hat{u}_{\max}|}\mathrm{e}^{-\mathrm{i}\theta}\left(\frac{\mathrm{d}|\hat{u}_{\max}|}{\mathrm{d}x}\mathrm{e}^{\mathrm{i}\theta}+|\hat{u}_{\max}|\,\mathrm{i}\mathrm{e}^{\mathrm{i}\theta}\frac{\mathrm{d}\theta}{\mathrm{d}x}\right)\\&=\frac{1}{|\hat{u}_{\max}|}\frac{\mathrm{d}|\hat{u}_{\max}|}{\mathrm{d}x}+\mathrm{i}\frac{\mathrm{d}\theta}{\mathrm{d}x}\end{aligned}$$

不难看出，其实部代表 $\hat{u}_{\max}$ 幅值沿 x 方向的增长率，虚部为相角的增长率，分别与 α 的虚部和实部对应。由此得到式(3.3.13)。其他各式可类似推导。

以下的具体问题中，我们采用补充条件(3.3.12)。当迭代计算所得的新旧 α 值之差小于预设的小量 ε(本章在实际计算中取 $\varepsilon=10^{-9}$)就认为条件满足。在积分 PSE 时具体的步骤如下(以从第 i 个流向的第 i 个节点向第 $i+1$ 个节点推进为例)：

(1) 预估一个在 x_{i+1} 处的流向波数 α^{old}，一般可取已知的第 i 个节点的值，即 $\alpha^{\text{old}}=\alpha_i$(因为 α 是 x 的慢变函数)。解差分化之后的方程(3.3.5)，可得第 $i+1$ 个节点处的形状函数 $\hat{\phi}_{i+1}$。

(2) 利用由 $\hat{\phi}_{i+1}$ 中所得 $\hat{u}$、$\hat{v}$、$\hat{w}$ 等，代入波数迭代公式(3.3.16)，可得到一个新的波数 α^{new}。

(3) 判断新旧流向波数之间的差是否小于预设小量 ε。若大于 ε，则返回步骤(1)，并将刚才所得的 α^{new} 作为 α 在 x_{i+1} 处的预估流向波数 α^{old}，重新找 $\hat{\phi}_{i+1}$ 的一个解。如此反复迭代，直至 $|\alpha_{n+1}^{\text{new}}-\alpha_{n+1}^{\text{old}}|$ 小于 ε 为止。

3.4　非线性 PSE

线性 PSE 方法用到了小扰动假设，即扰动幅值很小，以至于不同频率、不同展向波长的波之间的非线性作用可以忽略。对有限幅值扰动的演化，线性 PSE 则不再适用，而要用非线性 PSE 进行研究。

仍然假设扰动是时间和展向的周期函数。非线性作用将激发高次谐波，其波数和频率与基本波的波数和频率将是整倍数的关系，因此扰动展成如下的傅里叶级数形式：

$$\phi(x,y,z,t)=\sum_{m=-\infty}^{\infty}\sum_{n=-\infty}^{\infty}\hat{\phi}_{mn}(x,y)\mathrm{e}^{\mathrm{i}\left(\int_{x_0}^{x}\alpha_{mn}(x)\mathrm{d}x+n\beta z-m\omega t\right)} \tag{3.4.1}$$

其中，$\hat{\phi}_{mn}$ 表示阶数为(m,n)即频率为 $m\omega$、展向波数为 $n\beta$ 的波的形状函数；α_{mn} 表示阶数为(m,n)时的流向波数。当然，实际计算中傅里叶级数只能取有限多项：

$$\phi(x,y,z,t)=\sum_{m=-M}^{M}\sum_{n=-N}^{N}\hat{\phi}_{mn}(x,y)\mathrm{e}^{\mathrm{i}\left(\int_{x_0}^{x}\alpha_{mn}(x)\mathrm{d}x+n\beta z-m\omega t\right)} \tag{3.4.2}$$

其中，M 和 N 表示级数截断的阶数。

将式(3.4.2)中的扰动展开式代入非线性扰动方程(3.2.15)，再去掉方程中含 $1/Re_0^2$ 的项，并将波数和频率相同的项放在一起，如阶数为(m,n)的波，其形状函数满足如下的非线性抛物化稳定性方程：

$$V_{yymn}^{1}\frac{\partial^2\hat{\phi}_{mn}}{\partial y^2}+\left(\hat{A}_{mn}\frac{\partial\hat{\phi}_{mn}}{\partial x}+\hat{B}_{mn}\frac{\partial\hat{\phi}_{mn}}{\partial y}+\hat{D}_{mn}\hat{\phi}_{mn}\right)=\hat{F}_{mn}$$

$$m=0,\pm1,\pm2,\cdots,\pm M,\quad n=0,\pm1,\pm2,\cdots,\pm N \tag{3.4.3}$$

其中，$\hat{F}_{mn}$为阶数为(m,n)时的非线性项，其表达式为

$$\hat{F}_{mn}=\frac{F_{mn}}{\mathrm{e}^{\mathrm{i}\int_{x_0}^{x}\alpha_{mn}(x)\mathrm{d}x}} \tag{3.4.4}$$

而 F_{mn}是扰动方程(3.2.15)中非线性项 F^{n} 展为傅里叶级数时波数为 $n\beta$、频率为 $m\omega$的项：

$$F^{\mathrm{n}}(x,y,z,t)=\sum_{m=-M}^{M}\sum_{n=-N}^{N}F_{mn}(x,y)\mathrm{e}^{\mathrm{i}(n\beta z-m\omega t)} \tag{3.4.5}$$

在逐个处理式(3.4.3)中的方程时，对于其线性部分的波数和频率与初始扰动的波数和频率相同的方程，其对应的流向波数 α_{mn} 要和线性 PSE 中的一样，看成未知变量，在向前推进时利用式(3.3.13)～式(3.3.16)中的一个条件进行迭代而求得。而对于其波数和频率与初始扰动的波数和频率不同的方程，其波数 α_{mn} 不用迭代，因为它们都是由基本波(即初始扰动波)经代数运算得到的。但这一代数运算可得到很多项，其中流向波数 α_{mn} 的实数部分彼此相等，但虚数部分则可能并不相同。例如，F_{22} 中既包含由 ϕ_{11} 和 ϕ_{11} 相乘所得的项，又可包含由 ϕ_{33} 和 ϕ_{11}^{*} 相乘所得的项(＊表示共轭数)。前者的指数函数中的流向波数就是 $2\alpha_{11}$，而后者的指数函数中的流向波数却是 $2\alpha_{11}+2\mathrm{i}\alpha_{11i}$，即它们的虚部是不同的。在 PSE 方法中，通常简单地将这些项中 α_{mn} 的虚部忽略不计，只要实部相等就可以了。

但这样做显然有不自洽的问题。更自洽的方法应该是，将流向波数 α 始终保持为实数。这要相应地修改式(3.3.13)～式(3.3.16)。例如，若采用式(3.3.13)，则它应相应地变为

$$\alpha^{\mathrm{new}}=\alpha^{\mathrm{old}}+\mathrm{Im}\left(\frac{1}{\hat{u}_{\max}}\frac{\mathrm{d}\hat{u}_{\max}}{\mathrm{d}x}\right)$$

式中，Im 表示取虚部。这一做法的意义是，不要求形状函数的最大值不变，但要求形状函数最大值处的相位不变。这时在积分后处理数据时，扰动幅值的放大或衰减就体现在其形状函数本身幅值的放大或衰减上，不再需要用 α 的虚部来表达。其他条件可类推。

由于真实的物理量是实数，非线性 PSE 式(3.4.3)中只需对 $m\geqslant0$ 的项进行计算，其他项为它们的共轭。

方程(3.4.3)的左端与频率为 $m\omega$、展向波数为 $n\beta$ 的线性 PSE 的相同，只是方程右边多了一个非线性的驱动项 $\hat{F}_{mn}$，其值原则上可由上一站位的已知解估算出来，但估算值并不是精确值。为了保证精度，在解方程(3.4.3)时，原则上 $\hat{F}_{mn}$ 是已知的。如果要提高向前差分的精度，可以进行一次迭代。即从节点 i 用向前差分推进求得节点 $i+1$ 处的解后，再用节点 i 和节点 $i+1$ 处的 $\hat{F}_{mn}$ 的平均值从节点 i

处重新做一次。

同样，也可用其他类似于 Runge-Kutta 法的方法计算。

对一般的 m 和 n，解方程时的边界条件、求解步骤都与线性 PSE 的基本相同。但 $m=n=0$ 的波实际上是对平均流的修正，求解时上边界的自由流条件应改为

$$\hat{u}_{00}=\frac{\partial \hat{v}_{00}}{\partial y}=\hat{w}_{00}=\hat{T}_{00}=0, \quad y\to\infty \tag{3.4.6}$$

PSE 是研究扰动演化的方法，需要事先知道整个计算域的基本流和入口的扰动条件。

如果研究平板边界层中扰动的演化，则基本流是二维的。它可以取 Blasius 相似性解，或者取由 DNS 得到的定常基本流。

由于 PSE 是在扰动形如 T-S 波的条件下推导出来的，一般都选用由线性稳定性理论得到的在计算域入口处的 T-S 波作为入口扰动。但 T-S 波是在平行流假设下得到的，不是 PSE 的准确解，因此在入口下游有一个很短的调整段。

对于线性 PSE，入口处扰动幅值可以任意给定，本章所取幅值与线性稳定性理论中的相同，即为 1。而对于非线性 PSE，入口处扰动需按实际情况给出具体值。

3.5　计算方法、网格、差分格式和 PSE 的残余椭圆性

将扰动方程(3.4.2)代入扰动方程(3.2.15)后，向前积分时要解很多个形如式(3.4.3)那样的方程。这就要求先将方程右端计算出来。对于不可压缩问题，N-S 方程中的非线性项是二阶的，一项一项直接求还可行。但对可压缩流，N-S 方程中的非线性项阶数高于二阶，一项一项计算将不胜其烦。这时可采用下面的做法。

首先用式(3.4.1)由谱空间的值 $\hat{\phi}_{mn}(x,y)$ 和波数 $\alpha_{mn}(x)$ 计算得到物理空间中的值 $\phi(x,y,z,t)$，这一过程使用双重傅里叶反变换；再于物理空间中计算式(3.2.16)中的非线性项，以得到非线性扰动方程(3.2.15)中右端的项 $F^{n}(x,y,z,t)$。然后用式(3.4.5)返回谱空间得到 $F_{mn}(x,y)$，这里也要用到双重傅里叶变换；再由式(3.4.4)，用波数积分 $e^{i\int_{x_0}^{x}\alpha_{mn}(x)dx}$ 去除 $F_{mn}(x,y)$，以得到阶数为(m,n)的非线性 PSE 中的非线性项 $\hat{F}_{mn}(x,y)$。

由于流向的变化很缓慢，流向可用等间距的网格。对线性稳定性方程而言，流向步长可以取 1/3 扰动波长或更大。但对非线性 PSE 计算，流向步长一般不能很大，可取 1/20 的扰动基本波波长或更小。

法向则要用靠近壁面处更密的变间距网格。为了便于在法向使用高精度等间距差分格式，一般采用解析表达式从等间距的计算坐标 η 得到变间距的实际网格。例如，令

$$y=\frac{y_l\eta}{1+b(1-\eta^2)} \tag{3.5.1}$$

其中，y_l 为 y 方向计算域长度；$\eta\in[0,1]$，若 N_y 为 y 方向网格数，则 $\Delta\eta=1/N_y$；b 为常数，其表达式为

$$b=\frac{\sqrt{1+8k}-3}{4} \tag{3.5.2}$$

其中，常数 k 为上边界网格宽度和下边界网格宽度之比：

$$k=\left.\frac{\mathrm{d}y}{\mathrm{d}\eta}\right|_{\eta=1}\Big/\left.\frac{\mathrm{d}y}{\mathrm{d}\eta}\right|_{\eta=0} \tag{3.5.3}$$

以 $y_l=40, N_y=40, k=300$ 为例，图 3.5.1 显示了 y 方向的网格分布。

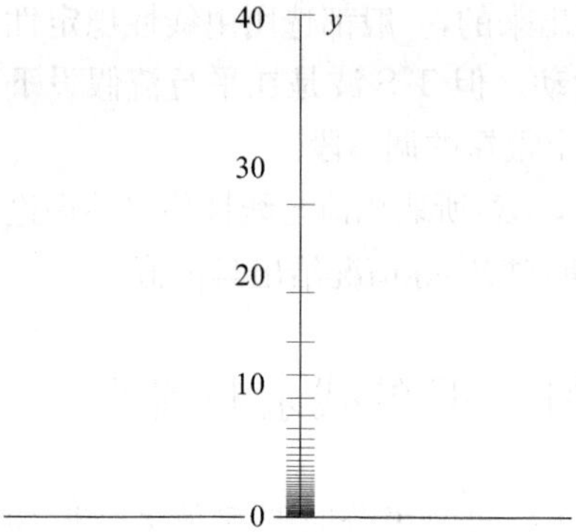

图 3.5.1　y 方向变间距网格分布

流向的一阶导数 $\partial\hat{\phi}/\partial x$ 差分时，可用如下的一阶或二阶精度的单边差分格式：

$$\frac{\partial\hat{\phi}}{\partial x_i}=\frac{1}{\Delta x}\hat{\phi}_i+\left(-\frac{1}{\Delta x}\right)\hat{\phi}_{i-1} \tag{3.5.4}$$

$$\frac{\partial\hat{\phi}}{\partial x_i}=\frac{3}{2}\frac{1}{\Delta x}\hat{\phi}_i+\left(-\frac{2}{\Delta x}\right)\hat{\phi}_{i-1}+\left(\frac{1}{2}\frac{1}{\Delta x}\right)\hat{\phi}_{i-2} \tag{3.5.5}$$

如用二阶差分，则在计算开始的入口处，要降阶启动。

在法向对坐标 η 的一阶和二阶导数，可用如下的四阶精度的中心差分格式：

$$\frac{\partial\hat{\phi}}{\partial\eta_j}=\frac{-\hat{\phi}_{j+2}+8\hat{\phi}_{j+1}-8\hat{\phi}_{j-1}+\hat{\phi}_{j-2}}{12\Delta\eta} \tag{3.5.6}$$

$$\frac{\partial^2\hat{\phi}}{\partial\eta_j^2}=\frac{-\hat{\phi}_{j+2}+16\hat{\phi}_{j+1}-30\hat{\phi}_j+16\hat{\phi}_{j-1}-\hat{\phi}_{j-2}}{12\Delta\eta^2} \tag{3.5.7}$$

在邻近上下边界处要适当降低精度。在邻近下边界的点用如下的差分格式：

$$\frac{\partial\hat{\phi}}{\partial\eta_1}=\frac{-\hat{\phi}_3+6\hat{\phi}_2-3\hat{\phi}_1-2\hat{\phi}_0}{6\Delta\eta} \tag{3.5.8}$$

$$\frac{\partial^2\hat{\phi}}{\partial\eta_1^2}=\frac{\hat{\phi}_2-2\hat{\phi}_1+\hat{\phi}_0}{\Delta\eta^2} \tag{3.5.9}$$

在邻近上边界的点用如下的差分格式：

$$\frac{\partial\hat{\phi}}{\partial\eta_{N_y-1}}=\frac{2\hat{\phi}_{N_y}+3\hat{\phi}_{N_y-1}-6\hat{\phi}_{N_y-2}+\hat{\phi}_{N_y-3}}{6\Delta\eta} \tag{3.5.10}$$

$$\frac{\partial^2\hat{\phi}}{\partial\eta^2_{N_y-1}}=\frac{\hat{\phi}_{N_y}-2\hat{\phi}_{N_y-1}+\hat{\phi}_{N_y-2}}{\Delta\eta^2} \tag{3.5.11}$$

在下边界点，一阶导数使用如下的差分格式：

$$\frac{\partial\hat{\phi}}{\partial\eta_0}=\frac{-\hat{\phi}_2+4\hat{\phi}_1-3\hat{\phi}_0}{2\Delta\eta} \tag{3.5.12}$$

在上边界点，一阶导数使用如下的差分格式：

$$\frac{\partial\hat{\phi}}{\partial\eta_{N_y}}=\frac{3\hat{\phi}_{N_y}-4\hat{\phi}_{N_y-1}+\hat{\phi}_{N_y-2}}{2\Delta\eta} \tag{3.5.13}$$

函数对 y 的一阶和二阶导数，则要用式(3.5.1)按隐函数求导数的办法计算：

$$\frac{\mathrm{d}f}{\mathrm{d}y}=\frac{\mathrm{d}f}{\mathrm{d}\eta}\frac{\mathrm{d}\eta}{\mathrm{d}y}=\frac{\mathrm{d}f}{\mathrm{d}\eta}\left[1\Big/\left(\frac{\mathrm{d}y}{\mathrm{d}\eta}\right)\right] \tag{3.5.14}$$

$$\begin{aligned}\frac{\mathrm{d}^2f}{\mathrm{d}y^2}&=\frac{\mathrm{d}}{\mathrm{d}y}\left(\frac{\mathrm{d}f}{\mathrm{d}y}\right)=\frac{\mathrm{d}}{\mathrm{d}y}\left(\frac{\mathrm{d}f}{\mathrm{d}\eta}\frac{\mathrm{d}\eta}{\mathrm{d}y}\right)\\&=\frac{\mathrm{d}}{\mathrm{d}y}\left(\frac{\mathrm{d}f}{\mathrm{d}\eta}\right)\frac{\mathrm{d}\eta}{\mathrm{d}y}+\frac{\mathrm{d}f}{\mathrm{d}\eta}\frac{\mathrm{d}^2\eta}{\mathrm{d}y^2}\\&=\frac{\mathrm{d}}{\mathrm{d}\eta}\left(\frac{\mathrm{d}f}{\mathrm{d}\eta}\right)\frac{\mathrm{d}\eta}{\mathrm{d}y}\frac{\mathrm{d}\eta}{\mathrm{d}y}+\frac{\mathrm{d}f}{\mathrm{d}\eta}\frac{\mathrm{d}^2\eta}{\mathrm{d}y^2}\\&=\frac{\mathrm{d}^2f}{\mathrm{d}\eta^2}\frac{\mathrm{d}\eta}{\mathrm{d}y}\frac{\mathrm{d}\eta}{\mathrm{d}y}+\frac{\mathrm{d}f}{\mathrm{d}\eta}\frac{\mathrm{d}^2\eta}{\mathrm{d}y^2}\end{aligned} \tag{3.5.15}$$

PSE 式(3.3.5)和式(3.4.3)不是完全的抛物型方程，而存在着残余椭圆性，从而会在计算中造成很强的数值不稳定性。残余椭圆性的存在可以从两个方面解释：一方面，将 PSE 式(3.3.5)和式(3.4.3)所对应的扰动方程的线性部分单独提出来，对其作特征分析可以看出，并非所有特征值全都严格为实数，因此 PSE 存在椭圆性[9]；另一方面，简单起见，以不可压缩的无黏流动的线性扰动方程为例，也可以说明 PSE 存在残余椭圆性。基本流取简单的情况，$\bar{u}=1$，$\bar{v}=0$，$\bar{w}=0$，则线性扰动方程为

$$\frac{\partial u'}{\partial x}+\frac{\partial v'}{\partial y}+\frac{\partial w'}{\partial z}=0 \tag{3.5.16}$$

$$\frac{\partial u'}{\partial t}+\frac{\partial u'}{\partial x}=-\frac{\partial p'}{\partial x} \tag{3.5.17}$$

$$\frac{\partial v'}{\partial t}+\frac{\partial v'}{\partial x}=-\frac{\partial p'}{\partial y} \tag{3.5.18}$$

$$\frac{\partial w'}{\partial t}+\frac{\partial w'}{\partial x}=-\frac{\partial p'}{\partial z} \tag{3.5.19}$$

式(3.5.17)、式(3.5.18)和式(3.5.19)分别对 x、y 和 z 求导，再相加，利用

式(3.5.16)得到扰动压力 p' 的方程：

$$\frac{\partial^2 p'}{\partial x^2}+\frac{\partial^2 p'}{\partial y^2}+\frac{\partial^2 p'}{\partial z^2}=-\frac{\partial^2 u'}{\partial x^2}-\frac{\partial^2 v'}{\partial x^2}-\frac{\partial^2 w'}{\partial x^2} \tag{3.5.20}$$

很明显，即使在抛物化过程中完全去掉扰动速度的流向二阶导数，扰动压力的方程仍然是椭圆型的，因此与之对应的 PSE 在这里也就存在残余椭圆性。

Chang 等[7]具体地介绍了 PSE 的残余椭圆性，并提出了消除数值不稳定性的方法。事实上，Chang 等只是引用了 Vigneron 等在解决抛物化 N-S 方程(PNS)的残余椭圆性时所提出的方法，所以 Chang 等也称之为 Vigneron 技术。Haj-Hariri 以及 Li 和 Malik[9]则从数学上证明了残余椭圆性的存在，且证明了 Vigneron 技术在消除数值不稳定性的同时，仍保持了解的准确性。

对于线性 PSE 来说，当流向步长大于 1/3 波长时(步长取 1/3 波长或更大一些时，计算结果仍可以足够准确)，残余椭圆性较弱，计算中基本上没有数值不稳定性[9]，这时可以不用 Vigneron 技术。当流向步长小于 1/3 波长时，残余椭圆性较强，计算中会出现数值不稳定性，这时应该用 Vigneron 技术。对于非线性 PSE 来说，只有步长小于 1/20 基本波长时，计算结果才足够准确，所以必须使用Vigneron 技术。

Vigneron 技术就是在流向动量方程中去掉部分或全部的流向压力梯度 $\partial p'/\partial x$，即让 $\partial p'/\partial x$ 乘以一个大于等于 0 且小于等于 1 的实数，称之为 Vigneron 系数。简单地讲，在方程(3.5.17)中去掉扰动压力梯度 $\partial p'/\partial x$，也就去掉了方程(3.5.20)中扰动压力的流向二阶导数 $\partial^2 p'/\partial x^2$，于是消除了扰动压力方程的椭圆性。因为 PSE 已经用状态方程消去压力，所以在 PSE 的流向动量方程中，Vigneron 系数都乘在 $\hat{\rho}$、$\hat{T}$、$\partial\hat{\rho}/\partial x$、$\partial\hat{T}/\partial x$ 上，共有以下几项：$\hat{A}_{21}$ 中的$\dfrac{\bar{T}}{\gamma M^2}$，$\hat{A}_{25}$ 中的$\dfrac{\bar{\rho}}{\gamma M^2}$，$\hat{D}_{21}$ 中的$\dfrac{1}{\gamma M^2}\dfrac{\partial\bar{T}}{\partial x}$，$\hat{D}_{25}$ 中的$\dfrac{1}{\gamma M^2}\dfrac{\partial\bar{\rho}}{\partial x}$(参见本章附录 B)。Vigneron 系数 V 的取值一般使用以下公式：

$$V=\begin{cases}M_x^2, & M_x<1\\ 1, & M_x\geqslant 1\end{cases} \tag{3.5.21}$$

式中，$M_x=\bar{u}^*/a^*$ 是当地马赫数，其中 a^* 是当地声速。如果为了方便，也可将所有的 Vigneron 系数都取为 0，计算结果仍然有足够的准确性。

3.6 更自洽的 PSE 方法

在 3.4 节中已提到，传统的非线性 PSE 方法在做法上有不自洽的问题，主要体现在流向波数 α_{mn} 的虚部上。对于频率为 $m_1\omega$、展向波数为 $n_1\beta$ 的初始扰动方程,流向波数 $\alpha_{m_1n_1}$ 和线性 PSE 中一样,取为复数;而对于频率和展向波数与初始扰动的频率和展向波数不同的方程,即谐波的方程,流向波数 α_{mn} 不用迭代,其实部由初始扰动波数的实部经代数运算而得,而其虚部则取为 0。即使用锁相位关系[10]:

$$\alpha_{mn} = \mathrm{Re}(\alpha_{m_1n_1}) \times \frac{m}{m_1}, \quad m \neq m_1, n \neq n_1 \tag{3.6.1}$$

其中,阶数为(m_1,n_1)的波为初始扰动;Re 表示取实部。对于有多个初始扰动波的情况,则取其中幅值最大者的波数实部来做上述代数运算。而波数 α_{mn} 的虚部取为 0,意味着谐波幅值的变化直接由形状函数 $\hat{\phi}_{mn}$ 的幅值表达,即对形状函数幅值不再要求正规化。但这样一来,就会出现 3.4 节中提及的不自洽问题。即实部相同但虚部不同的两个波数会同时出现在同一方程不同项的指数函数中,但实际上被看成是相同的而被消去。

要解决这一不自洽的问题,可以对于所有波的方程(包括基本波和谐波),将流向波数 α 全都取为实数。这样,无论是基本波还是谐波,其幅值的变化全都直接反映在其形状函数的幅值变化上,而不再单独对基本波的形状函数提幅值的正规化要求。

相应地,迭代条件(3.3.13)~(3.3.16)要做修改。例如,对式(3.3.13),应相应地变为

$$\alpha^{\text{new}} = \alpha^{\text{old}} + \mathrm{Im}\left(\frac{1}{\hat{u}_{\max}} \frac{\mathrm{d}\hat{u}_{\max}}{\mathrm{d}x}\right) \tag{3.6.2}$$

这意味着,不再要求形状函数的最大值不变,但要求形状函数最大值处的相位不变。而若采用迭代法则(3.3.16),则应相应地变为

$$\begin{gathered} \alpha^{\text{new}} = \alpha^{\text{old}} + \mathrm{Im}\left[\frac{1}{E}\int_0^\infty \bar{\rho}\left(\hat{u}^c \frac{\partial \hat{u}}{\partial x} + \hat{v}^c \frac{\partial \hat{v}}{\partial x} + \hat{w}^c \frac{\partial \hat{w}}{\partial x}\right)\mathrm{d}y\right] \\ E = \int_0^\infty \bar{\rho}(|\hat{u}|^2 + |\hat{v}|^2 + |\hat{w}|^2)\mathrm{d}y \end{gathered} \tag{3.6.3}$$

其他条件可类推。

其实,流向波数均取为实数,在计算上也有好处。在传统做法中,向前推进时,要用式(3.3.13)~式(3.3.16)中的条件之一做修正,直至满足预设的精度为止。迭代中要修正的是一个复数,或其实部和虚部两个实数。而按式(3.6.2)修正,则实际上只要修正一个实数,可用牛顿插值法去做。具体来说,就是从第 i 站位向第 $i+1$ 站位推进时:第一步,假设在第 $i+1$ 站位的流向波数就等于第 i 站位的已知流向波数 α_i。解出在第 $i+1$ 站位的形状函数后,就可算出该形状函数最大值处的相位,从而得到两个站位形状函数各取最大值处的相位差。第二步,仍从站位 i 向站位$i+1$推进,但此时设站位 $i+1$ 的流向波数为 $\alpha_i+\delta$,δ 是一个很小的数。求得

站位$i+1$的新的形状函数后，可以得到两个站位形状函数各取最大值处的新的相位差。由这两个不同预估的流向波数和所得的两个不同的相位差，就可以用牛顿插值法求得一个能使相位差为零的流向波数的新的估值。实践结果表明，只需插值一次往往就能满足预设的精度，因此其效率比原来的简单迭代法要高很多。

为了验证将流向波数 α 取为实数的做法是否合理，除了从理论上分析该方法能解决 PSE 的不自洽问题外，还要验证该方法在实际应用中的有效性。首先，在线性 PSE 计算中，其结果和 DNS 结果相比，是否能保持至少和传统做法同等的精度。其次，在非线性 PSE 计算中，其结果与 DNS 结果相比，是否能有足够的精度。

下面将通过三个马赫数 $M=6$ 的超声速平板边界层的算例来检验上述问题。前两个是线性 PSE 算例，其中第一个雷诺数相对较小，第二个雷诺数相对较大；最后一个是非线性 PSE 算例。所有的 DNS 结果都由完全的 N-S 方程计算，但对线性问题来说，其扰动初值取得很小，而对非线性问题来说，其扰动初值应和 PSE 计算的相同。三个算例的参数见表 3.6.1。下面显示的无量纲量都使用 DNS 中所用的入口处边界层排移厚度 δ_0^* 无量纲化，并用下角标 δ 标出。

表 3.6.1　三个对比算例的参数

对比算例		1	2	3
PSE		线性	线性	非线性
基本流	M(马赫数)	6	6	6
	Pr(普朗特数)	0.72	0.72	0.72
	Re_δ(计算域入口处雷诺数)	10000	100000	10000
初始扰动(二维 T-S 波)	ω_δ(频率)	0.8400	1.342	0.7000
	α_δ(波数)	0.9056 −0.003955i	1.470 −0.009075i	0.7643 −0.001598i
	初始幅值	7.5×10^{-9}	7.5×10^{-9}	0.00375
	x_δ(加入扰动的位置)	100	100	100

先用 DNS 方法计算无扰动时的基本流，再引入扰动。PSE 计算中也用同样的基本流。壁面取无滑移条件和绝热条件。流向使用均匀网格，法向使用变间距网格，共 400 个点。

算例 1 的来流马赫数 $M=6$，来流温度 $T_e^*=79\text{K}$，普朗特数 $Pr=0.72$。入口处雷诺数 $Re_\delta=10000$。初始扰动为空间模式线性稳定性理论给出的第一模态增长的二维 T-S 波，其频率 $\omega_\delta=0.8400$，流向波数 $\alpha_\delta=0.9056-0.003395\text{i}$，展向波数 $\beta_\delta=0$，初始扰动幅值取一个很小的数，为 7.5×10^{-9}，加在 $x_\delta=100$ 处。

波数 α 取为复数和实数的两种情况又各包括用两种迭代法则的结果。选取第一和第四迭代法则，是因为对可压缩边界层而言，其物理意义比第二和第三迭代法则更明确。

图 3.6.1 给出了由线性 PSE 和 DNS 计算得到的扰动幅值演化。其中，幅值 A_u 代表当地流向扰动速度的最大值。即无论 PSE 中用的是哪一个迭代法则，最后都折算成当地流向扰动速度的最大值加以比较。在 PSE 中，当地的扰动速度和温度为

$$\tilde{u}(x_1, y) = \hat{u}(x_1, y)\mathrm{e}^{\mathrm{i}\int_{x_0}^{x_1}\alpha(x)\mathrm{d}x} \tag{3.6.4}$$

$$\widetilde{T}(x_1, y) = \hat{T}(x_1, y)\mathrm{e}^{\mathrm{i}\int_{x_0}^{x_1}\alpha(x)\mathrm{d}x} \tag{3.6.5}$$

扰动幅值为 $A_u = \max\limits_{y}|\tilde{u}(x_1, y)|$。

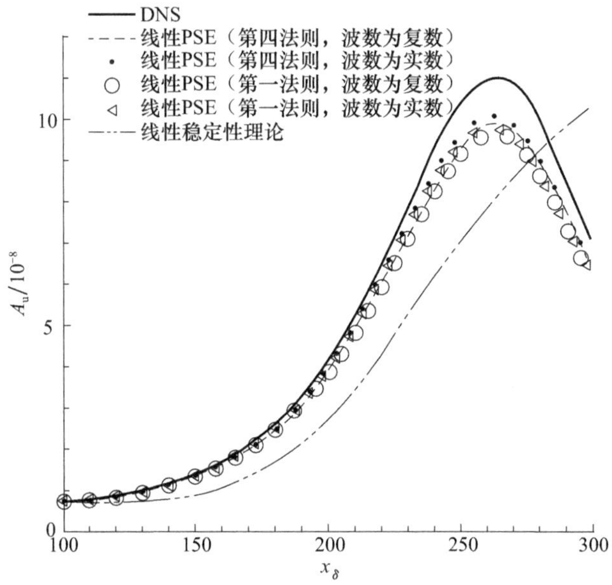

图 3.6.1　线性 PSE 和 DNS 结果对比：扰动幅值 A_u 演化

实线：DNS；虚线：线性 PSE，第四迭代法则(3.3.16)，波数为复数；实心点：线性 PSE，第四迭代法则(3.6.3)，波数为实数；空心圆：线性 PSE，第一迭代法则(3.3.13)，波数为复数；三角形：线性 PSE，第一迭代法则(3.6.2)，波数为实数；双点划线：线性稳定性理论

由图可见，四种线性 PSE 的计算方法得到的幅值都与 DNS 的结果相接近，都经历了从 $x=100$ 处到 $x\approx265$ 处的增长再衰减的过程。但 PSE 方法所得扰动速度幅值略低于 DNS 结果。这个差别应是由 PSE 在抛物化时略去了高阶小量造成的。仔细对比波数 α 为复数和实数的结果，可见无论是用第四法则还是第一法则，波数 α 为实数的结果都略高于复数的结果，更接近 DNS 的结果。

图 3.6.1 还给出了线性稳定性理论的结果，与 DNS 结果相比其差别比线性 PSE 的更大，这应该是由较强的非平行性影响所致。线性稳定性理论中不考虑非平行性，自然比在一定程度上考虑了非平行性的 PSE 方法的结果更差。

除了比较扰动幅值的演化外,还要比较不同算法所得的扰动剖面。对可压缩流,不仅包含速度剖面,还包含温度剖面。图 3.6.2～图 3.6.4 分别给出了 x_δ=150、200 和 250 处的扰动速度和温度剖面的比较。

由图可见,在不同的流向位置,四种线性 PSE 得到的扰动速度和温度剖面都与 DNS 所得基本一致。但仔细比较,波数 α 取实数时,其速度和温度的最大值比取复数时更接近 DNS 的结果。

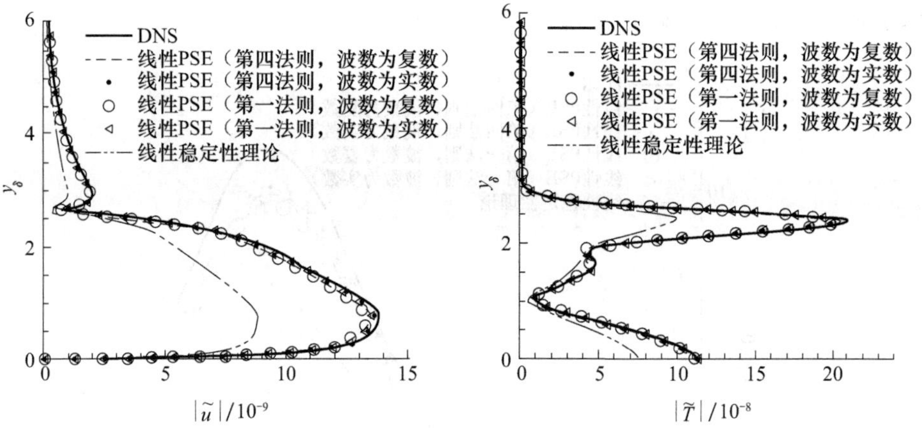

(a) $|\tilde{u}|$ 的剖面　　(b) $|\tilde{T}|$ 的剖面

图 3.6.2　x_δ=150 处线性 PSE 和 DNS 结果对比:扰动速度和温度剖面

图中符号的解释与图 3.6.1 的相同

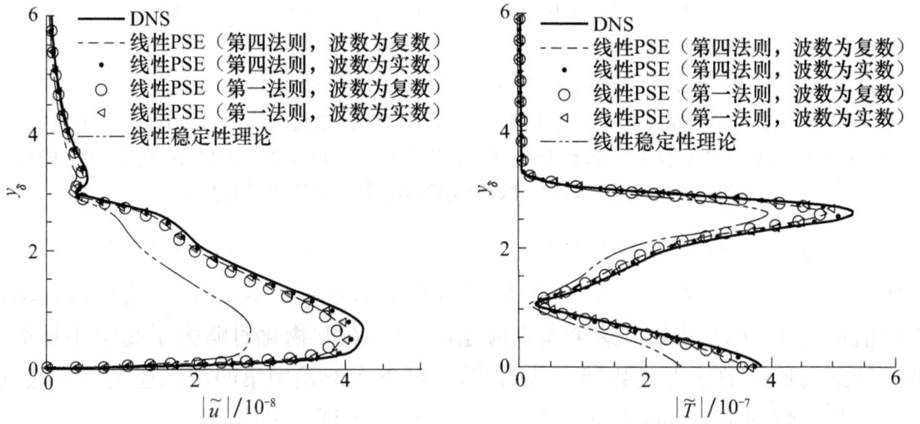

(a) $|\tilde{u}|$ 的剖面　　(b) $|\tilde{T}|$ 的剖面

图 3.6.3　x_δ=200 处线性 PSE 和 DNS 结果对比:扰动速度和温度剖面

图中符号的解释与图 3.6.1 的相同

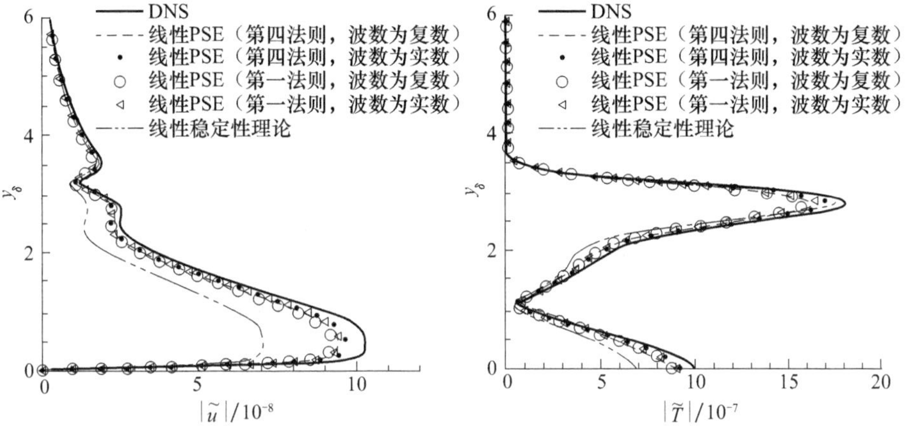

（a）$|\tilde{u}|$ 的剖面　　（b）$|\tilde{T}|$ 的剖面

图 3.6.4　$x_\delta=250$ 处线性 PSE 和 DNS 结果对比:扰动速度和温度剖面

图中符号的解释与图 3.6.1 的相同

图 3.6.2～图 3.6.4 中还给出了线性稳定性理论的结果。其剖面形状与 DNS 结果的差别并不大,但是幅值差别很明显。

波数 α 分别为复数和实数时,其实部 $\alpha_{\delta r}$ 的需要比较如图 3.6.5 所示。无论对第四法则还是第一法则,两种情况下的波数 $\alpha_{\delta r}$ 都非常接近。图中还给出了线性稳

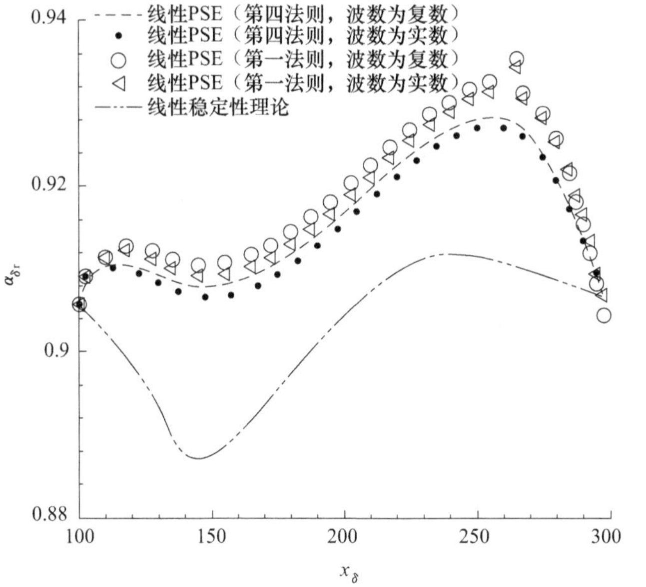

图 3.6.5　线性 PSE 得到的波数 $\alpha_{\delta r}$ 沿流向的变化

图中符号的解释与图 3.6.1 的相同

定性理论的结果，它与线性 PSE 相差很大。

算例 2 仍是线性 PSE 计算。来流条件不变，但入口处雷诺数要大得多，为 $Re_\delta=100000$。引入的初始扰动也仍是空间模式线性稳定性理论给出的二维 T-S 波，其频率 $\omega_\delta=1.342$，流向波数 $\alpha_\delta=1.470-0.009075\mathrm{i}$，初始扰动幅值取为 7.5×10^{-9}，加在 $x_\delta=100$ 处。

图 3.6.6 给出了扰动幅值演化曲线。可以看出，四种线性 PSE 的计算方法所得结果与 DNS 的结果都很接近。仔细对比波数 α 为复数和实数的结果发现，波数 α 为实数的结果都略高于复数的结果。线性稳定性理论的结果与 DNS 结果相比，则相差较大。

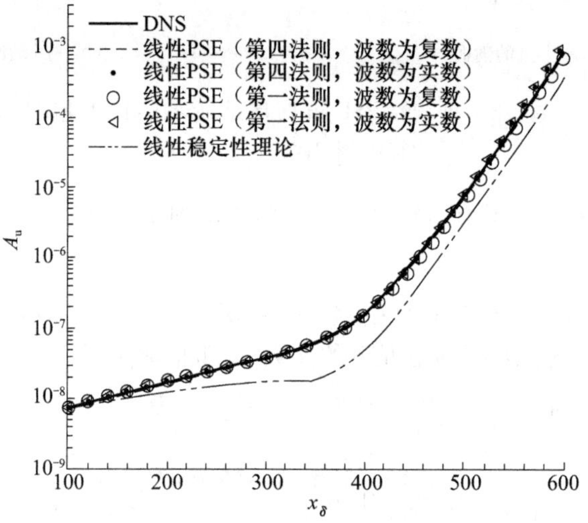

图 3.6.6 线性 PSE 和 DNS 结果对比：扰动幅值 A_u 演化

图中符号的解释与图 3.6.1 的相同

图 3.6.7～图 3.6.10 分别给出了 $x_\delta=200$、300、400 和 500 处的扰动速度和温度剖面的比较结果。四种线性 PSE 得到的扰动速度和温度剖面在前三个站位与 DNS 结果基本一致，而最后一个站位则在幅值上有一定差别。但仔细比较仍可发现，在 $x_\delta=300$、400 处波数取实数时的结果比波数取复数时的要略好一些。但在 $x_\delta=500$ 处波数取实数时的最大值偏大，取复数时的值偏小。而线性稳定性理论的剖面形状与 DNS 结果差别并不大，但幅值差别很明显。

图 3.6.11 给出了波数 α 分别为复数和实数时，其实部 $\alpha_{\delta r}$ 沿流向的变化。两种情况的结果都非常接近。图中还给出了线性稳定性理论的结果，在 $x_\delta<250$ 和 $x_\delta>450$ 处与线性 PSE 的相差不大，但在 $250\leqslant x_\delta\leqslant450$ 处则相差较大。

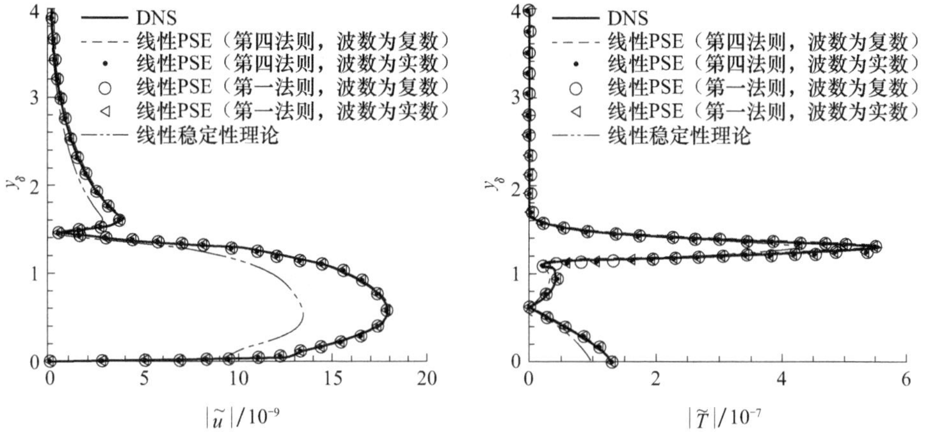

（a）$|\tilde{u}|$ 的剖面　　（b）$|\tilde{T}|$ 的剖面

图 3.6.7　$x_\delta=200$ 处线性 PSE 和 DNS 结果对比：扰动速度和温度剖面
图中符号的解释与图 3.6.1 的相同

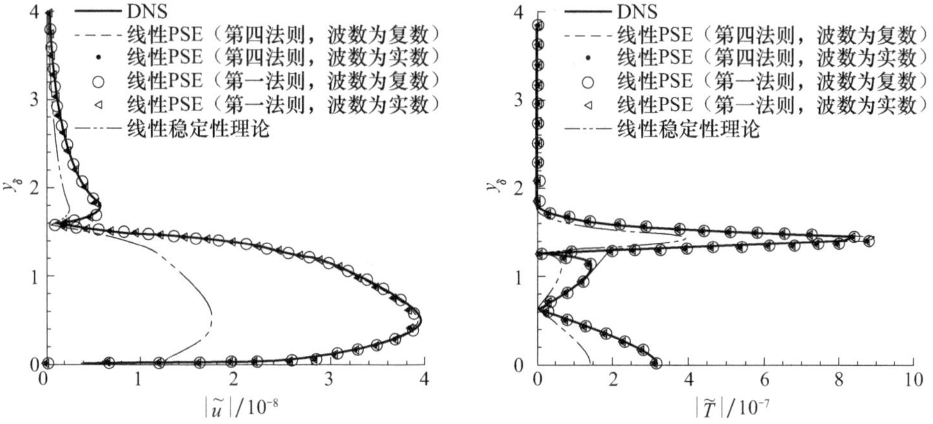

（a）$|\tilde{u}|$ 的剖面　　（b）$|\tilde{T}|$ 的剖面

图 3.6.8　$x_\delta=300$ 处线性 PSE 和 DNS 结果对比：扰动速度和温度剖面
图中符号的解释与图 3.6.1 的相同

在这个雷诺数较大的算例中，线性稳定性理论的结果要比前一个雷诺数较小的算例更接近 DNS 结果。这是因为在雷诺数较大时，非平行性的影响比雷诺数小时的要小。

算例 3 是非线性 PSE 计算。所取来流参数与算例 1 一样，只是初始扰动不同：所引入的二维 T-S 波频率为 $\omega_\delta=0.7000$，流向波数为 $\alpha_\delta=0.7643-0.001598\mathrm{i}$，为了观察非线性作用，扰动幅值不能太小，取为 0.00375。初始扰动

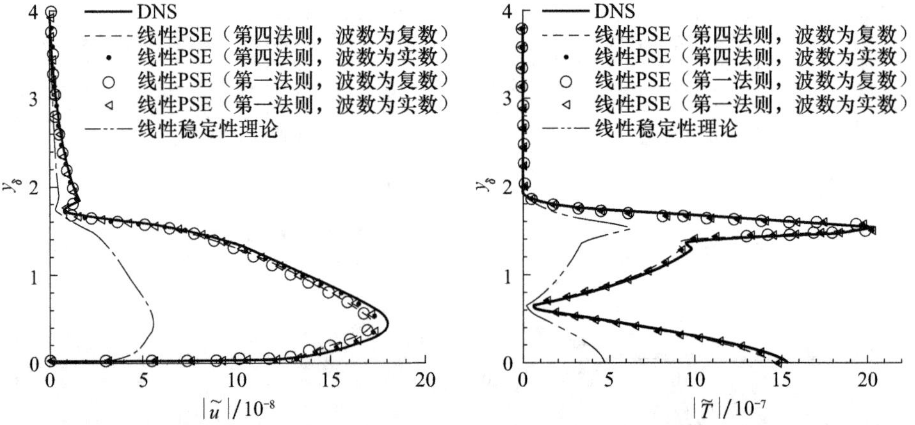

(a) $|\tilde{u}|$ 的剖面　　(b) $|\tilde{T}|$ 的剖面

图 3.6.9　$x_\delta=400$ 处线性 PSE 和 DNS 结果对比：扰动速度和温度剖面

图中符号的解释与图 3.6.1 的相同

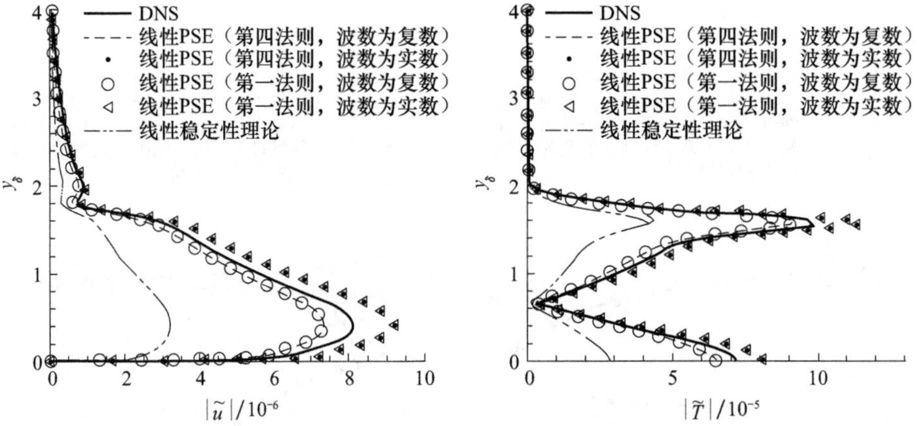

(a) $|\tilde{u}|$ 的剖面　　(b) $|\tilde{T}|$ 的剖面

图 3.6.10　$x_\delta=500$ 处线性 PSE 和 DNS 结果对比：扰动速度和温度剖面

图中符号的解释与图 3.6.1 的相同

的模数为 $m=1$、$n=0$，在 $x_\delta=100$ 处引入。

图 3.6.12 给出了由非线性 PSE 和 DNS 计算得到的扰动幅值演化的比较。其中，阶数为(1,0)的波是基本波；阶数为(0,0)的波（即平均流修正）和(2,0)的波（即谐波）都是通过非线性作用激发的。在 $x\approx260$ 处，基本波的幅值达到约 0.02，非线性 PSE 迭代发散，计算终止。由图可见，对基本波，四种非线性 PSE 的计算方法得到的结果都与 DNS 的结果吻合，且略高于线性 PSE 结果，说明非线性作用

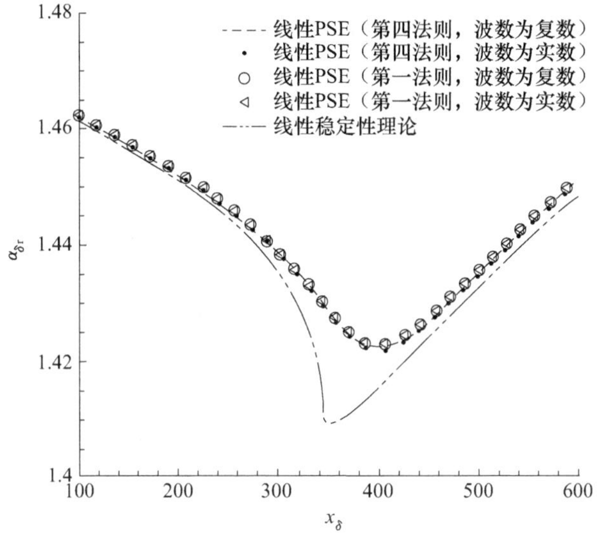

图 3.6.11　线性 PSE 得到的波数 $\alpha_{\delta r}$ 沿流向的变化

图中符号的解释与图 3.6.1 的相同

促进了其增长。对二次谐波，四种 PSE 算法的结果彼此非常接近，但与 DNS 结果有小量级的差别。对平均流修正，则彼此差别更大一些，但也都是小量级的差别。

图 3.6.13～图 3.6.16 分别给出了 $x_\delta=110$、150、200 和 230 处的平均流修正、基本波和谐波的扰动速度和温度剖面的比较结果。四种非线性 PSE 得到的扰动速度和温度剖面与 DNS 结果都基本一致，只是平均流修正的速度分量有小量级的差别。

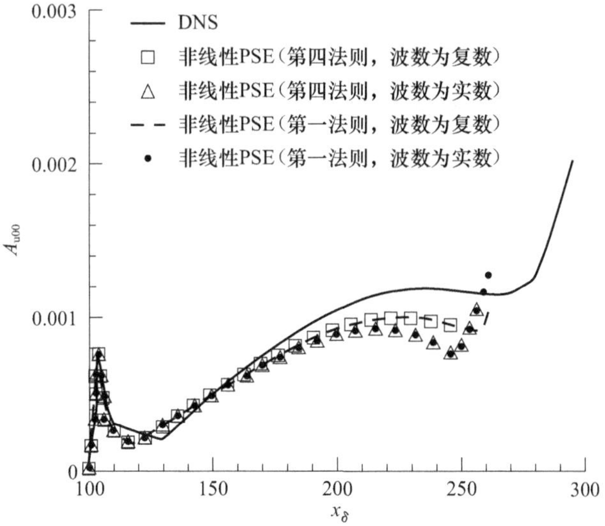

(a)(0.0)波幅值A_{u00}

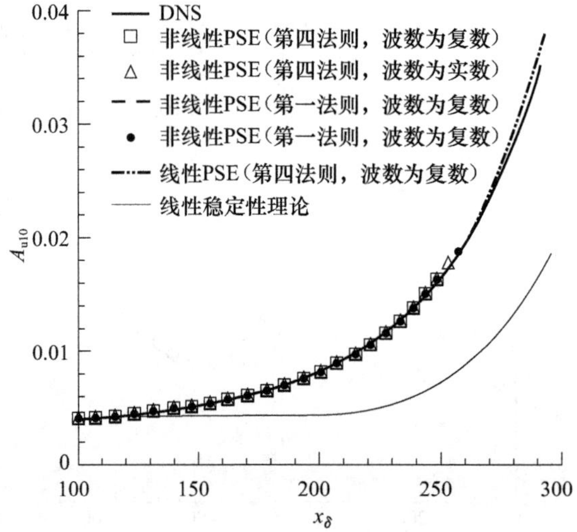

(b)(1.0)波幅值A_{u10}

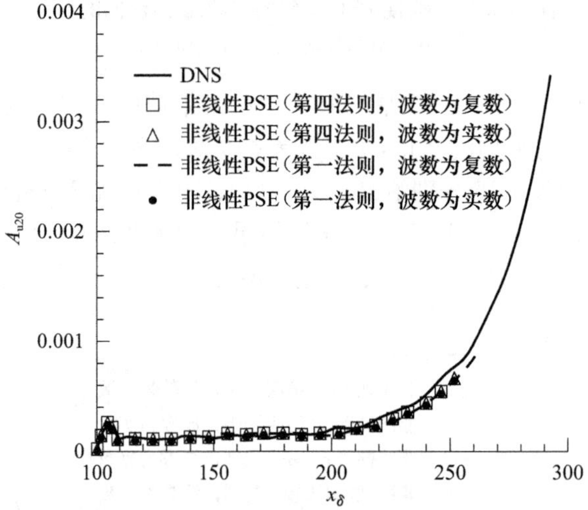

(c)(2.0)波幅值A_{u20}

图 3.6.12　非线性 PSE 和 DNS 结果对比:扰动幅值 A_{u00}、A_{u10}、A_{u20}的演化

粗实线:DNS;正方形:非线性 PSE,第四迭代法则(3.3.16),波数为复数;三角形:非线性 PSE,第四迭代法则(3.6.3),波数为实数;虚线:非线性 PSE,第一迭代法则(3.3.13),波数为复数;实心圆:非线性 PSE,第一迭代法则(3.6.2),波数为实数;双点划线:线性 PSE,第四迭代法则(3.3.16),波数为复数;细实线:线性稳定性理论

图 3.6.17 给出了波数 α_{10} 分别为复数和实数时,其实部 $\alpha_{10\delta r}$ 沿流向的变化。无论 α_{10} 取实数还是复数,在同一迭代法则下都差别很小,但不同迭代法则的结果则有较大的差别。而且在用第一迭代法则时,除非流向步长加大,否则 $\alpha_{10\delta r}$ 沿流向有明显的波动。但流向步长加大后,整个计算精度会降低。事实上,在用第四迭代

法则时，如果进一步缩小流向步长，$\alpha_{10\delta r}$同样会出现沿流向波动的现象。

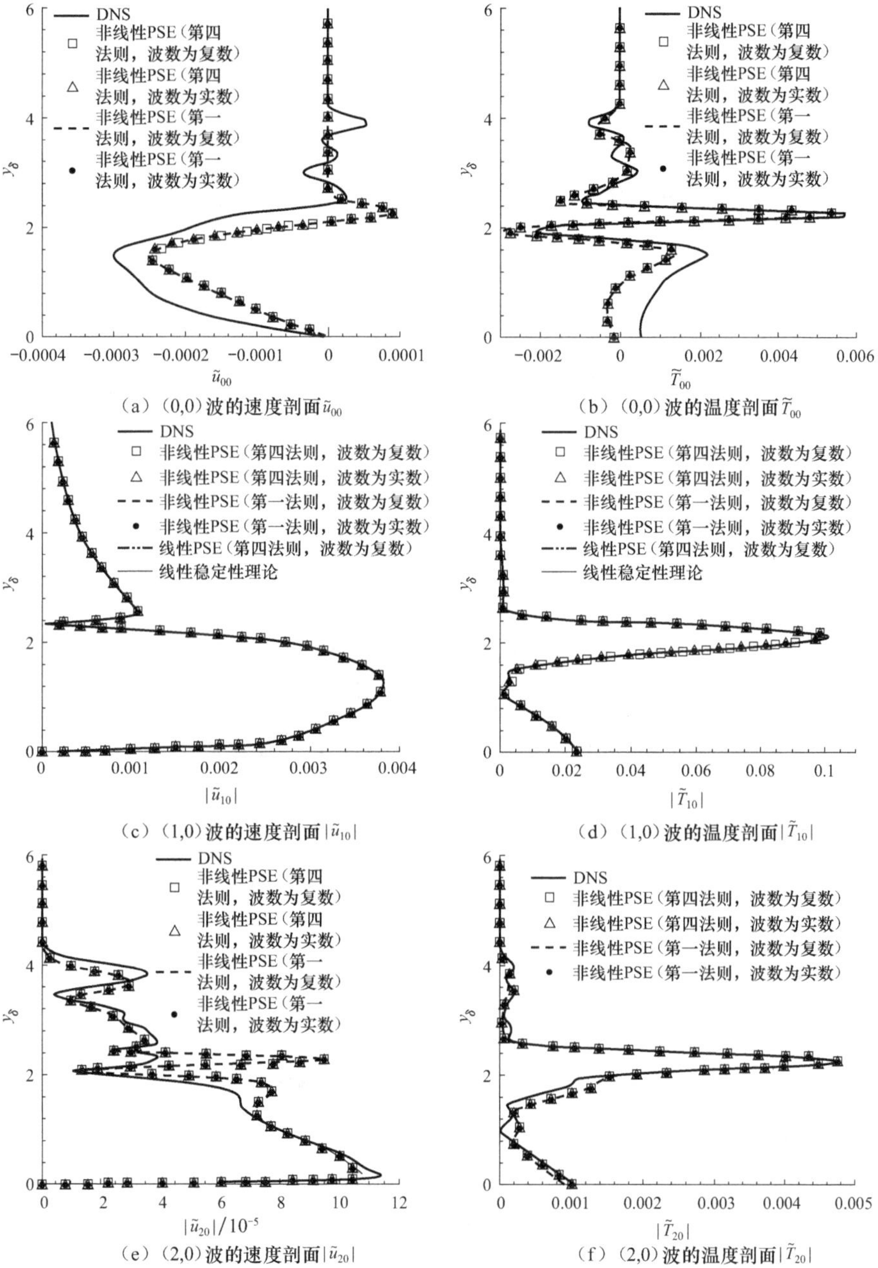

（a）(0,0)波的速度剖面$\tilde{u}_{00}$　（b）(0,0)波的温度剖面$\tilde{T}_{00}$

（c）(1,0)波的速度剖面$|\tilde{u}_{10}|$　（d）(1,0)波的温度剖面$|\tilde{T}_{10}|$

（e）(2,0)波的速度剖面$|\tilde{u}_{20}|$　（f）(2,0)波的温度剖面$|\tilde{T}_{20}|$

图 3.6.13　$x_\delta=110$ 处非线性 PSE 和 DNS 结果对比：(0,0)波、(1,0)波和(2,0)波的扰动速度和温度剖面

图中符号的解释与图 3.6.12 的相同

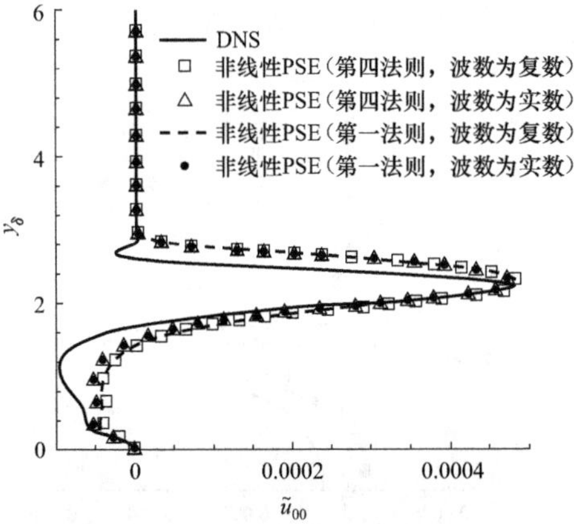

(a) (0,0)波的速度剖面$\tilde{u}_{00}$

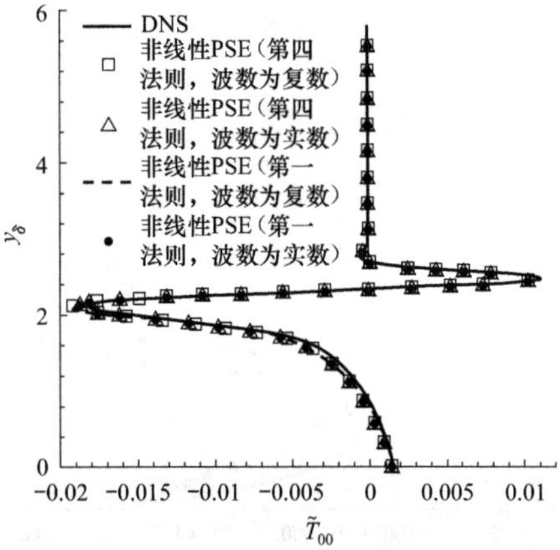

(b) (0,0)波的温度剖面$\tilde{T}_{00}$

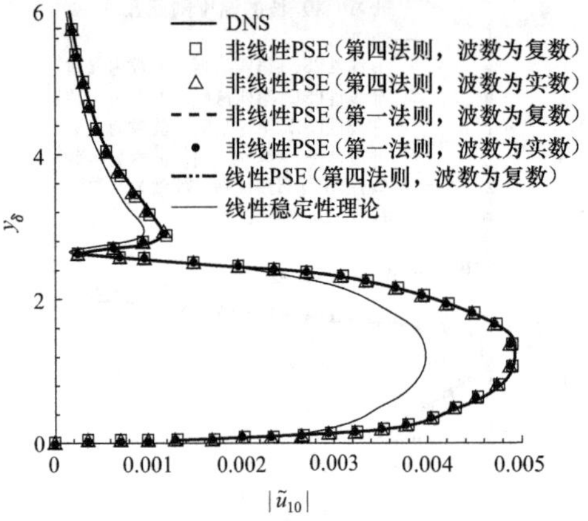

(c) (1,0)波的速度剖面$|\tilde{u}_{10}|$

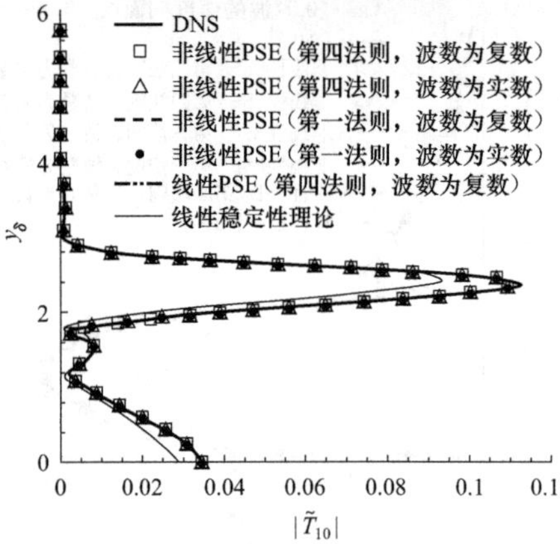

(d) (1,0)波的温度剖面$|\tilde{T}_{10}|$

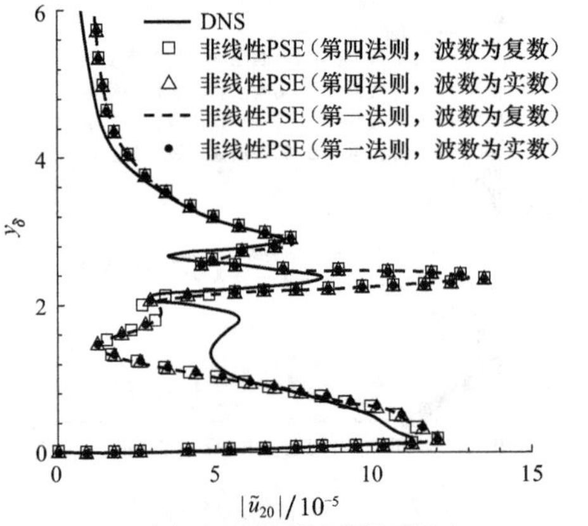

(e) (2,0)波的速度剖面$|\tilde{u}_{20}|$

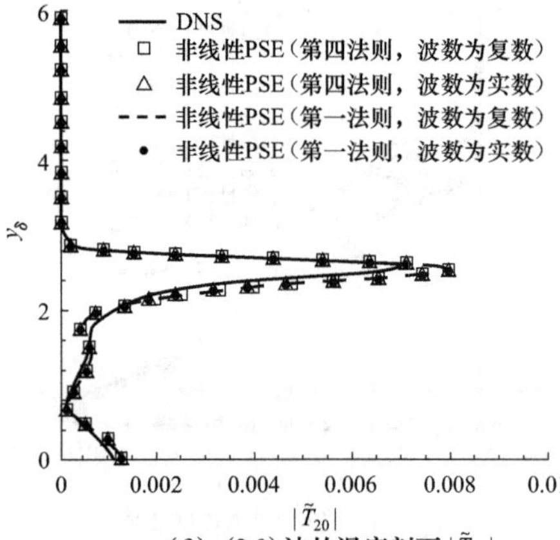

(f) (2,0)波的温度剖面$|\tilde{T}_{20}|$

图 3.6.14　$x_\delta=150$ 处非线性 PSE 和 DNS 结果对比：

(0,0)波、(1,0)波和(2,0)波的扰动速度和温度剖面

图中符号的解释与图 3.6.12 的相同

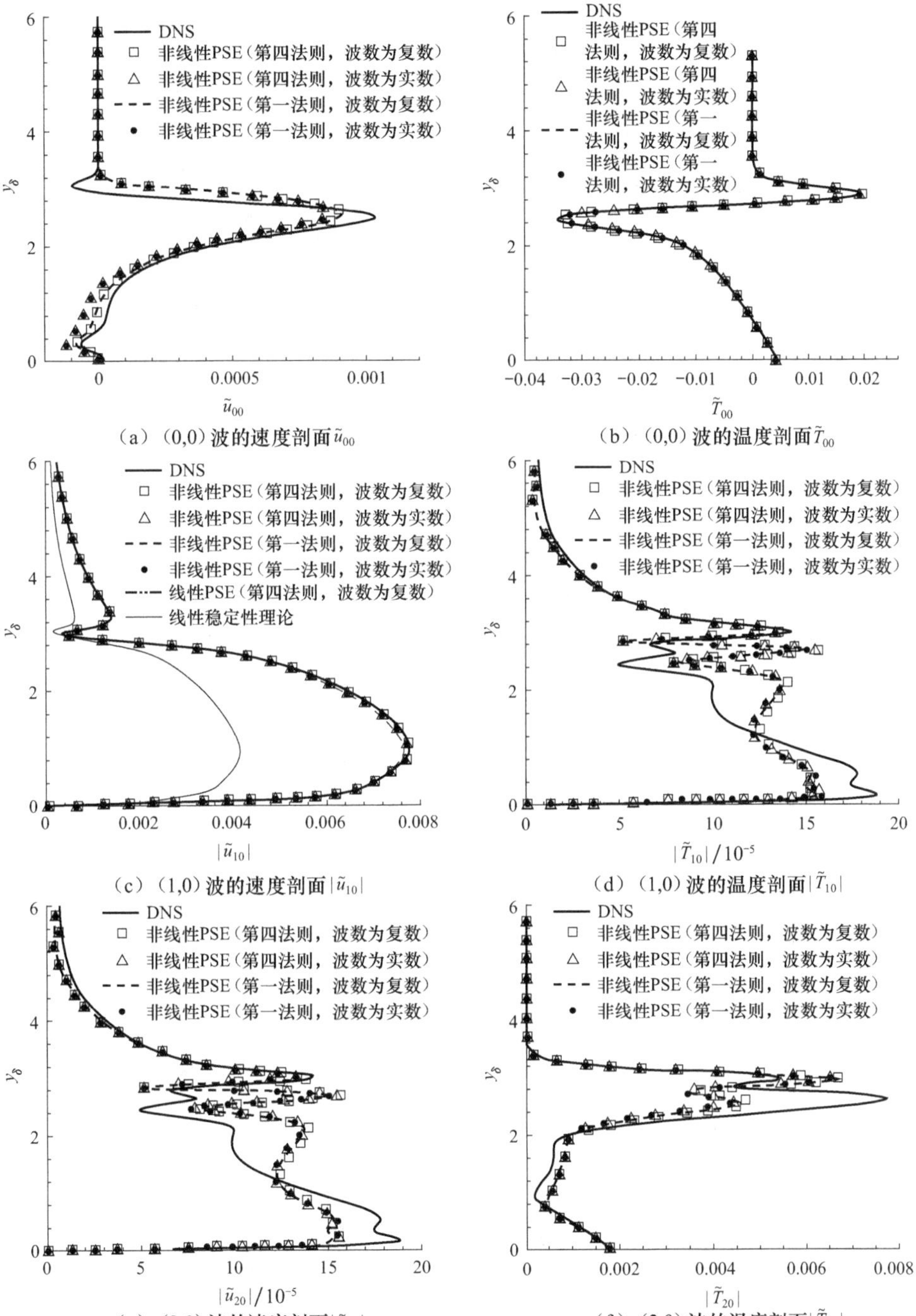

（a）(0,0) 波的速度剖面 $\tilde{u}_{00}$　（b）(0,0) 波的温度剖面 $\tilde{T}_{00}$

（c）(1,0) 波的速度剖面 $|\tilde{u}_{10}|$　（d）(1,0) 波的温度剖面 $|\tilde{T}_{10}|$

（e）(2,0) 波的速度剖面 $|\tilde{u}_{20}|$　（f）(2,0) 波的温度剖面 $|\tilde{T}_{20}|$

图 3.6.15　$x_\delta=200$ 处非线性 PSE 和 DNS 结果对比：

(0,0)波、(1,0)波和(2,0)波的扰动速度和温度剖面

图中符号的解释与图 3.6.12 的相同

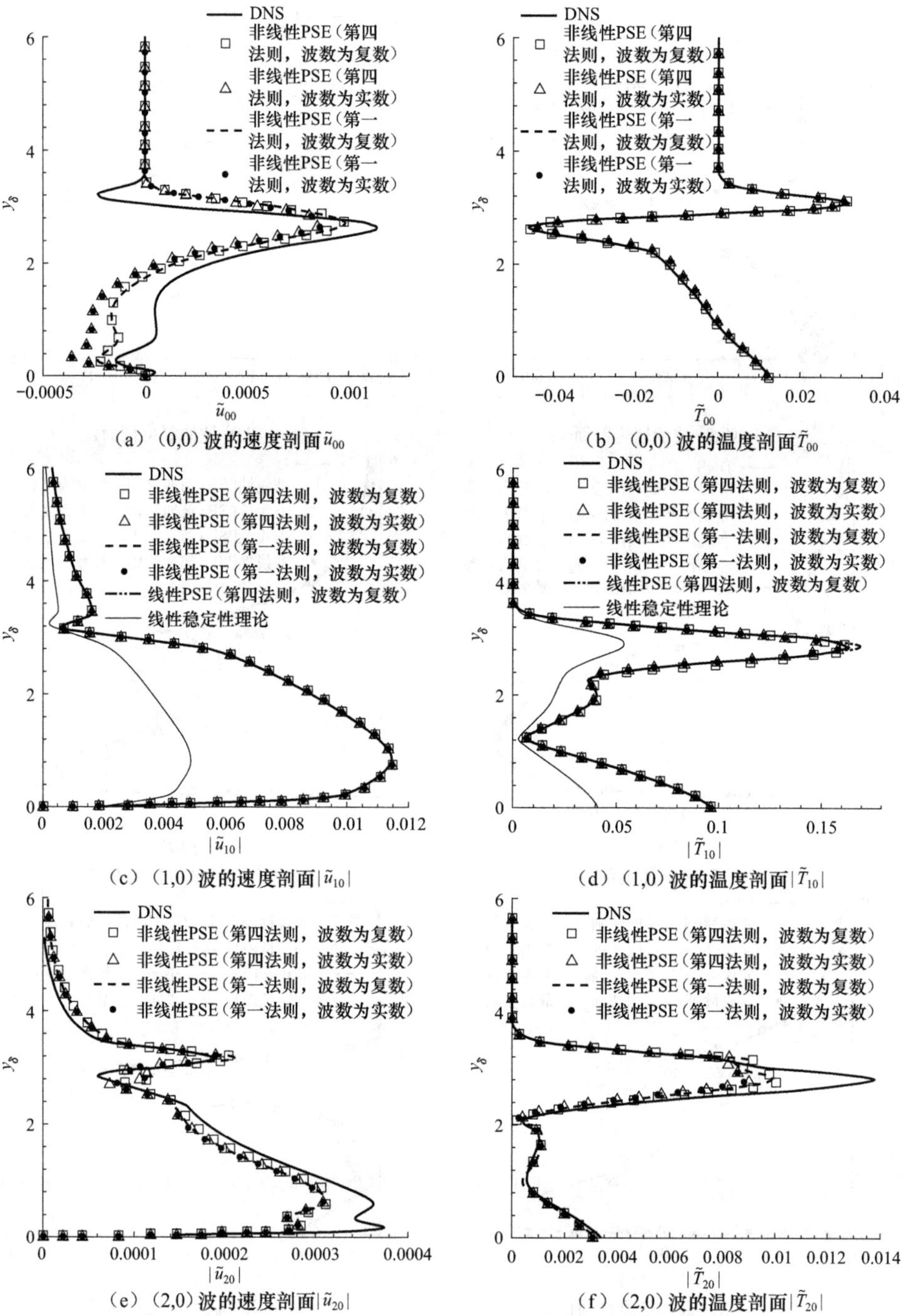

（a）(0,0)波的速度剖面$\tilde{u}_{00}$　（b）(0,0)波的温度剖面$\tilde{T}_{00}$

（c）(1,0)波的速度剖面$|\tilde{u}_{10}|$　（d）(1,0)波的温度剖面$|\tilde{T}_{10}|$

（e）(2,0)波的速度剖面$|\tilde{u}_{20}|$　（f）(2,0)波的温度剖面$|\tilde{T}_{20}|$

图 3.6.16　$x_\delta=230$ 处非线性 PSE 和 DNS 结果对比：

(0,0)波、(1,0)波和(2,0)波的扰动速度和温度剖面

图中符号的解释与图 3.6.12 的相同

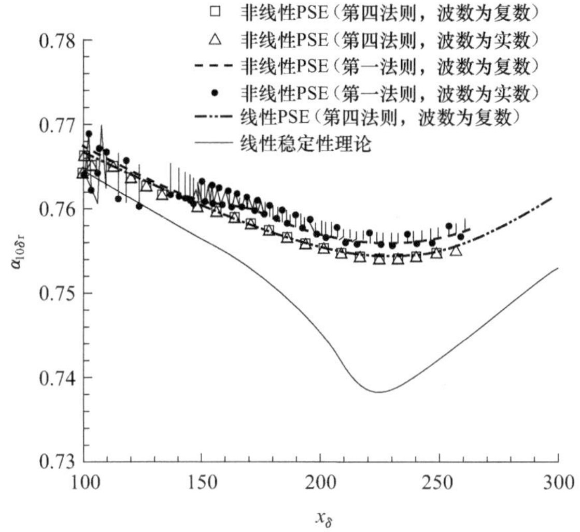

图 3.6.17　非线性 PSE 得到的波数沿流向的变化

图中符号的解释与图 3.6.12 的相同

同时，也验证了法向网格是否足够密。这里采用了两种网格：一种与 DNS 一样，法向取 300 个点，另一种则与本节大多数 PSE 计算一样，取 400 个点。其中波数迭代用第四迭代法则(3.3.16)，波数为复数。所得 $x_\delta=110$、150、200 和 230 处平均流修正的剖面如图 3.3.18 所示。两种网格下的结果完全一致，表明现有法向网格密度已足够保证精度。

从以上算例可以看出，更自洽的 PSE 方法解决了传统 PSE 不自洽的问题，但对最终数值结果的影响不大。

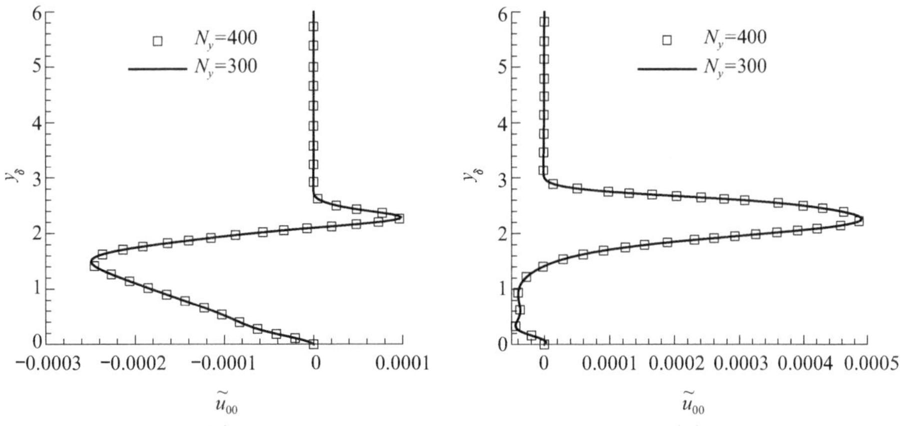

(a) $x_\delta=110$　　(b) $x_\delta=150$

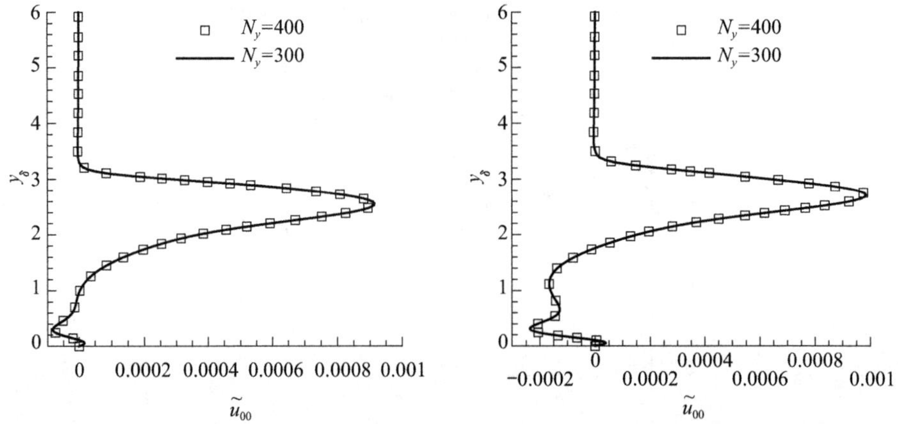

(c) x_δ=200　　(d) x_δ=230

图 3.6.18　两种网格下 PSE 结果的对比:(0,0)波的扰动速度剖面

3.7　用线性 PSE 研究非平行性对可压缩边界层中性曲线的影响

线性稳定性理论假设流动是平行的。严格的平行流动在自然界极少见,而非平行流动则是常见的,如边界层流、自由剪切层等。只有在雷诺数很大时,流线才近似于平行。对不可压缩平板边界层,临界雷诺数不是很大,因此在寻找中性曲线时,在临界雷诺数附近非平行性不可忽略。由线性稳定性理论在平行流假定下给出的临界雷诺数大于实验结果就是这个原因。为此,Gaster[1]、于秀阳和周恒[11]等研究了在线性稳定性理论的框架内如何改进结果的问题。后来 PSE 方法被提出,并用以研究这一问题,得到了满意的结果[3],如图 3.1.2 所示。

对可压缩边界层,显然有同样问题。本节将用线性 PSE 和线性稳定性理论分别求取临界雷诺数附近的中性曲线,并进行对比,以考察非平行性对中性曲线的影响。

首先考虑亚声速情况。

取马赫数 $M=0.3$,自由来流温度 255.7K,普朗特数 $Pr=0.72$,壁面取无滑移条件和定温条件,温度 $T_w^*=259.6$K。基本流由平板二维 Blasius 相似性解给出。

在对应于雷诺数 $Re_0=170.6$ 处引入一个二维 T-S 波,其频率 $\omega=0.04550159$,相应的流向波数 $\alpha=0.1159899+0.009840206i$,是一个衰减的波。图 3.7.1 给出了由线性 PSE 计算得到的该 T-S 波的放大率($-\alpha_i$)沿流向的变化情况。放大率在 $x<x_1$ 和 $x>x_2$ 处小于 0,在 $x_1<x<x_2$ 处大于 0,$x=x_1$ 和 $x=x_2$ 处等于 0,其中 $x_1=252.344$,$x_2=412.909$,两处对应的当地雷诺数

($Re_L = u_e^* x^* / \nu_e^*$，其中 x^* 为平板前缘到当地的有量纲距离)分别为 93729.88 和 471189.3。它们在频率、雷诺数平面上代表的就是中性曲线上的两个点，其中第一个点在中性曲线第一分支上，第二个点在中性曲线第二分支上。

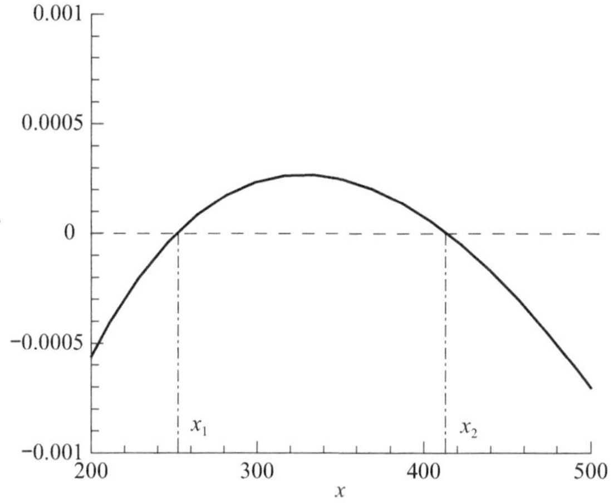

图 3.7.1 频率为 0.04550159 的二维小扰动波的放大率沿流向的变化

如在入口引入另一个二维 T-S 波，其频率 $\omega = 0.06825238$，相应的流向波数 $\alpha = 0.1604609 + 0.006466334\mathrm{i}$。图 3.7.2 给出了线性 PSE 计算得到的该频率扰动的放大率($-\alpha_i$)沿流向的变化情况。可见，放大率沿流向始终小于 0，表明该频率的波在中性曲线以外。

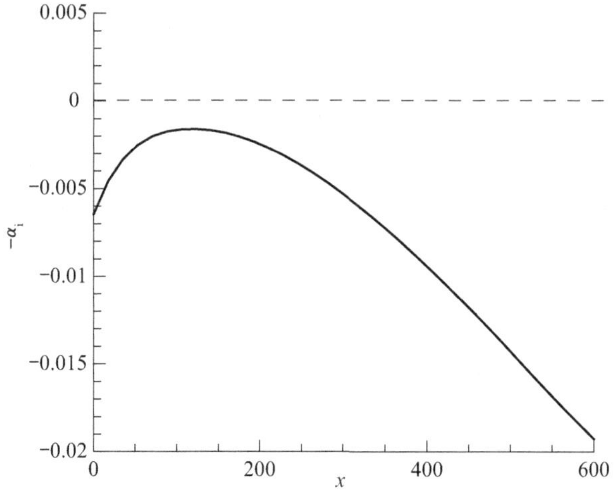

图 3.7.2 频率 $\omega = 0.06825238$ 的二维小扰动的放大率沿流向的变化

引入更多的其他频率的 T-S 波，并将它们在频率、雷诺数平面上对应于放大率为 0 的点都标出来，就得到了中性曲线，如图 3.7.3 中实线所示(其中无量纲频率$F=2\pi f^* \nu_e^* / u_e^* \times 10^6$，其中 f^* 为有量纲频率)。图中的虚线为用线性稳定性理论 LST 得到的中性曲线。

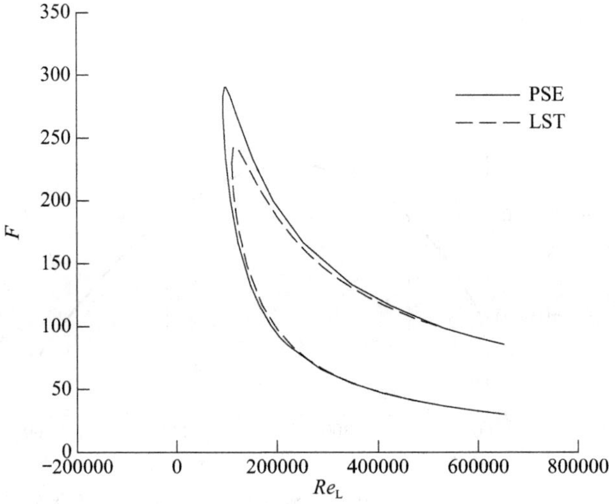

图 3.7.3　马赫数为 0.3 的边界层中二维扰动的中性曲线

对比两种方法得到的中性曲线可以看出，二者在小雷诺数处存在差别，随着雷诺数的增大，二者逐渐趋于一致，在大雷诺数处则几乎完全重合。用线性 PSE 得到的临界雷诺数要小于线性稳定性理论的结果，且在临界雷诺数附近，用线性 PSE 所得的不稳定扰动的频率范围更大。在大雷诺数处两条曲线几乎完全一致的原因是此时非平行性的影响已经很小。这是因为平板边界层厚度与到前缘距离的 1/2 次方成正比($\delta \sim x^{1/2}$)，大雷诺数处边界层厚度沿流向的变化很小($\mathrm{d}\delta/\mathrm{d}x \sim x^{-1/2}$，当 x 很大时，$\mathrm{d}\delta/\mathrm{d}x$ 趋近于 0)，因而流动接近于平行。

上述结论与人们用实验、理论和计算的方法(Schubauer 和 Skramstad、Gaster[1]、于秀阳和周恒[11]、Herbert[5]、Bertolotti 等[3]、Ross 等、Strazisar 等、Kachanov 等[10])研究非平行性对不可压缩边界层中性曲线的影响时所得结论相同(图 3.1.2)。

现在来看超声速平板边界层的情况。

马赫数 $M=4.5$，自由来流温度 255.7K，普朗特数 $Pr=0.72$，壁面取无滑移条件和定温条件，温度 $T_w^*=1125.2$K。基本流由平板二维 Blasius 相似性解给出，引入 T-S 波处的雷诺数 $Re_0=349$。

引入频率 $\omega=0.1977932$ 的二维 T-S 波，其相应的流向波数 $\alpha=0.216862+0.003333925\mathrm{i}$。图 3.7.4 显示了线性 PSE 计算得到的该频率扰动的放大率($-\alpha_i$)沿流向的变化情况。和前面亚声速情况相似，在前一段放大率小于 0，中间有一段放大率大于 0,后一段又小于 0。放大率等于 0 的点的位置对应于 $x_1=111.7$ 和 $x_2=199.6$,相应的当地雷诺数 Re_L 分别为 160888 和 191594。因此,可得中性曲线上的两个点,分别位于中性曲线的第一分支和第二分支上。

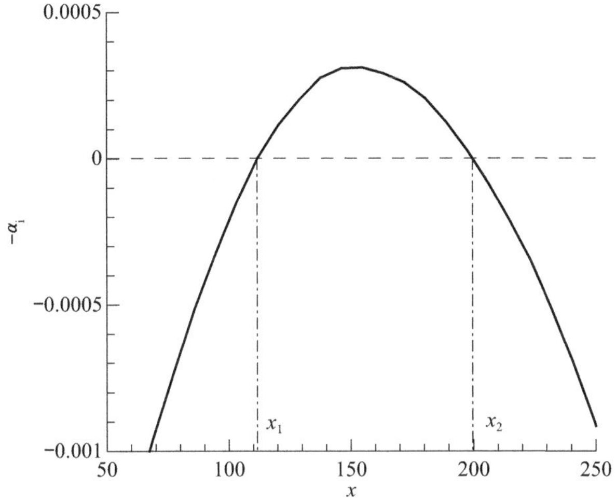

图 3.7.4　频率 $\omega=0.1977932$ 的小扰动的放大率沿流向的变化

引入不同频率的 T-S 波,将用上述方法得到的中性点都在频率、雷诺数平面上表示出来,就得到了马赫数为 4.5 的第二模态 T-S 波的中性曲线,如图 3.7.5 中实线所示。图 3.7.5 中虚线为用线性稳定性理论得到的中性曲线。

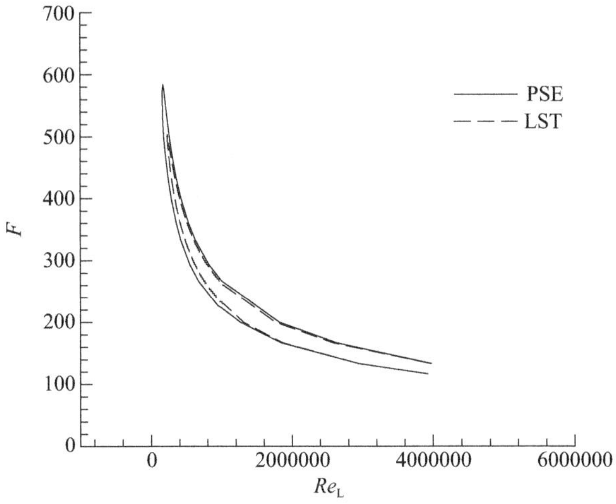

图 3.7.5　马赫数为 4.5 的边界层中第二模态二维 T-S 波的中性曲线

对比两种方法得到的中性曲线可以看出，结果与亚声速情况类似，两条中性曲线在小雷诺数处存在差别，随着雷诺数的增大，二者逐渐趋于一致，在大雷诺数处则几乎完全重合。线性 PSE 得到的临界雷诺数要小于线性稳定性理论的结果，在临界雷诺数处，线性 PSE 得到的增长扰动的频率范围更大。

3.8 非线性 PSE 在超声速边界层二次失稳问题研究中的应用

在实验中发现，对不可压缩平板边界层来说，开始为二维的小扰动如果因线性不稳定性而放大，当其幅值大到一定程度后，总会激发出三维扰动。这是转捩不可避免的一个过程。首先从实验上发现这一现象的是 Klebanoff，而从理论上对此提出计算模型的有 Herbert[12] 的二次失稳机制、Craik 的三波共振机制。Saric 等[13] 从实验上证实了这两种机制的存在。而实际哪种机制起作用则取决于初始扰动的幅值。

二次失稳的机制可简述如下。首先，平板边界层的基本流中存在不稳定的二维波。基本流是定常的，而二维波和基本流则一起形成了一个周期性的流场，它在时间上是周期的，而空间上在局部平行化的近似下也是周期性。当二维扰动的幅值增长到一定大小时，这个周期性的流场对于某个三维扰动会产生一种新的不稳定机制，而这个三维波的频率和波长必须和二维波的频率和波长有一定的关系。假设这个三维波的幅值比二维波小很多，以至于可以用某种线性稳定性机制来解释，这就是一种二次失稳机制。

人们自然会想到这一机制对超声速边界层是否起作用。目前，这方面的工作还很少。Maslov 所做的实验是其中之一，他在转捩过程中发现了亚谐波，但这只是用热线风速仪测量到了亚谐信号，很难确定它就是由二次失稳产生的。另一个就是董亚妮和周恒[14] 所作的数值研究。他们通过 DNS 证实了当基本扰动是第二模态 T-S 波时二次失稳机制存在，并且找到了亚谐波的增长率随其展向波数和二维基本波幅值的变化关系。但是 DNS 耗时太多，研究的算例很有限，所以董亚妮和周恒没有给出能产生不稳定亚谐波的基本波的门限值，也没有研究基本波是第一模态二维 T-S 波时的二次失稳问题。

由于 PSE 方法对于只有几个波的非线性稳定性问题的计算工作量远小于 DNS，自然要考虑其在超声速边界层二次失稳问题中的应用，张永明和周恒[15] 做了这方面的工作，下面做详细介绍。

首先考虑二维基本扰动为第一模态 T-S 波的情况。

取马赫数 $M=4.5$，自由来流温度 255.7K，普朗特数 $Pr=0.72$，壁面取无滑移和等温条件，温度 $T_w^*=1125.2$K。基本流由 Blasius 相似性解给定。在以当地边界层排移厚度为长度参考量的雷诺数 $Re_0=10471$ 处引入扰动，按二次失稳概念，引入一个幅值相对较大的二维不稳定波和一个幅值很小的三维波。三维波的流向波数和频率都是二维波波数和频率的一半。然后用非线性 PSE 方法研究它们的演化，重点是看三维波的失稳情况。在非线性 PSE 式(3.4.3)中，取 $m=-7\sim7$、$n=-3\sim3$。二维基本扰动的阶数为(2,0)，三维亚谐波的阶数则为(1,1)。

实际引入的二维和三维波的具体参数如下。二维波为第一模态 T-S 波，其频率 $\omega_{2d}=0.0533$，由线性稳定性方法可求得其流向波数和形状函数。流向波数的实部 $\alpha_{2d}=0.0642$，幅值 A_{2d}选择参考不可压缩情况中二次失稳的例子，取为 1%量级的几个不同的值。三维波的频率和流向波数应是二维波的一半，因此 $\omega_{3d}=0.0267$，流向波数实部 $\alpha_{3d}=0.0321$。其形状函数则可以是 y 的任意函数，反映客观上可能存在任意形状的扰动，但要满足相同的边界条件。三维波的初始幅值 A_{3d}为 0.01%，比二维波的小两个量级。需要指出的是，相同频率和流向波数的三维 T-S 波都是快速衰减的。例如，展向波数为 $\beta=0.2327$ 时，其流向波数实部 $\alpha_{3d}=0.0428$，增长率为-0.0431。

PSE 方法的计算域在法向为 $y_1=343.80$，共 200 个网格，其中边界层内约 90 个网格，流向步长 $\Delta x=4.2974$。先取 $A_{2d}=1.2\%$。

图 3.8.1 给出了三维波的形状函数沿流向的变化。从入口至 $x=430$ 处，剖面形状有变化，$|\tilde{u}_{11}|$最大值的位置从 $y=5.8$ 变到了 $y=5.3$，再向下游则不再变化。这是因为在入口处引入的三维波并不是由线性稳定性理论求得的。然而，从图 3.8.2 和图 3.8.3 中幅值和增长率的变化中可以发现，实际在入口下游不远处(约在 $x=150$ 处)就已完成了其调整，只是没有留存更多的剖面做比较。图 3.8.2 给出了 $y=5.3$ 处三维波的幅值沿流向的变化，从入口至 $x=430$ 处，幅值经过了快速的调整，其后则缓慢增长。图 3.8.3 则给出了三维波在 $y=5.3$ 处幅值增长率沿流向的变化，而增长率 $\sigma(x)$是由 $y=5.3$ 处的幅值按下式反推得到的：

$$|\tilde{u}_{11}|_{y=5.3}(x)=|\tilde{u}_{11}|_{y=5.3,x=0}\cdot e^{\int_0^x\sigma(x)\mathrm{d}x} \tag{3.8.1}$$

总之，三维扰动的剖面形状、幅值和增长率都在入口附近进行了调整，此后则可以稳定地测量其增长率。对于本算例来说，$x=860$ 处的增长率 $\sigma=3.927\times10^{-5}$，也就是说，在超声速边界层中发现了不稳定的三维亚谐($\sigma>0$)，而相同频率及展向波数的 T-S 波则是衰减的。从而证实了二次失稳机制在起作用。

为了确定所得的亚谐波增长率是可靠的，A_{3d}取了三个不同的值，即 0.01%、0.001%和 0.0001%，其他参数不变，所得三维波的幅值和增长率的变化情况分别见图 3.8.4(a)和(b)。三个扰动的幅值在量级上彼此不同，但其增长率完全一致，从而证实了所得的三维波增长率是可靠的。

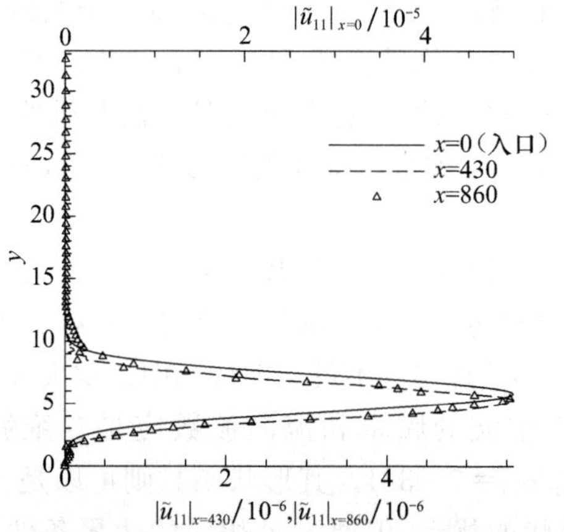

图 3.8.1　入口下游 $x=0$、430、860 处三维亚谐波的剖面 $|u_{11}|$

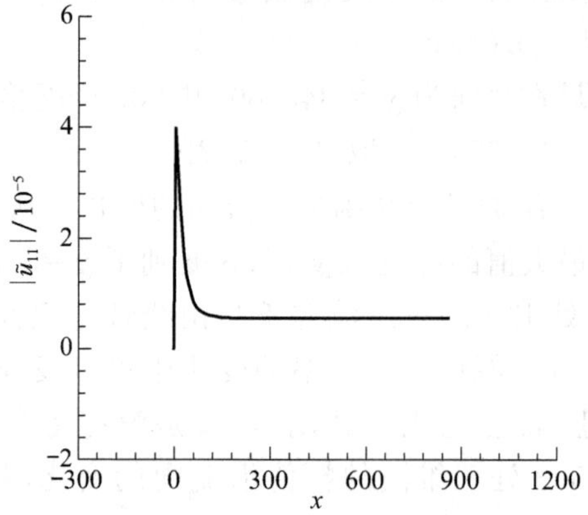

图 3.8.2　$y=5.3$ 处三维波幅值

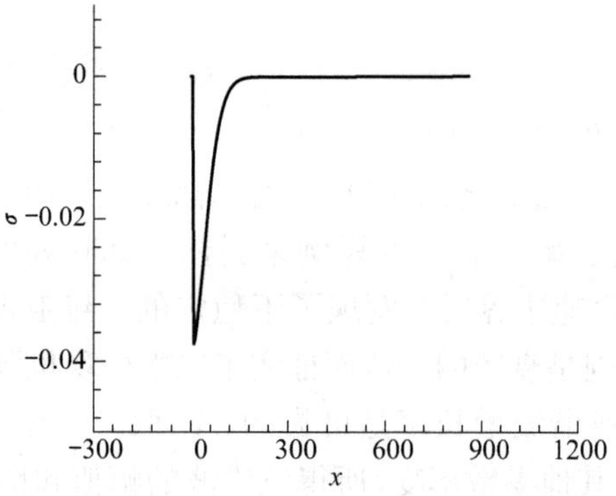

图 3.8.3　$y=5.3$ 处三维波幅值增长率

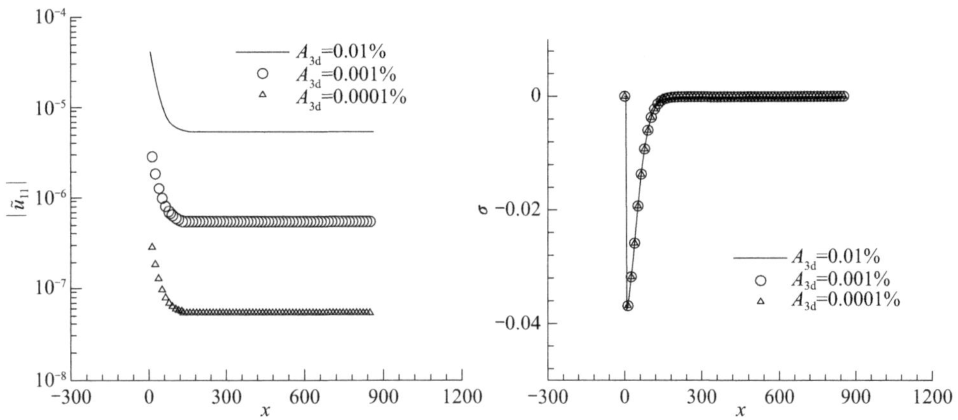

（a）幅值沿流向的变化　（b）增长率沿流向的变化

图 3.8.4　不同入口幅值亚谐波的幅值和增长率沿流向变化情况

下面研究二维波幅值及三维波展向波数对二次失稳的影响。

对不同的 A_{2d} 和 β 进行计算，结果如图 3.8.5 所示，其中 σ 表示 $x=860$ 处三维波的增长率，A 表示 $x=860$ 处的二维波幅值。

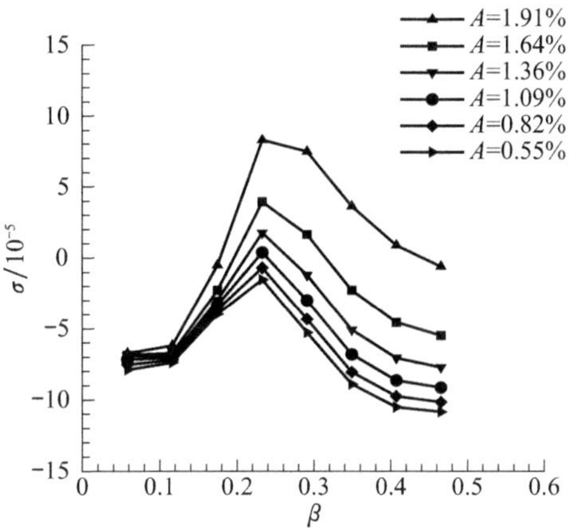

图 3.8.5　不同幅值二维基本波下亚谐波增长率随展向波数的变化

由图 3.8.5 可得到如下结论：

(1) 对于每个 A，σ 的最大值都出现在 $\beta=0.2327$ 处。但要说明的是，β 是间断变化的，图中的曲线只是简单地将相邻结果用直线相连而得到的，所以最大值未必正好出现在 $\beta=0.2327$ 处，但也应该是与其相差不多的某个值。但无论如何，这反映了二次失稳机制对不稳定波的波数有选择性。

(2) 随着 A 增大，σ 的最大值也增大。

(3) 只有当 $A\geqslant 1.09\%$时，才会出现不稳定的三维波。上述内容与不可压缩边界层中由二次失稳理论所得的结果一致。

(4) 对于所取的最大幅值,即 $A=1.91\%$,其最大增长率为 8.23×10^{-5},远小于最不稳定的第二模态二维 T-S 波的增长率 5.25×10^{-3}($x=860$ 处的增长率,用入口处特征长度 $l_0^*=\sqrt{\nu_e^* x_0^*/u_e^*}$ 无量纲化)。这与所选择的二维波的频率有关。对不同的二维波,由二次失稳导致的三维波增长率是不同的。

然后考虑二维基本扰动为第二模态 T-S 波的情况。

取马赫数 $M=4.5$,自由来流温度 255.7K,普朗特数 $Pr=0.72$,入口雷诺数 $Re_0=10471$。壁面取无滑移和等温条件,温度 $T_w^*=1125.2\text{K}$。基本流由 Blasius 相似性解给定。法向计算域 $y_1=257.84$,共 250 个网格,其中边界层内约 110 个网格。流向步长 $\Delta x=0.8595$。计算域入口处引入一个二维 T-S 波和一个三维波。实际计算中,对非线性 PSE 式(3.4.3)取 $m=-7\sim7$,$n=-3\sim3$。为方便起见,二维基本扰动取为阶数(2,0)的波,三维亚谐波则取为阶数(1,1)的波。二维波是增长率不大的第二模态 T-S 波,其频率 $\omega_{2d}=0.2791$,流向波数 $\alpha_{2d}=0.3145$,其形状函数由线性稳定性理论中的 Orr-Sommerfeld 方程得出。三维波的频率和波数都是二维波的一半,即 $\omega_{3d}=0.1396$,$\alpha_{3d}=0.1572$,其形状函数可以是 y 的任意函数,但要满足相同的边界条件。二维波的初始幅值 A_{2d} 选取了 1%量级的几个不同的值,三维波的初始幅值 A_{3d} 为 0.01%。和上例相同,相同频率和流向波数的三维 T-S 波都是衰减的。例如,展向波数 $\beta=0.3490$ 时,其流向波数 $\alpha_{3d}=0.1522$,增长率为 -0.0045。

对亚谐波增长率的可靠性进行检验的方法与前面亚声速情况一样。A_{3d} 取三个不同的值,即 0.01%、0.001% 和 0.0001%,$A_{2d}=0.1\%$,$\beta=0.6981$。图 3.8.6(a)和(b)分别给出了 $y=9.5$ 处三维波的幅值和增长率变化情况,其中增长率 $\sigma(x)$ 是由 $y=9.5$ 处的幅值按下式反推得到的:

$$|\tilde{u}_{11}|_{y=9.5}(x)=|\tilde{u}_{11}|_{y=9.5,x=0}\cdot e^{\int_0^x\sigma(x)\mathrm{d}x} \tag{3.8.2}$$

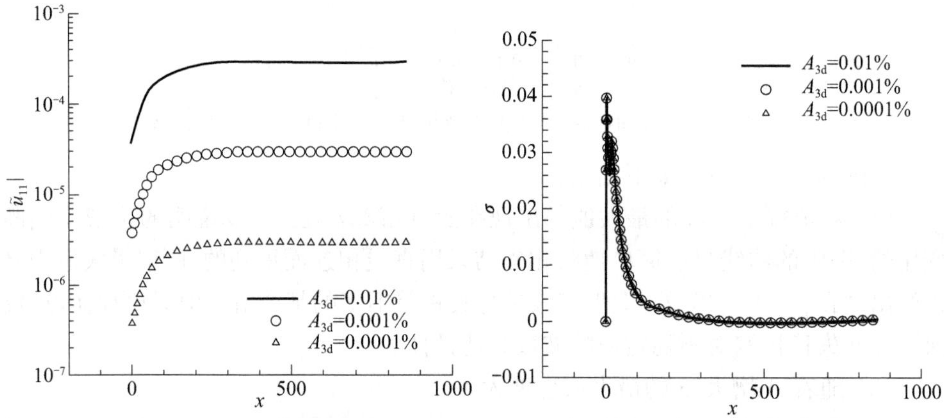

(a) 幅值沿流向的变化　　(b) 增长率沿流向的变化

图 3.8.6　不同入口幅值亚谐波的幅值和增长率沿流向变化情况

与上一个算例的结果类似，三个增长率完全一致，这就证明对三维波来说是线性问题。此外，由图 3.8.6 还可以看出，三维扰动的幅值和增长率都在入口附近进行了快速调整，在 $x=400$ 后则可以稳定地测量其增长率。

下面研究二次失稳的定量规律。

取不同的 A_{2d} 和 β 进行计算，结果如图 3.8.7 所示，其中 σ 表示 $x=455$ 处的三维波的增长率，A 表示该处二维波的幅值。

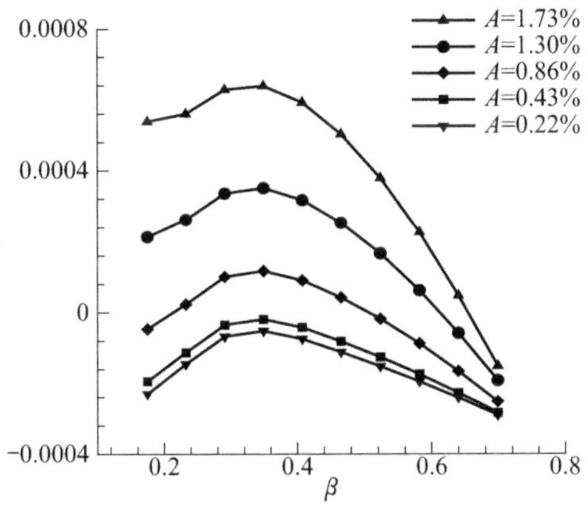

图 3.8.7　不同幅值二维基本波下亚谐波增长率随展向波数的变化

由图 3.8.7 可得到如下结论：

(1) 在 A 和 β 取某些数值时，不稳定的三维亚谐波确实存在，因此对于第二模态的基本波来说，二次失稳机制也起作用。

(2) 随着 β 的变化，增长率 σ 也会出现最大值，且都在 $\beta=0.3490$ 附近。

(3) 随着 A 的增大，σ 的最大值也会增大。

(4) 只有当 $A\geqslant 0.86\%$ 时，才会出现不稳定的三维波。对于小于该门限的 A，三维波是衰减的。

(5) 对于所取的最大幅值，即 $A=1.73\%$，其最大增长率为 6.388×10^{-4}，仍小于最不稳定的第二模态二维 T-S 波的增长率 5.34×10^{-3}（$x=455$ 处的增长率，用入口处特征长度 $l_0^*=\sqrt{\nu_e^* x_0^*/u_e^*}$ 无量纲化）。

上述两种情况的结果与不可压缩边界层二次失稳的实验（Thomas）、理论（Herbert）和计算（Spalart 和 Yang）结果定性相似。但对于可压缩边界层来说，目前还没有具体的实验结果可以与我们的结果进行对比。虽然 Maslov 曾在转捩实验中测得亚谐信号，但是并没有给出可靠的定量数据，而且尚不能确定测得的信号就是来自二次失稳产生的三维波。

3.9　非线性PSE在边界层转捩问题研究中的应用

DNS方法是研究边界层转捩问题的有效工具，但其计算工作量很大。要计算一个完整的转捩过程，即使在“天河”超级计算机上，用200个CPU做并行计算，也要好几个星期。特别是，如果初始扰动的幅值较小、层流段较长，耗时会更长。

然而，如果初始扰动数目不多，且其频率和展向波数有公约数，则至少在计算层流段时，用PSE方法可以给出和DNS相近的结果。问题是，当DNS结果显示出转捩过程已开始时，PSE的结果会有什么反应，张永明和周恒[16]做了这方面的研究，下面具体介绍。

首先比较一个马赫数很小的情况，这应该是近似于不可压缩的情况。

这里仍使用可压缩流的PSE。为了与不可压缩流比较，取马赫数$M=0.02$，自由来流温度300K，普朗特数$Pr=0.72$。壁面取绝热条件和取壁温为300K的结果是一致的。法向计算域$y_1=86.0476$，共300个网格，其中边界层内不少于150个网格。基本流是Blasius相似性解。流向步长$\Delta x=3.4419$。

计算域入口的初始扰动为一个二维T-S波和两个三维T-S波，其参数如表3.9.1所示。本算例中，非线性PSE式(3.4.3)中取$m=-7\sim7$，$n=-3\sim3$。

表3.9.1　初始扰动参数

维度	阶数(m,n)	幅值	α	ω	β
二维波	(2,0)	0.005	0.1447 −0.002031i	0.05282	0.0
三维波	(1,1)	0.00005	0.06410 +0.003784i	0.02641	0.1405
三维波	(1,−1)	0.00005	0.06410 +0.003784i	0.02641	−0.1405

图3.9.1和图3.9.2分别给出了平均壁面摩擦系数C_f和扰动能量e_2沿流向的变化，同时也给出了李宁和罗纪生[17]对不可压缩平板边界层的DNS结果，其初始扰动也是表3.9.1中的扰动。以上摩擦系数和扰动能量的定义为

$$C_f=\tau_w^*/\left(\frac{1}{2}\rho_\infty^* u_\infty^{*2}\right),\quad \tau_w^*=\bar{\mu}^*\left.\frac{\partial\bar{u}^*}{\partial y^*}\right|_w,\quad e_2=\int_0^{L_y}\frac{1}{2}\overline{(u'^2+v'^2+w'^2)}\,dy_\delta \tag{3.9.1}$$

其中，ρ_∞^*为自由来流密度；u_∞^*为自由来流速度；μ^*为黏性系数；y_δ为用入口处边界层位移厚度作特征长度得到的无量纲长度；L_y为计算域法向长度；上标“$*$”表示有量纲的量，上标“$-$”表示平均量，上标“$'$”表示脉动量，下标“w”表示壁面处的

值。而 DNS 所得结果显示，C_f 和 e_2 在 $x=600$ 附近先后开始快速抬升，表明转捩开始。而 PSE 的结果则表明，二者在 $x\approx 520$ 处先后快速抬升。两种方法的结果虽然看起来有一定差别，但实际上差别很小。因为 80 个无量纲长度，只是所引入二维波波长的 2 倍，或约 6 个当地边界层名义厚度。

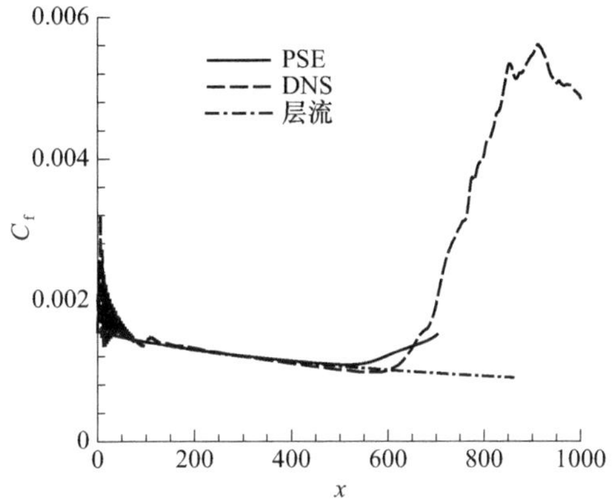

图 3.9.1　平均壁面摩擦系数 C_f

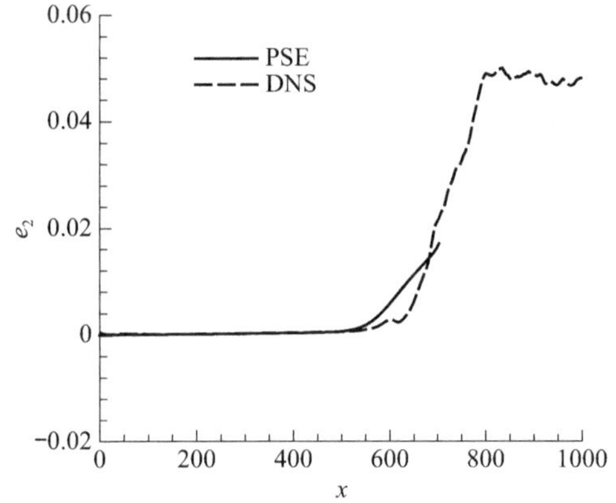

图 3.9.2　扰动能量 e_2

根据第 1 章中所阐明的边界层转捩机理可知，边界层平均流剖面的稳定性特征的改变，是转捩发生的机理所在。因此，下面对 PSE 计算结果中的平均流剖面做稳定性分析。

取 $x=447,482,516,551,585,620,654,688,702$ 九个位置的平均流剖面，其中 $x=447$ 时，无论是壁面摩擦系数还是扰动能量曲线都还没有快速抬升。图 3.9.3 给出了(ω,β)平面内的中性曲线。由于引入的扰动在展向是对称的，不会有展向的平均流，其中性曲线应该对 β 对称，因此仅给出了 $\beta\geqslant 0$ 的一半。中性曲线包围的不稳定区域从 $x=551$ 至 $x=620$ 急剧放大,然后则逐渐缩小,但直至计算发散前仍大于层流剖面,即 $x=447$ 处剖面的不稳定区。

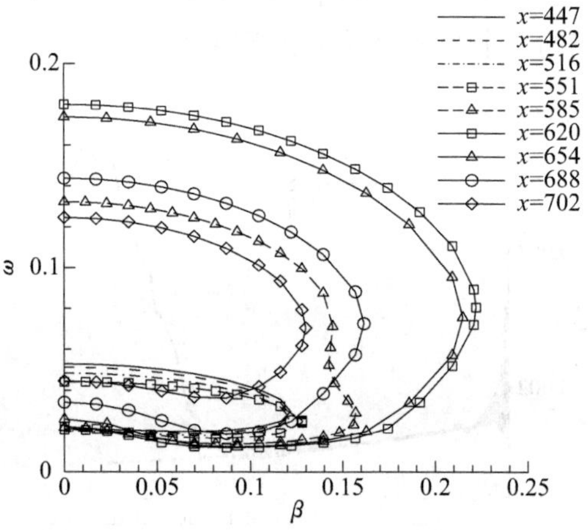

图 3.9.3 $x=447\sim702$ 位置的中性曲线

为了观察由不稳定区放大带来的影响,假设还存在其他的初始扰动,并用线性 PSE 计算其演化。基于修正后的平均流剖面,意味着它们的演化只受平均流修正的影响,并不与其他扰动相互作用。图 3.9.4 给出了入口处的中性曲线和这些扰动的频率和展向波数,它们都在初始时平均流剖面的不稳定区之外。图 3.9.5 给出了扰动放大率 $-\alpha_i$ 的变化。这些扰动在初始层流剖面下都是稳定的。但在修正的平均流剖面下,放大率从 $x=400$ 处迅速增长,从 $x=600$ 处开始变成正数。这表明如果流动中存在符合这些参数的波,breakdown 过程中它们将迅速放大,从而反映了平均流剖面稳定性的变化是 breakdown 的主要机理。

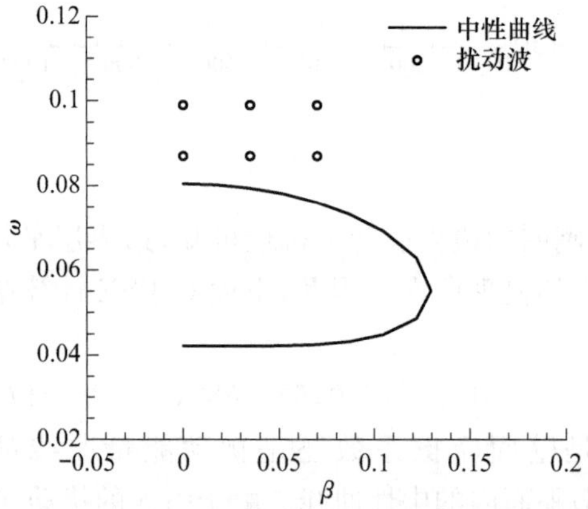

图 3.9.4 入口处 $x=0$ 的中性曲线以及某些扰动波的频率和展向波数

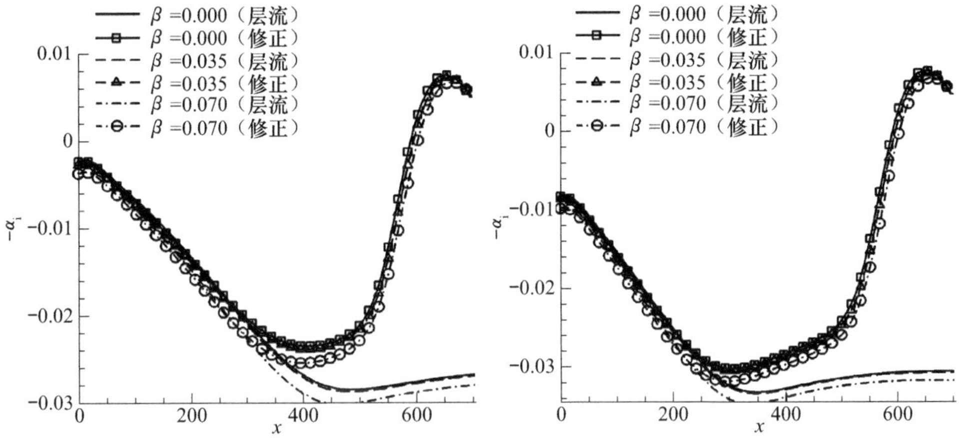

（a）ω=0.087　　（b）ω=0.099

图 3.9.5　线性 PSE 得到的某些扰动波在层流和修正的平均流下的放大率

然后考虑超声速边界层的情况。

遗憾的是，对于超声速边界层小幅值初始扰动引起的转捩，当时没有空间模式 DNS 的结果。但有黄章峰[18]所做的时间模式 DNS。这里选用与其情况 G 相同的参数。取马赫数 $M=4.5$，自由来流温度 226.5K，普朗特数 $Pr=0.72$。壁面处取无滑移和绝热条件。基本流由 Blasius 相似性解给出，计算入口处的雷诺数 $Re_0=1953$。由于时间模式 DNS 在流向用了周期性边界条件，因此 PSE 计算中也用平行基本流。流向步长 $\Delta x=8.7$。法向计算域 $y_1=435.25$，法向共 300 个网格，其中边界层内不少于 100 个网格。计算域入口的初始扰动为一个二维 T-S 波和两个三维 T-S 波，其参数如表 3.9.2 所示。本算例中，非线性 PSE 式(3.4.3)中取 $m=-15\sim15$、$n=-7\sim7$。

表 3.9.2　初始扰动参数

维度	阶数(m,n)	幅值	α	ω	β
二维波	(5,0)	0.0025	0.06881 −0.0001858i	0.05744	0.0
三维波	(5,1)	0.0025	0.06939 −0.0003865i	0.05744	0.03446
三维波	(3,2)	0.0025	0.04421 −0.001331i	0.03446	0.06893

图 3.9.6 和图 3.9.7 分别给出了平均壁面摩擦系数 C_f 和扰动能量 e_2 沿流向的变化，也给出了黄章峰[18]的 DNS 结果。黄章峰的结果虽然是由时间模式 DNS 得到的，但他发现用一个恰当的时间-空间变换，可以将所得的壁面摩擦系数随时

间的变化，转换成沿流向的分布，并和经验公式所给的结果相符。这个变换即$x=ct$，其中$c=0.92$，实际上相当于湍流相干结构的平均传播速度。

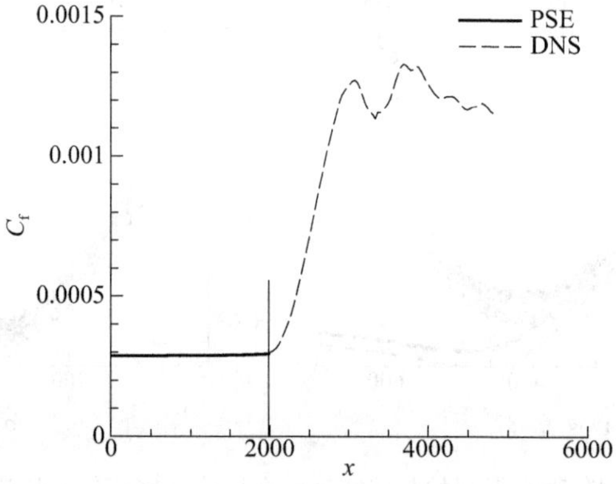

图 3.9.6 平均壁面摩擦系数 C_f

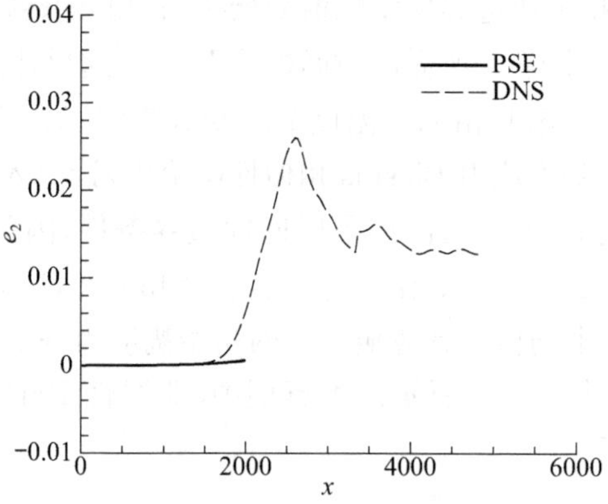

图 3.9.7 扰动能量 e_2

从计算域入口到$x=1985$，PSE 和 DNS 得到的 C_f 曲线是一致的。在$x=1985$处，DNS 得到的曲线开始快速抬升，表示转捩中的 breakdown 开始了，而在同一位置，PSE 计算发散，也可视为转捩的起始点。PSE 和 DNS 得到的扰动能量曲线也有类似的特点，即几乎在 DNS 所得曲线开始快速抬升的同一位置，PSE 计算发散。

对由 PSE 所得的$x=1393$，1567，1741，1915，1985 五个位置的修正后的平均流剖面作线性稳定性分析。图 3.9.8 和图 3.9.9 分别给出了(ω,β)平面内第一和第二模态的中性曲线。第一模态中性曲线包围的不稳定区域急剧放大，而第二模态不稳定区域则无明显变化。前者和黄章峰等[19]所发现的在转捩的 breakdown 过程中第一模态波在波数空间内的不稳定区会快速扩大是一致的。而第二模态不稳定区无明显变化，虽然和黄章峰等发现的会缩小乃至消失不完全相似，但第二模态波不起主要作用则是一致的。

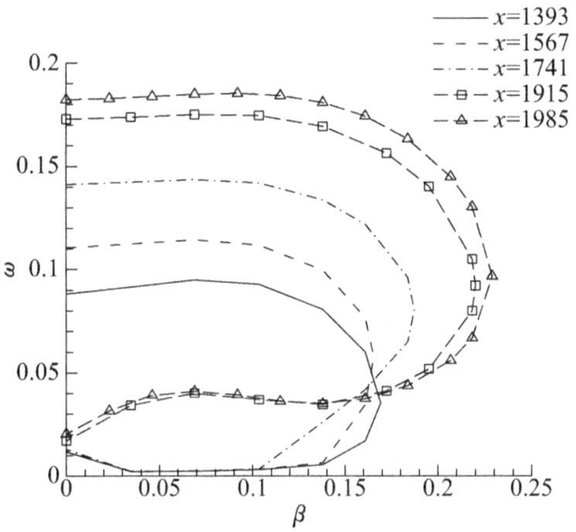

图 3.9.8　第一模态的中性曲线

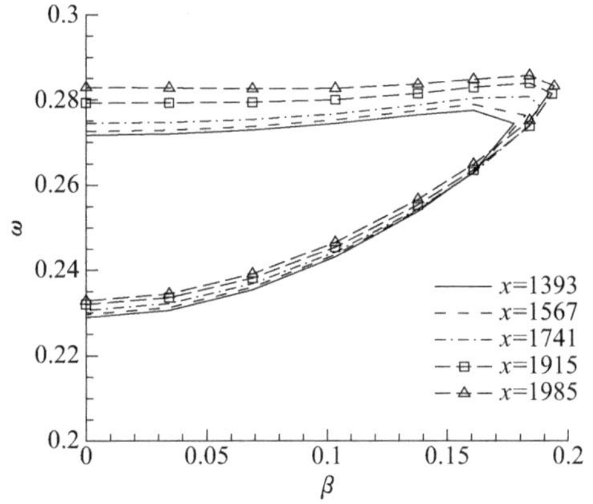

图 3.9.9　第二模态的中性曲线

为了观察由第一模态不稳定区放大带来的影响，假设还存在其他的初始扰动，并用线性 PSE 计算它们在修正平均流剖面下的演化。图 3.9.10 给出了入口处的第一模态中性曲线和这些扰动的频率和展向波数，初始时它们都在第一模态不稳定区之外。图 3.9.11 给出了这些波扰动放大率 $-\alpha_i$ 的变化。放大率约从 $x\approx 1100$ 处迅速增长，从 $x\approx 1600$ 处开始变成正数。这表明如果流动中存在符合这些参数的波，在 breakdown 过程中它们将迅速放大，从而反映了平均流剖面稳定性特征的变化有利于第一模态波的增长，这正是 breakdown 的主要机理。

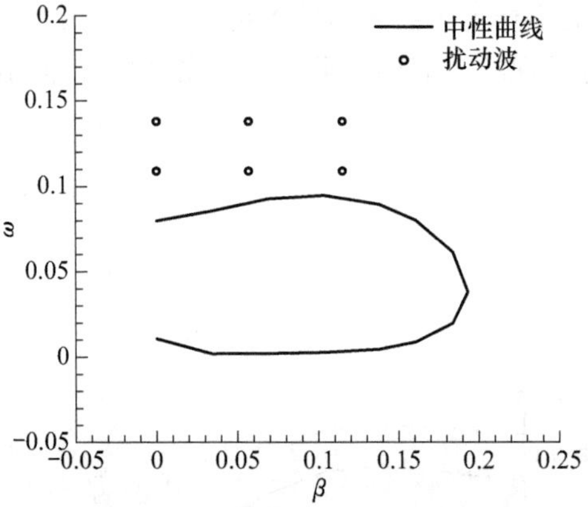

图 3.9.10　入口处 $x=0$ 的第一模态中性曲线以及某些扰动波的频率和展向波数

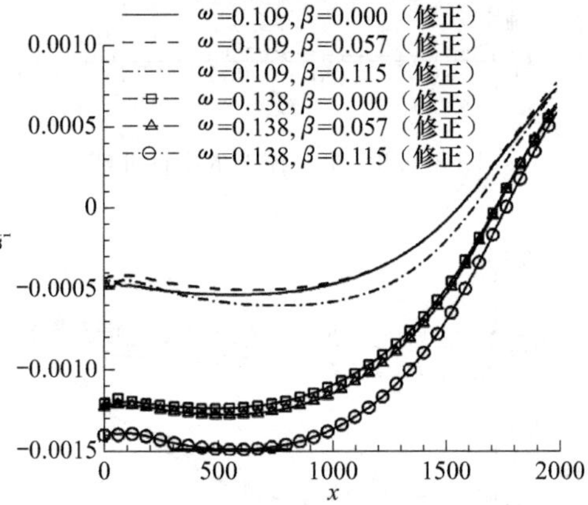

图 3.9.11　线性 PSE 得到的某些扰动波在修正后的平均流下的放大率

3.10　计算可压缩边界层转捩及湍流的新方法——PSE+DNS*

可压缩边界层的转捩预测及湍流计算，对很多工程和技术问题，特别是飞行器设计，是非常重要的。超声速边界层的转捩及湍流的实验很难做且费用高，而又无法得到比较详尽的数据。因此，用 DNS 提供的数据作为检验理论研究和工程计算方法的参考，是目前唯一可行的方法。

但对于某些问题，DNS 花费也很高，如从小扰动开始的转捩，因为这时需要一

---

* 本节内容是与天津大学力学系董明合作完成的。

个在流向很长的计算域。对于这样的问题,寻找一个能大大减少计算量的方法就很有必要。

自然转捩可分为以下四个阶段:①外界的扰动,在感受性(receptivity)机理的作用下,会在边界层中引发相应的扰动波。对在高空飞行的飞行器来说,这种外界扰动的幅值一般很小,产生的边界层内扰动的初始幅值也就很小,在0.01%量级。此时扰动的演化遵循线性稳定性理论。②如果小扰动逐渐放大,非线性作用将逐渐起到越来越重要的作用,越来越多的谐波将产生,平均流剖面逐渐变化。但在这个阶段剖面的变化非常缓慢。③当平均流剖面的变化导致其线性稳定性特征发生显著变化时,从层流到湍流的转捩过程开始。④转捩完成后,流动变为湍流。图3.10.1是从层流到湍流转捩的示意图,图中(a)~(d)分别对应自然转捩过程中的四个阶段,A点与B点分别为转捩阶段的起止点。

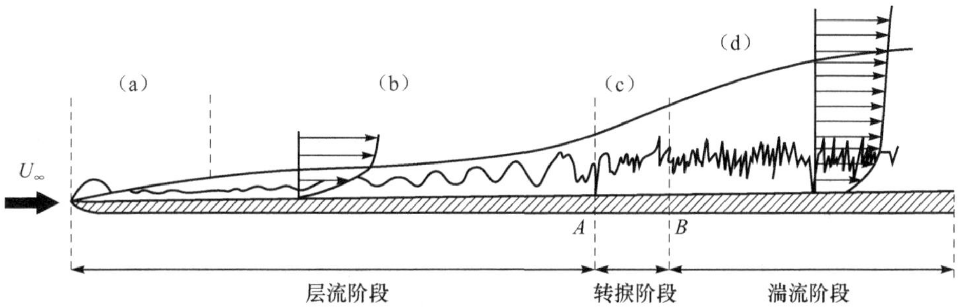

图3.10.1 边界层问题示意图

用DNS方法计算上述过程,要在计算域入口处引入小扰动。原则上整个转捩过程都可以模拟。但是,如果扰动的初始幅值很小,流向计算域就要很长,这就需要用功能很强的计算机,否则这么大的计算量是承受不了的。

张永明和周恒[8]曾用PSE方法对可压缩边界层中的扰动演化做了计算,其结果与DNS所得一致,证实了PSE方法的结果是可靠的。之后,张永明和周恒[16]又用PSE方法的结果进行了转捩预测,结果同样和用DNS所得结果吻合得很好。这启发我们也许可以用下述方法计算整个转捩过程:先用PSE计算转捩中breakdown过程开始前的整个层流阶段,再将在PSE末端所得扰动作为后续的空间模式DNS入口处的输入,以期直接进入breakdown阶段,且整个层流到湍流的转捩过程及此后的湍流与只用DNS方法所得的吻合。董明等[20]做了这方面的研究,下面做具体介绍。

在PSE末端的扰动包含很多不同频率及波数的波,但它们都是已知的,所以将它们用作DNS的入口条件是很容易的。DNS的具体方法参见文献[21]。通常,DNS在展向使用周期性边界条件。为了符合这一条件,在PSE计算中扰动也应满足同样的周期性。PSE 中初始扰动的展向波数的公倍数不应比初始扰动的波数中最大的大太多,否则计算量将大很多。为了便于将 PSE 结果传递给 DNS,本节不再使用式(3.2.4)的特征长度,而是使用计算域入口处边界层排移厚度作为特征长度。

下面将 PSE+DNS 方法分别用于超声速和亚声速两种情况,并将结果与只用 DNS 方法的结果做对比。

首先看超声速的情况。

来流马赫数为 4.5,以来流速度、密度和黏性系数,以及计算域入口处边界层排移厚度定义的雷诺数为 17000,壁面取绝热条件。遗憾的是,由于计算量太大,目前没有从小扰动开始的转捩的空间模式 DNS 的结果,所以只好取黄章峰[18]的时间模式 DNS 的结果作为对比的标准。为了将时间模式 DNS 的结果与空间模式 DNS 进行比较,需要做一个时空变换。张永明和周恒[16]发现,如果以形如 $x=0.92t$ 的变换,用 PSE 方法预测的转捩位置将与黄章峰的结果吻合得很好,其中 0.92 是初始扰动的平均相速度,x 是到 PSE 计算域入口的距离,t 是从时间模式 DNS 开始所流逝的时间。黄章峰[18]的计算域为 $L_x \times L_y \times L_z = 31.4\times 40\times 20.1$,计算网格点数为 $N_x\times N_y\times N_z = 128\times 256\times 128$,流向与展向均为均匀网格,法向为变间距网格,$\Delta y_w^+ = 0.38$。这里,$L_x$、$L_y$、$L_z$ 是以初始时刻的层流边界层排移厚度为特征量的无量纲长度,Δy_w^+ 是以壁面单位为特征量的壁面处法向无量纲网格宽度。

PSE 的基本流是来流马赫数为 4.5、采用绝热壁面条件的相似性解,在 PSE 计算的开始处边界层的雷诺数与黄章峰[18]的相同,即 17000。初始扰动与黄章峰[18]DNS 中所用的相同,即三个小幅值的 T-S,其参数见表 3.10.1。作为入口条件,它们都只是 y,z,t 的函数,流向波数实际上并不显式出现。法向网格点数 $N_y=301$,流向步长 $\Delta x=1$。非线性 PSE 式(3.4.3)中模数取 $m=-15\sim15$、$n=-7\sim7$,这样就把基本波的三次谐波都包含在内了。

表 3.10.1 超声速算例的初始扰动参数

扰动	幅值	流向波数 α_r	流向增长率 $-\alpha_i$	展向波数 β	频率 ω
Ⅰ	0.005	0.599	0.00162	0.0	0.5
Ⅱ	0.005	0.604	0.00336	0.3	0.5
Ⅲ	0.005	0.385	0.0116	0.6	0.3

在层流阶段,摩擦系数 C_f 缓慢下降,直至 $x=228$ 处计算发散。PSE 计算发散表示层流到湍流的转捩中的 breakdown 开始了。这一段如果用 DNS 计算,所需计算时间要增加将近 200 倍。在 $x>228$ 处,PSE 方法失效,所以改用 DNS 方法。这里选取 $x=227$ 处为空间模式 DNS 计算域的入口。

对应于 m(从 −15 到 15)和 n(从 −7 到 7)的范围,PSE 中共有 465 个波,所以在空间模式 DNS 的入口处也有相同数目的波。图 3.10.2 给出了在 $x=227$ 处各个波的幅值在模数空间(m,n)中的分布。可以看出,有些波幅值很小。因此,也许可以在 DNS 计算的入口条件中略去一些波。但这样做并没有带来太多好处,因为靠减少入口处波的数量而减少的计算量是小到可以忽略不计的,除非能够在一开始就减小 m 和 n 的取值范围,且确有把握不影响最后的结果,才能在 PSE 计算中减少一些计算量。但目前无法给出这样做的具体方法。

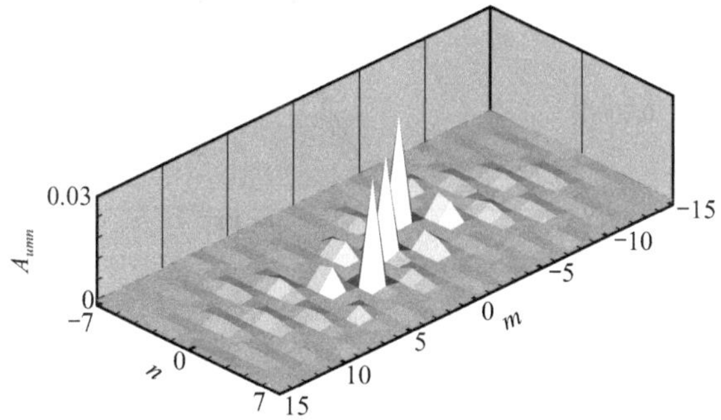

图 3.10.2 PSE 得到所有波的幅值

图 3.10.2 所示的波中,幅值最大的为(0,0)、(3,2)与(−3,−2)模的波。其中,(0,0)模的波为基本流修正,它的模值的法向分布如图 3.10.3(a)所示。(3,2)与(−3,−2)模的波为一对共轭波,它们的模值的分布相同,如图 3.10.3(b)所示。

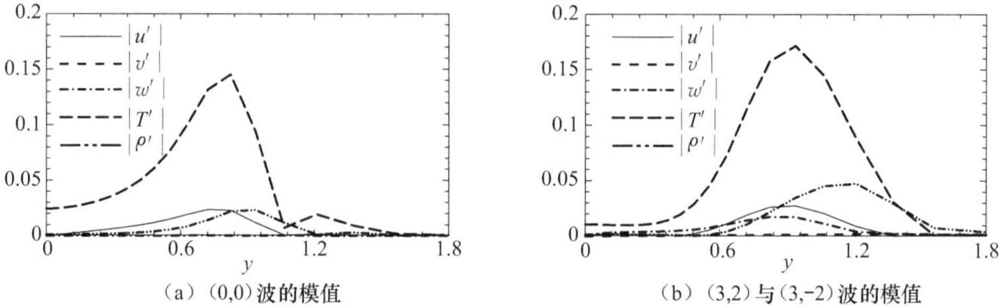

(a) (0,0)波的模值　　(b) (3,2)与(3,−2)波的模值

图 3.10.3 在 $x=227$ 处 PSE 的计算结果

从 $x=227$ 处开始,使用空间模式的 DNS 继续计算。入口条件为层流基本流叠加上 PSE 方法得到的在 $x=227$ 处的全部扰动波,壁面处使用无滑移和绝热条件,上边界条件就是自由来流,展向用周期边界条件。计算域出口处加一个嵌边区以保证波不会反射进计算域。计算域大小为 $L_x \times L_y \times L_z = 315\times 40\times 20.1$,网格点数为 $N_x\times N_y\times N_z=1261\times 56\times 128$。流向与展向均为均匀网格,法向为变间距网格,$\Delta y_w^+$

为 0.36。

将 C_f 曲线与黄章峰[18]所得的对比，如图 3.10.4 所示。正如希望的那样，计算域入口下游很快进入 breakdown 阶段，两段组合的 C_f 曲线与用 DNS 计算整个问题所得的结果吻合得很好。图 3.10.5 与图 3.10.6 分别给出边界层排移厚度与形状因子的分布。可以看出，吻合情况是令人满意的。

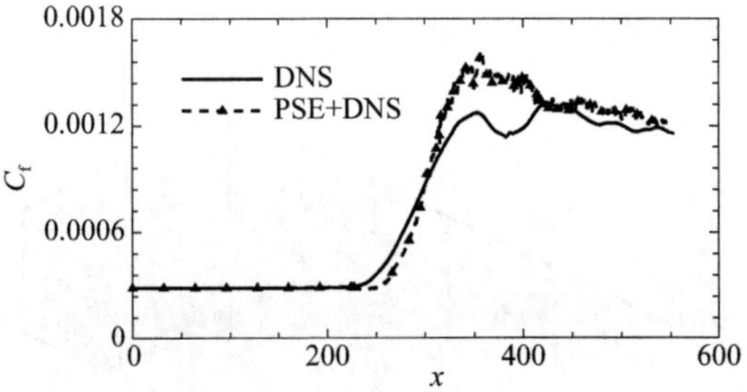

图 3.10.4　C_f 曲线的分布

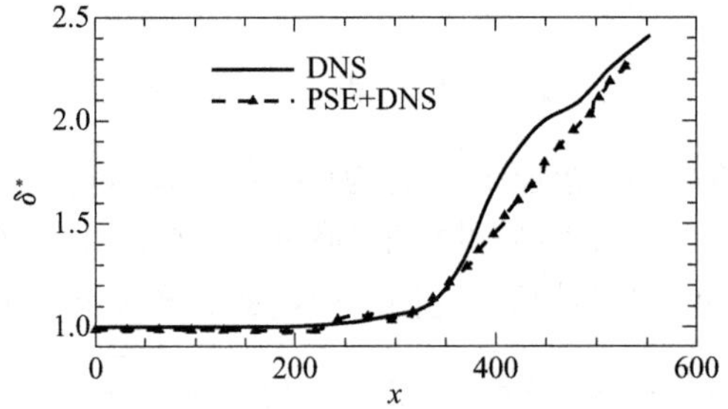

图 3.10.5　排移厚度的分布

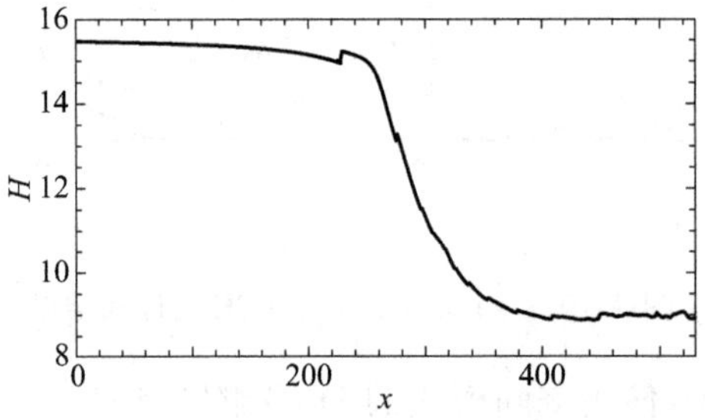

图 3.10.6　形状因子的分布

在湍流区 $x=530$ 处，用此法计算出的亏损速度、温度和密度分布与只用 DNS 方法得到的结果吻合得很好，如图 3.10.7 所示。

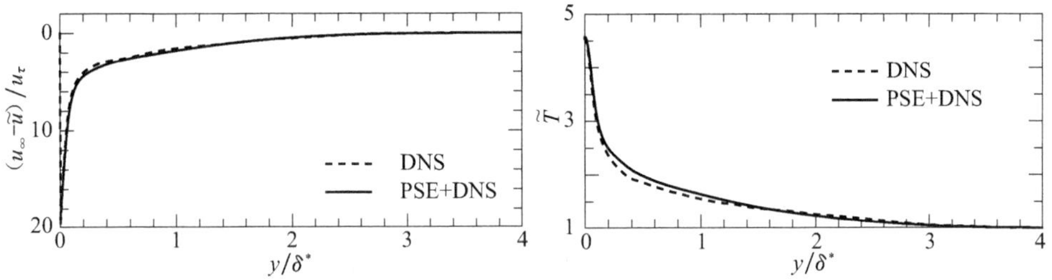

（a）亏损速度

（b）温度

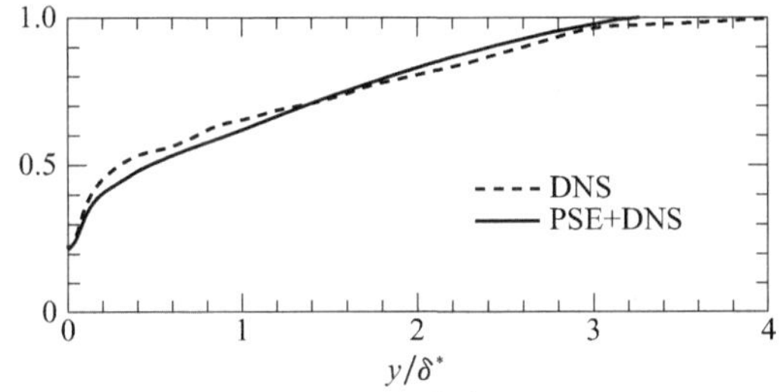

（c）密度

图 3.10.7 湍流区剖面的法向分布

不同流向位置的流向平均速度在 Van Driest 变换以后几乎重合，且均满足不可压缩壁面律，如图 3.10.8 所示。

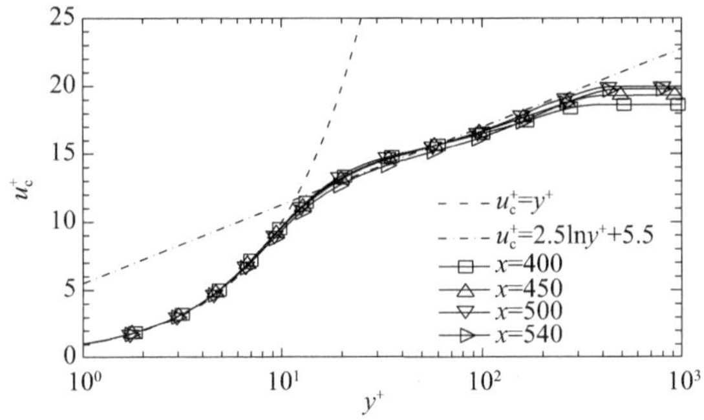

图 3.10.8 流向平均速度壁面律

然后看亚声速的情况。

对于不可压缩平板边界层直至湍流的转捩问题，李宁和罗纪生[17]做过空间模式的 DNS，可以此作为参照来检验本节方法，为了与他们的结果相匹配，这里可压缩流的马赫数取为 0.2。

以来流参数和计算域入口处边界层排移厚度定义的雷诺数为 732。李宁和罗纪生[17]计算域的尺度为 $L_x \times L_y \times L_z = 640 \times 40 \times 26.0$，这些长度单位用入口处层流边界层的排移厚度无量纲化，计算网格点数为 $N_x \times N_y \times N_z = 561 \times 151 \times 128$。

流向与展向均为均匀网格，法向为变间距网格，$\Delta y_w=0.0319$。

与前面超声速测试算例相同，用 PSE 方法计算边界层的层流阶段。法向网格点数 $N_y=301$，流向步长 $\Delta x=2$。入口处引入与李宁和罗纪生[17]相同的 T-S 波，其参数如表 3.10.2 所示。非线性 PSE 式(3.4.3)中取 $m=-7\sim7$、$n=-3\sim3$，这就保证包含了所有基本波的三次谐波。

表 3.10.2　亚声速算例的初始扰动参数

扰动	幅值	流向波数 α_r	流向增长率 $-\alpha_i$	展向波数 β	频率 ω
Ⅰ	0.01	0.249	0.00350	0.0	0.09090
Ⅱ	0.0001	0.110	−0.00651	0.2418	0.04545
Ⅲ	0.0001	0.110	−0.00651	−0.2418	0.04545

用 PSE 方法计算到 $x=306$ 处，C_f 曲线开始快速上升，该处即 breakdown 过程的起始位置。层流阶段 PSE 的计算量又比李宁和罗纪生[17] DNS 的小两个数量级。PSE 方法中共包含了 105 个波。它们在 $x=306$ 处的幅值如图 3.10.9 所示。

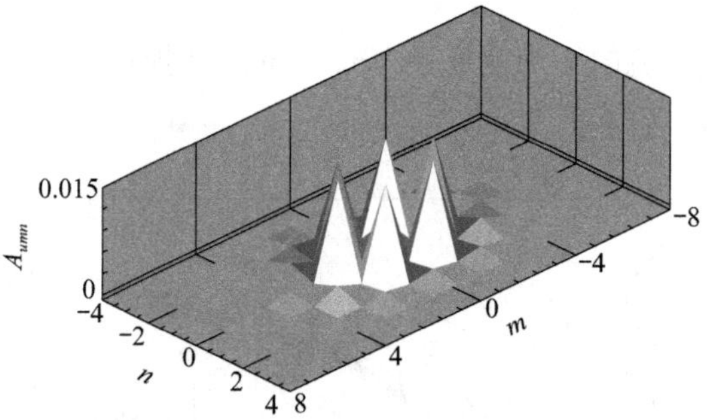

图 3.10.9　PSE 得到所有波的幅值

从 $x=306$ 处开始，用空间模式的 DNS 继续计算。计算域为 $L_x\times L_y\times L_z=334\times40\times26.0$，计算网格点数为 $N_x\times N_y\times N_z=669\times56\times128$，$\Delta y_w$ 为 0.00317。

图 3.10.10 给出了本节计算出的 C_f 曲线与李宁和罗纪生[17]所得结果的对比。又如所希望的那样，在 $x=306$ 处下游，很快就进入 breakdown 过程，且得到的 C_f 曲线与完全用 DNS 得到的结果吻合得很好。图 3.10.11 给出了边界层的形状因子，也吻合得很好。

图 3.10.12 给出了 $x=560$ 处流向平均速度剖面。可以看出，本节的结果与完全用 DNS 得到的结果吻合得很好。图 3.10.13 给出了该处壁面率的分布，这反映出了典型的湍流统计特性。

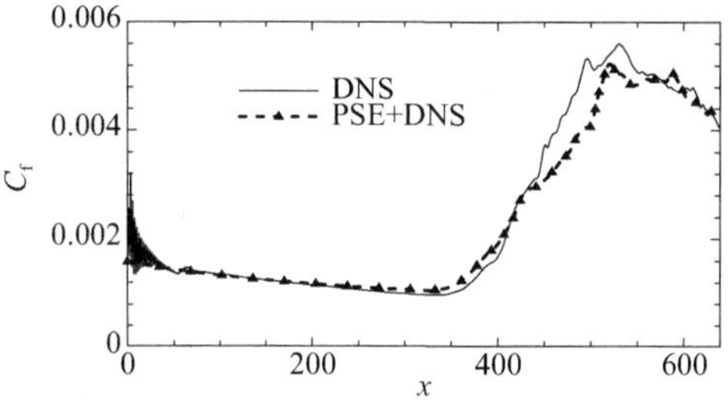

图 3.10.10　C_f 曲线的分布

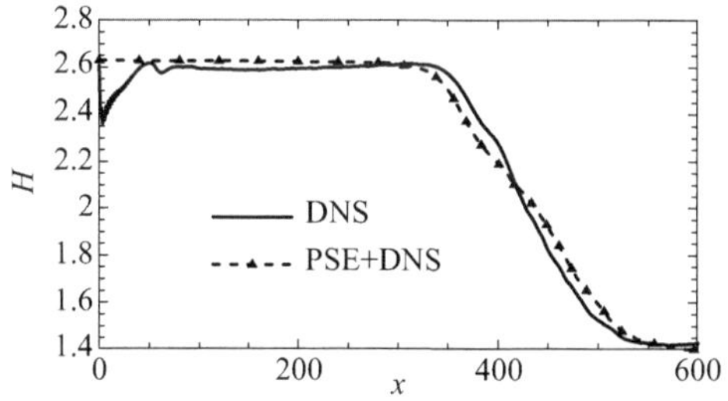

图 3.10.11　形状因子的分布

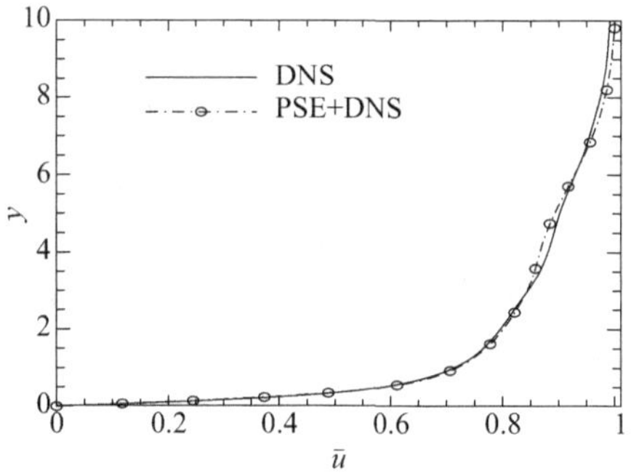

图 3.10.12　流向平均速度的对比

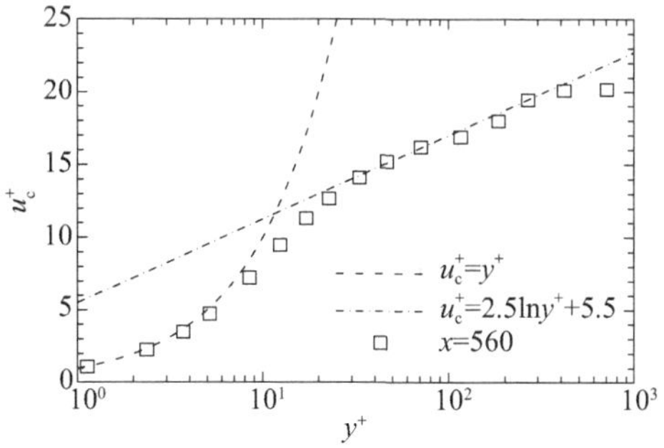

图 3.10.13　壁面率

总结超声速和亚声速两种情况，可得如下结论：

(1) 提出了一种新的计算可压缩边界层转捩和湍流的方法，即 PSE+DNS。该方法尤其适用于从小扰动开始的计算。

(2) 该方法得到的转捩位置、转捩过程及湍流流场都与完全用 DNS 所得的结果一致。

(3) 对于从小扰动开始的转捩，用 PSE 方法在层流阶段的计算量比用 DNS 方法的小两个数量级。对于湍流阶段，由于完全用 DNS 方法必须将层流区包含在内，而新方法则不用，本节方法的计算量明显比完全用 DNS 方法要小得多。

3.11 小　　结

从本章内容看，用 PSE 方法研究扰动的演化，可以得到比线性稳定性理论(也包括在此基础上的弱非线性理论)更好的结果，因为它考虑了边界层非平行性的因素。而其工作量虽然大于应用线性稳定性理论的工作量，但远远小于用 DNS 方法的工作量。而且，它也可以用于研究转捩问题，包括替代一部分 DNS 的工作以减少工作量等。但其应用也受到一定的限制。例如，如果用于研究几个波的非线性演化，则这几个波的波数和频率必须满足一定的关系，如它们应有不太大的公倍数，否则在计算中不能反映它们的相互作用。又如，对基本流为三维流场的情况，到目前为止还无法应用。因此，如何将其应用到更多的情况是值得进一步研究的问题。其中，有些需要有新的思路，如本章提出的预测转捩以及减少对湍流做 DNS(从包含扰动的层流开始直至充分发展湍流)的工作量等；有些也需要改进方法本身，以适应更复杂的情况，如三维边界层中扰动演化问题等。

参考文献

[1] Gaster M. On the effects of boundary-layer growth on flow stability. Journal of Fluid Mechanics, 1974, 66: 465-480

[2] Herbert T, Bertolotti F P. Stability analysis of nonparallel boundary layers. Bulletin of the American Physical Society, 1987, 32: 2079-2086

[3] Bertolotti F P, Herbert T, Spalart P R. Linear and nonlinear stability of the Blasius boundary layer. Journal of Fluid Mechanics, 1992, 242: 441-474

[4] Malik M R, Li F, Choudhari M M, et al. Secondary instability of crossflow vortices and swept-wing boundary-layer transition. Journal of Fluid Mechanics, 1999, 399: 85-115

[5] Herbert T. Parabolized stability equations. Annual Review of Fluid Mechanics, 1997, 29: 245-283

[6] Bertolotti F P, Herbert T. Analysis of the linear stability of compressible boundary layers using the PSE. Theoretical and Computational Fluid Dynamics, 1991, 3(2): 117-124

[7] Chang C L, Malik M R, Erlebacher G, et al. Compressible stability of growing boundary layers using parabolized stability equations. AIAA Paper 91-1636, 1991

[8] 张永明，周恒. 抛物化稳定性方程在可压缩边界层中应用的检验. 应用数学和力学，2007，28(8): 883-893

[9] Li F, Malik M R. On the nature of PSE approximation. Theoretical and Computational Fluid Dynamics, 1996, 8: 253-273

[10] Kachanov Y S, Levchenko V Y. The resonant interaction of disturbances at laminar turbulent transition in a boundary layer. Journal of Fluid Mechanics, 1984, 138: 209-247

[11] 于秀阳，周恒. 平板边界层流的非平行性对流动稳定性的影响. 力学学报，1986，18: 297-306

[12] Herbert T. Secondary instability of plane channel flow to subharmonic three-dimensional disturbances. Physics of Fluids, 1983, 26: 871-874

[13] Saric W S, Kozlov V V, Levchenko V Y. Forced and unforced subharmonic resonance in boundary layer transition. AIAA Paper 84-0007, 1984

[14] 董亚妮，周恒. 二维超声速边界层中三波共振和二次失稳机制的数值模拟研究. 应用数学和力学，2006，27(2): 127-133

[15] 张永明，周恒. PSE 在超声速边界层二次失稳问题中的应用. 应用数学和力学，2008，29(1): 1-7

[16] 张永明，周恒. PSE 在可压缩边界层转捩问题中的应用. 应用数学和力学，2008，29(7): 757-763

[17] 李宁，罗纪生. 不可压平板边界层转捩机理. 航空动力学报，2013，28(4): 743-751

[18] 黄章峰. 超声速边界层从层流到湍流的转捩机理及湍流特性. 天津：天津大学博士学位论文，2006

[19] 黄章峰，曹伟，周恒. 超声速平板边界层转捩中层流突变为湍流的机理——时间模式. 中国科学 G 辑，2005，35(5): 537-547

[20] 董明，张永明，周恒. 计算可压缩边界层转捩及湍流的一种新方法——PSE+DNS. 应用力学和数学，2008，29(12): 1387-1393

[21] 董明. 马赫数为 6 的零攻角钝锥湍流边界层空间演化的直接数值模拟. 第 6 届西北地区计算物理学术会议论文集，汉中，2008: 90-97

附录 A 非线性扰动方程(3.2.15)的系数矩阵和非线性项矢量的元素

$$V_{xx}^{1}=\begin{pmatrix}0 & 0 & 0 & 0 & 0\\ 0 & -\frac{4}{3}\frac{1}{Re_0}\bar{\mu} & 0 & 0 & 0\\ 0 & 0 & -\frac{1}{Re_0}\bar{\mu} & 0 & 0\\ 0 & 0 & 0 & -\frac{1}{Re_0}\bar{\mu} & 0\\ 0 & 0 & 0 & 0 & -\frac{1}{Re_0 Pr}\bar{\mu}\end{pmatrix}$$

$$V_{yy}^{1}=\begin{pmatrix}0 & 0 & 0 & 0 & 0\\ 0 & -\frac{1}{Re_0}\bar{\mu} & 0 & 0 & 0\\ 0 & 0 & -\frac{4}{3}\frac{1}{Re_0}\bar{\mu} & 0 & 0\\ 0 & 0 & 0 & -\frac{1}{Re_0}\bar{\mu} & 0\\ 0 & 0 & 0 & 0 & -\frac{1}{Re_0 Pr}\bar{\mu}\end{pmatrix}$$

$$V_{zz}^{1}=\begin{pmatrix}0 & 0 & 0 & 0 & 0\\ 0 & -\frac{1}{Re_0}\bar{\mu} & 0 & 0 & 0\\ 0 & 0 & -\frac{1}{Re_0}\bar{\mu} & 0 & 0\\ 0 & 0 & 0 & -\frac{4}{3}\frac{1}{Re_0}\bar{\mu} & 0\\ 0 & 0 & 0 & 0 & -\frac{1}{Re_0 Pr}\bar{\mu}\end{pmatrix}$$

$$V_{xy}^1 = \begin{pmatrix} 0 & 0 & 0 & 0 & 0 \\ 0 & 0 & -\frac{1}{3}\frac{1}{Re_0}\bar{\mu} & 0 & 0 \\ 0 & -\frac{1}{3}\frac{1}{Re_0}\bar{\mu} & 0 & 0 & 0 \\ 0 & 0 & 0 & 0 & 0 \\ 0 & 0 & 0 & 0 & 0 \end{pmatrix}$$

$$V_{xz}^1 = \begin{pmatrix} 0 & 0 & 0 & 0 & 0 \\ 0 & 0 & 0 & -\frac{1}{3}\frac{1}{Re_0}\bar{\mu} & 0 \\ 0 & 0 & 0 & 0 & 0 \\ 0 & -\frac{1}{3}\frac{1}{Re_0}\bar{\mu} & 0 & 0 & 0 \\ 0 & 0 & 0 & 0 & 0 \end{pmatrix}$$

$$V_{yz}^1 = \begin{pmatrix} 0 & 0 & 0 & 0 & 0 \\ 0 & 0 & 0 & 0 & 0 \\ 0 & 0 & 0 & -\frac{1}{3}\frac{1}{Re_0}\bar{\mu} & 0 \\ 0 & 0 & -\frac{1}{3}\frac{1}{Re_0}\bar{\mu} & 0 & 0 \\ 0 & 0 & 0 & 0 & 0 \end{pmatrix}$$

$$\Gamma^1 = \begin{pmatrix} 1 & 0 & 0 & 0 & 0 \\ 0 & \bar{\rho} & 0 & 0 & 0 \\ 0 & 0 & \bar{\rho} & 0 & 0 \\ 0 & 0 & 0 & \bar{\rho} & 0 \\ \frac{1-\gamma}{\gamma}\overline{T} & 0 & 0 & 0 & \frac{\bar{\rho}}{\gamma} \end{pmatrix}$$

$$A_{11}^1 = \bar{u}$$

$$A_{12}^1 = \bar{\rho}$$

$$A_{13}^1 = 0$$

$$A_{14}^1 = 0$$

$$A_{15}^1 = 0$$

$$A_{21}^1 = \frac{1}{\gamma M^2}\overline{T}$$

$$A_{22}^1 = \bar{\rho}\bar{u} - \frac{4}{3}\frac{1}{Re_0}\frac{\partial\bar{\mu}}{\partial x}$$

$$A_{23}^{1} = -\frac{1}{Re_0}\frac{\partial \bar{\mu}}{\partial y}$$

$$A_{24}^{1} = -\frac{1}{Re_0}\frac{\partial \bar{\mu}}{\partial z}$$

$$A_{25}^{1} = \frac{1}{\gamma M^2}\bar{\rho} - \frac{1}{Re_0}\tau\left(\frac{4}{3}\frac{\partial \bar{u}}{\partial x} - \frac{2}{3}\frac{\partial \bar{v}}{\partial y} - \frac{2}{3}\frac{\partial \bar{w}}{\partial z}\right)$$

$$A_{31}^{1} = 0$$

$$A_{32}^{1} = \frac{2}{3}\frac{1}{Re_0}\frac{\partial \bar{\mu}}{\partial y}$$

$$A_{33}^{1} = \bar{\rho}\bar{u} - \frac{1}{Re_0}\frac{\partial \bar{\mu}}{\partial x}$$

$$A_{34}^{1} = 0$$

$$A_{35}^{1} = -\frac{1}{Re_0}\tau\left(\frac{\partial \bar{u}}{\partial y} + \frac{\partial \bar{v}}{\partial x}\right)$$

$$A_{41}^{1} = 0$$

$$A_{42}^{1} = \frac{2}{3}\frac{1}{Re_0}\frac{\partial \bar{\mu}}{\partial z}$$

$$A_{43}^{1} = 0$$

$$A_{44}^{1} = \bar{\rho}\bar{u} - \frac{1}{Re_0}\frac{\partial \bar{\mu}}{\partial x}$$

$$A_{45}^{1} = -\frac{1}{Re_0}\tau\left(\frac{\partial \bar{w}}{\partial x} + \frac{\partial \bar{u}}{\partial z}\right)$$

$$A_{51}^{1} = \frac{1-\gamma}{\gamma}\bar{T}\bar{u}$$

$$A_{52}^{1} = -\frac{(\gamma-1)M^2}{Re_0}\left(\frac{8}{3}\bar{\mu}\frac{\partial \bar{u}}{\partial x} - \frac{4}{3}\bar{\mu}\frac{\partial \bar{v}}{\partial y} - \frac{4}{3}\bar{\mu}\frac{\partial \bar{w}}{\partial z}\right)$$

$$A_{53}^{1} = -\frac{(\gamma-1)M^2}{Re_0}\left(2\bar{\mu}\frac{\partial \bar{v}}{\partial x} + 2\bar{\mu}\frac{\partial \bar{u}}{\partial y}\right)$$

$$A_{54}^{1} = -\frac{(\gamma-1)M^2}{Re_0}\left(2\bar{\mu}\frac{\partial \bar{w}}{\partial x} + 2\bar{\mu}\frac{\partial \bar{u}}{\partial z}\right)$$

$$A_{55}^{1} = \frac{1}{\gamma}\bar{\rho}\bar{u} - \frac{1}{Re_0 Pr}\left(\frac{\partial \bar{\mu}}{\partial x} + \tau\frac{\partial \bar{T}}{\partial x}\right)$$

$$B_{11}^{1} = \bar{v}$$

$$B_{12}^{1} = 0$$

$$B_{13}^{1} = \bar{\rho}$$

$$B_{14}^{1} = 0$$

$$B_{15}^{1} = 0$$

$$B_{21}^{1}=0$$

$$B_{22}^{1}=\bar{\rho}\bar{v}-\frac{1}{Re_0}\frac{\partial\bar{\mu}}{\partial y}$$

$$B_{23}^{1}=\frac{2}{3}\frac{1}{Re_0}\frac{\partial\bar{\mu}}{\partial x}$$

$$B_{24}^{1}=0$$

$$B_{25}^{1}=-\frac{1}{Re_0}\tau\left(\frac{\partial\bar{u}}{\partial y}+\frac{\partial\bar{v}}{\partial x}\right)$$

$$B_{31}^{1}=\frac{1}{\gamma M^2}\bar{T}$$

$$B_{32}^{1}=-\frac{1}{Re_0}\frac{\partial\bar{\mu}}{\partial x}$$

$$B_{33}^{1}=\bar{\rho}\bar{v}-\frac{4}{3}\frac{1}{Re_0}\frac{\partial\bar{\mu}}{\partial y}$$

$$B_{34}^{1}=-\frac{1}{Re_0}\frac{\partial\bar{\mu}}{\partial z}$$

$$B_{35}^{1}=\frac{1}{\gamma M^2}\bar{\rho}-\frac{1}{Re_0}\tau\left(-\frac{2}{3}\frac{\partial\bar{u}}{\partial x}+\frac{4}{3}\frac{\partial\bar{v}}{\partial y}-\frac{2}{3}\frac{\partial\bar{w}}{\partial z}\right)$$

$$B_{41}^{1}=0$$

$$B_{42}^{1}=0$$

$$B_{43}^{1}=\frac{2}{3}\frac{1}{Re_0}\frac{\partial\bar{\mu}}{\partial z}$$

$$B_{44}^{1}=\bar{\rho}\bar{v}-\frac{1}{Re_0}\frac{\partial\bar{\mu}}{\partial y}$$

$$B_{45}^{1}=-\frac{1}{Re_0}\tau\left(\frac{\partial\bar{v}}{\partial z}+\frac{\partial\bar{w}}{\partial y}\right)$$

$$B_{51}^{1}=\frac{1-\gamma}{\gamma}\bar{T}\bar{v}$$

$$B_{52}^{1}=-\frac{(\gamma-1)M^2}{Re_0}\left(2\bar{\mu}\frac{\partial\bar{u}}{\partial y}+2\bar{\mu}\frac{\partial\bar{v}}{\partial x}\right)$$

$$B_{53}^{1}=-\frac{(\gamma-1)M^2}{Re_0}\left(\frac{8}{3}\bar{\mu}\frac{\partial\bar{v}}{\partial y}-\frac{4}{3}\bar{\mu}\frac{\partial\bar{u}}{\partial x}-\frac{4}{3}\bar{\mu}\frac{\partial\bar{w}}{\partial z}\right)$$

$$B_{54}^{1}=-\frac{(\gamma-1)M^2}{Re_0}\left(2\bar{\mu}\frac{\partial\bar{w}}{\partial y}+2\bar{\mu}\frac{\partial\bar{v}}{\partial z}\right)$$

$$B_{55}^{1}=\frac{1}{\gamma}\bar{\rho}\bar{v}-\frac{1}{Re_0 Pr}\left(\frac{\partial\bar{\mu}}{\partial y}+\tau\frac{\partial\bar{T}}{\partial y}\right)$$

$$C_{11}^{1}=\bar{w}$$

$$C_{12}^{1}=0$$

$$C_{13}^1 = 0$$

$$C_{14}^1 = \bar{\rho}$$

$$C_{15}^1 = 0$$

$$C_{21}^1 = 0$$

$$C_{22}^1 = \bar{\rho}\overline{w} - \frac{1}{Re_0}\frac{\partial \bar{\mu}}{\partial z}$$

$$C_{23}^1 = 0$$

$$C_{24}^1 = \frac{2}{3}\frac{1}{Re_0}\frac{\partial \bar{\mu}}{\partial x}$$

$$C_{25}^1 = -\frac{1}{Re_0}\tau\left(\frac{\partial \overline{w}}{\partial x} + \frac{\partial \bar{u}}{\partial z}\right)$$

$$C_{31}^1 = 0$$

$$C_{32}^1 = 0$$

$$C_{33}^1 = \bar{\rho}\overline{w} - \frac{1}{Re_0}\frac{\partial \bar{\mu}}{\partial z}$$

$$C_{34}^1 = \frac{2}{3}\frac{1}{Re_0}\frac{\partial \bar{\mu}}{\partial y}$$

$$C_{35}^1 = -\frac{1}{Re_0}\tau\left(\frac{\partial \overline{v}}{\partial z} + \frac{\partial \overline{w}}{\partial y}\right)$$

$$C_{41}^1 = \frac{1}{\gamma M^2}\overline{T}$$

$$C_{42}^1 = -\frac{1}{Re_0}\frac{\partial \bar{\mu}}{\partial x}$$

$$C_{43}^1 = -\frac{1}{Re_0}\frac{\partial \bar{\mu}}{\partial y}$$

$$C_{44}^1 = \bar{\rho}\overline{w} - \frac{4}{3}\frac{1}{Re_0}\frac{\partial \bar{\mu}}{\partial z}$$

$$C_{45}^1 = \frac{1}{\gamma M^2}\bar{\rho} - \frac{1}{Re_0}\tau\left(-\frac{2}{3}\frac{\partial \bar{u}}{\partial x} - \frac{2}{3}\frac{\partial \overline{v}}{\partial y} + \frac{4}{3}\frac{\partial \overline{w}}{\partial z}\right)$$

$$C_{51}^1 = \frac{1-\gamma}{\gamma}\overline{T}\overline{w}$$

$$C_{52}^1 = -\frac{(\gamma-1)M^2}{Re_0}\left(2\bar{\mu}\frac{\partial \bar{u}}{\partial z} + 2\bar{\mu}\frac{\partial \overline{w}}{\partial x}\right)$$

$$C_{53}^1 = -\frac{(\gamma-1)M^2}{Re_0}\left(2\bar{\mu}\frac{\partial \overline{v}}{\partial z} + 2\bar{\mu}\frac{\partial \overline{w}}{\partial y}\right)$$

$$C_{54}^1 = -\frac{(\gamma-1)M^2}{Re_0}\left(\frac{8}{3}\bar{\mu}\frac{\partial \overline{w}}{\partial z} - \frac{4}{3}\bar{\mu}\frac{\partial \bar{u}}{\partial x} - \frac{4}{3}\bar{\mu}\frac{\partial \overline{v}}{\partial y}\right)$$

$$C_{55}^{\mathrm{l}} = \frac{1}{\gamma}\bar{\rho}\,\overline{w} - \frac{1}{Re_0 Pr}\left(\frac{\partial\bar{\mu}}{\partial z} + \tau\,\frac{\partial\overline{T}}{\partial z}\right)$$

$$D_{11}^{\mathrm{l}} = \frac{\partial\bar{u}}{\partial x} + \frac{\partial\bar{v}}{\partial y} + \frac{\partial\overline{w}}{\partial z}$$

$$D_{12}^{\mathrm{l}} = \frac{\partial\bar{\rho}}{\partial x}$$

$$D_{13}^{\mathrm{l}} = \frac{\partial\bar{\rho}}{\partial y}$$

$$D_{14}^{\mathrm{l}} = \frac{\partial\bar{\rho}}{\partial z}$$

$$D_{15}^{\mathrm{l}} = 0$$

$$D_{21}^{\mathrm{l}} = \bar{u}\,\frac{\partial\bar{u}}{\partial x} + \bar{v}\,\frac{\partial\bar{u}}{\partial y} + \overline{w}\,\frac{\partial\bar{u}}{\partial z} + \frac{1}{\gamma M^2}\,\frac{\partial\overline{T}}{\partial x}$$

$$D_{22}^{\mathrm{l}} = \bar{\rho}\,\frac{\partial\bar{u}}{\partial x}$$

$$D_{23}^{\mathrm{l}} = \bar{\rho}\,\frac{\partial\bar{u}}{\partial y}$$

$$D_{24}^{\mathrm{l}} = \bar{\rho}\,\frac{\partial\bar{u}}{\partial z}$$

$$D_{25}^{\mathrm{l}} = \frac{1}{\gamma M^2}\,\frac{\partial\bar{\rho}}{\partial x} - \frac{1}{Re_0}\,\frac{\partial\tau}{\partial x}\left(\frac{4}{3}\,\frac{\partial\bar{u}}{\partial x} - \frac{2}{3}\,\frac{\partial\bar{v}}{\partial y} - \frac{2}{3}\,\frac{\partial\overline{w}}{\partial z}\right) - \frac{1}{Re_0}\,\frac{\partial\tau}{\partial y}\left(\frac{\partial\bar{u}}{\partial y} + \frac{\partial\bar{v}}{\partial x}\right)$$
$$-\frac{1}{Re_0}\,\frac{\partial\tau}{\partial z}\left(\frac{\partial\overline{w}}{\partial x} + \frac{\partial\bar{u}}{\partial z}\right) - \frac{1}{Re_0}\tau\left(\frac{4}{3}\,\frac{\partial^2\bar{u}}{\partial x^2} + \frac{\partial^2\bar{u}}{\partial y^2} + \frac{\partial^2\bar{u}}{\partial z^2} + \frac{1}{3}\,\frac{\partial^2\bar{v}}{\partial x\partial y} + \frac{1}{3}\,\frac{\partial^2\overline{w}}{\partial x\partial z}\right)$$

$$D_{31}^{\mathrm{l}} = \bar{u}\,\frac{\partial\bar{v}}{\partial x} + \bar{v}\,\frac{\partial\bar{v}}{\partial y} + \overline{w}\,\frac{\partial\bar{v}}{\partial z} + \frac{1}{\gamma M^2}\,\frac{\partial\overline{T}}{\partial y}$$

$$D_{32}^{\mathrm{l}} = \bar{\rho}\,\frac{\partial\bar{v}}{\partial x}$$

$$D_{33}^{\mathrm{l}} = \bar{\rho}\,\frac{\partial\bar{v}}{\partial y}$$

$$D_{34}^{\mathrm{l}} = \bar{\rho}\,\frac{\partial\bar{v}}{\partial z}$$

$$D_{35}^{\mathrm{l}} = \frac{1}{\gamma M^2}\,\frac{\partial\bar{\rho}}{\partial y} - \frac{1}{Re_0}\,\frac{\partial\tau}{\partial x}\left(\frac{\partial\bar{u}}{\partial y} + \frac{\partial\bar{v}}{\partial x}\right) - \frac{1}{Re_0}\,\frac{\partial\tau}{\partial y}\left(-\frac{2}{3}\,\frac{\partial\bar{u}}{\partial x} + \frac{4}{3}\,\frac{\partial\bar{v}}{\partial y} - \frac{2}{3}\,\frac{\partial\overline{w}}{\partial z}\right)$$
$$-\frac{1}{Re_0}\,\frac{\partial\tau}{\partial z}\left(\frac{\partial\bar{v}}{\partial z} + \frac{\partial\overline{w}}{\partial y}\right) - \frac{1}{Re_0}\tau\left(\frac{\partial^2\bar{v}}{\partial x^2} + \frac{4}{3}\,\frac{\partial^2\bar{v}}{\partial y^2} + \frac{\partial^2\bar{v}}{\partial z^2} + \frac{1}{3}\,\frac{\partial^2\bar{u}}{\partial x\partial y} + \frac{1}{3}\,\frac{\partial^2\overline{w}}{\partial y\partial z}\right)$$

$$D_{41}^{\mathrm{l}} = \bar{u}\,\frac{\partial\overline{w}}{\partial x} + \bar{v}\,\frac{\partial\overline{w}}{\partial y} + \overline{w}\,\frac{\partial\overline{w}}{\partial z} + \frac{1}{\gamma M^2}\,\frac{\partial\overline{T}}{\partial z}$$

$$D_{42}^{\mathrm{l}} = \bar{\rho}\,\frac{\partial\overline{w}}{\partial x}$$

$$D_{43}^{\mathrm{l}}=\bar{\rho}\frac{\partial\overline{w}}{\partial y}$$

$$D_{44}^{\mathrm{l}}=\bar{\rho}\frac{\partial\overline{w}}{\partial z}$$

$$\begin{aligned}D_{45}^{\mathrm{l}}=&\frac{1}{\gamma M^2}\frac{\partial\bar{\rho}}{\partial z}-\frac{1}{Re_0}\frac{\partial\tau}{\partial x}\left(\frac{\partial\overline{w}}{\partial x}+\frac{\partial\bar{u}}{\partial z}\right)-\frac{1}{Re_0}\frac{\partial\tau}{\partial y}\left(\frac{\partial\bar{v}}{\partial z}+\frac{\partial\overline{w}}{\partial y}\right)\\&-\frac{1}{Re_0}\frac{\partial\tau}{\partial z}\left(-\frac{2}{3}\frac{\partial\bar{u}}{\partial x}-\frac{2}{3}\frac{\partial\bar{v}}{\partial y}+\frac{4}{3}\frac{\partial\overline{w}}{\partial z}\right)\\&-\frac{1}{Re_0}\tau\left(\frac{\partial^2\overline{w}}{\partial x^2}+\frac{\partial^2\overline{w}}{\partial y^2}+\frac{4}{3}\frac{\partial^2\overline{w}}{\partial z^2}+\frac{1}{3}\frac{\partial^2\bar{u}}{\partial x\partial z}+\frac{1}{3}\frac{\partial^2\bar{v}}{\partial y\partial z}\right)\end{aligned}$$

$$D_{51}^{\mathrm{l}}=\frac{1}{\gamma}\bar{u}\frac{\partial\overline{T}}{\partial x}+\frac{1}{\gamma}\bar{v}\frac{\partial\overline{T}}{\partial y}+\frac{1}{\gamma}\overline{w}\frac{\partial\overline{T}}{\partial z}$$

$$D_{52}^{\mathrm{l}}=\frac{1}{\gamma}\bar{\rho}\frac{\partial\overline{T}}{\partial x}+\frac{1-\gamma}{\gamma}\overline{T}\frac{\partial\bar{\rho}}{\partial x}$$

$$D_{53}^{\mathrm{l}}=\frac{1}{\gamma}\bar{\rho}\frac{\partial\overline{T}}{\partial y}+\frac{1-\gamma}{\gamma}\overline{T}\frac{\partial\bar{\rho}}{\partial y}$$

$$D_{54}^{\mathrm{l}}=\frac{1}{\gamma}\bar{\rho}\frac{\partial\overline{T}}{\partial z}+\frac{1-\gamma}{\gamma}\overline{T}\frac{\partial\bar{\rho}}{\partial z}$$

$$\begin{aligned}D_{55}^{\mathrm{l}}=&\frac{1-\gamma}{\gamma}\bar{u}\frac{\partial\bar{\rho}}{\partial x}+\frac{1-\gamma}{\gamma}\bar{v}\frac{\partial\bar{\rho}}{\partial y}+\frac{1-\gamma}{\gamma}\overline{w}\frac{\partial\bar{\rho}}{\partial z}\\&-\frac{1}{Re_0Pr}\left(\frac{\partial\tau}{\partial x}\frac{\partial\overline{T}}{\partial x}+\frac{\partial\tau}{\partial y}\frac{\partial\overline{T}}{\partial y}+\frac{\partial\tau}{\partial z}\frac{\partial\overline{T}}{\partial z}+\tau\frac{\partial^2\overline{T}}{\partial x^2}+\tau\frac{\partial^2\overline{T}}{\partial y^2}+\tau\frac{\partial^2\overline{T}}{\partial z^2}\right)\\&-\frac{(\gamma-1)M^2}{Re_0}\left[\frac{4}{3}\tau\left(\frac{\partial\bar{u}}{\partial x}\right)^2+\frac{4}{3}\tau\left(\frac{\partial\bar{v}}{\partial y}\right)^2+\frac{4}{3}\tau\left(\frac{\partial\overline{w}}{\partial z}\right)^2-\frac{4}{3}\tau\frac{\partial\bar{u}}{\partial x}\frac{\partial\bar{v}}{\partial y}\right.\\&-\frac{4}{3}\tau\frac{\partial\bar{u}}{\partial x}\frac{\partial\overline{w}}{\partial z}-\frac{4}{3}\tau\frac{\partial\bar{v}}{\partial y}\frac{\partial\overline{w}}{\partial z}+\tau\left(\frac{\partial\bar{u}}{\partial y}\right)^2+\tau\left(\frac{\partial\bar{v}}{\partial x}\right)^2+2\tau\frac{\partial\bar{u}}{\partial y}\frac{\partial\bar{v}}{\partial x}\\&\left.+\tau\left(\frac{\partial\bar{u}}{\partial z}\right)^2+\tau\left(\frac{\partial\overline{w}}{\partial x}\right)^2+2\tau\frac{\partial\bar{u}}{\partial z}\frac{\partial\overline{w}}{\partial x}+\tau\left(\frac{\partial\bar{v}}{\partial z}\right)^2+\tau\left(\frac{\partial\overline{w}}{\partial y}\right)^2+2\tau\frac{\partial\bar{v}}{\partial z}\frac{\partial\overline{w}}{\partial y}\right]\end{aligned}$$

$$F_1^{\mathrm{n}}=-\rho'\frac{\partial u'}{\partial x}-\rho'\frac{\partial v'}{\partial y}-\rho'\frac{\partial w'}{\partial z}-u'\frac{\partial\rho'}{\partial x}-v'\frac{\partial\rho'}{\partial y}-w'\frac{\partial\rho'}{\partial z}$$

$$\begin{aligned}F_2^{\mathrm{n}}=&-\rho'\frac{\partial u'}{\partial t}-\bar{\rho}u'\frac{\partial u'}{\partial x}-\rho'\bar{u}\frac{\partial u'}{\partial x}-\rho'u'\frac{\partial\bar{u}}{\partial x}-\rho'u'\frac{\partial u'}{\partial x}-\bar{\rho}v'\frac{\partial u'}{\partial y}-\rho'\bar{v}\frac{\partial u'}{\partial y}\\&-\rho'v'\frac{\partial\bar{u}}{\partial y}-\rho'v'\frac{\partial u'}{\partial y}-\bar{\rho}w'\frac{\partial u'}{\partial z}-\rho'\overline{w}\frac{\partial u'}{\partial z}-\rho'w'\frac{\partial\bar{u}}{\partial z}-\rho'w'\frac{\partial u'}{\partial z}\\&-\frac{1}{\gamma M^2}\left(\rho'\frac{\partial T'}{\partial x}+T'\frac{\partial\rho'}{\partial x}\right)+\frac{1}{Re_0}\left[T'\frac{\partial\tau}{\partial x}\left(\frac{4}{3}\frac{\partial u'}{\partial x}-\frac{2}{3}\frac{\partial v'}{\partial y}-\frac{2}{3}\frac{\partial w'}{\partial z}\right)\right.\\&+\tau\frac{\partial T'}{\partial x}\left(\frac{4}{3}\frac{\partial u'}{\partial x}-\frac{2}{3}\frac{\partial v'}{\partial y}-\frac{2}{3}\frac{\partial w'}{\partial z}\right)+T'\frac{\partial\tau}{\partial y}\left(\frac{\partial u'}{\partial y}+\frac{\partial v'}{\partial x}\right)\end{aligned}$$

$$+\tau\frac{\partial T'}{\partial y}\left(\frac{\partial u'}{\partial y}+\frac{\partial v'}{\partial x}\right)+T'\frac{\partial\tau}{\partial z}\left(\frac{\partial w'}{\partial x}+\frac{\partial u'}{\partial z}\right)+\tau\frac{\partial T'}{\partial z}\left(\frac{\partial w'}{\partial x}+\frac{\partial u'}{\partial z}\right)$$

$$+\tau T'\left(\frac{4}{3}\frac{\partial^2 u'}{\partial x^2}+\frac{\partial^2 u'}{\partial y^2}+\frac{\partial^2 u'}{\partial z^2}+\frac{1}{3}\frac{\partial^2 v'}{\partial x\partial y}+\frac{1}{3}\frac{\partial^2 w'}{\partial x\partial z}\right)\Bigg]$$

$$F_3^{\mathrm{n}}=-\rho'\frac{\partial v'}{\partial t}-\bar\rho u'\frac{\partial v'}{\partial x}-\rho'\bar u\frac{\partial v'}{\partial x}-\rho'u'\frac{\partial\bar v}{\partial x}-\rho'u'\frac{\partial v'}{\partial x}-\bar\rho v'\frac{\partial v'}{\partial y}-\rho'\bar v\frac{\partial v'}{\partial y}$$

$$-\rho'v'\frac{\partial\bar v}{\partial y}-\rho'v'\frac{\partial v'}{\partial y}-\bar\rho w'\frac{\partial v'}{\partial z}-\rho'\bar w\frac{\partial v'}{\partial z}-\rho'w'\frac{\partial\bar v}{\partial z}-\rho'w'\frac{\partial v'}{\partial z}$$

$$-\frac{1}{\gamma M^2}\left(\rho'\frac{\partial T'}{\partial y}+T'\frac{\partial\rho'}{\partial y}\right)+\frac{1}{Re_0}\Bigg[T'\frac{\partial\tau}{\partial x}\left(\frac{\partial u'}{\partial y}+\frac{\partial v'}{\partial x}\right)+\tau\frac{\partial T'}{\partial x}\left(\frac{\partial u'}{\partial y}+\frac{\partial v'}{\partial x}\right)$$

$$+T'\frac{\partial\tau}{\partial y}\left(-\frac{2}{3}\frac{\partial u'}{\partial x}+\frac{4}{3}\frac{\partial v'}{\partial y}-\frac{2}{3}\frac{\partial w'}{\partial z}\right)+\tau\frac{\partial T'}{\partial y}\left(-\frac{2}{3}\frac{\partial u'}{\partial x}+\frac{4}{3}\frac{\partial v'}{\partial y}-\frac{2}{3}\frac{\partial w'}{\partial z}\right)$$

$$+T'\frac{\partial\tau}{\partial z}\left(\frac{\partial v'}{\partial z}+\frac{\partial w'}{\partial y}\right)+\tau\frac{\partial T'}{\partial z}\left(\frac{\partial v'}{\partial z}+\frac{\partial w'}{\partial y}\right)$$

$$+\tau T'\left(\frac{\partial^2 v'}{\partial x^2}+\frac{4}{3}\frac{\partial^2 v'}{\partial y^2}+\frac{\partial^2 v'}{\partial z^2}+\frac{1}{3}\frac{\partial^2 u'}{\partial x\partial y}+\frac{1}{3}\frac{\partial^2 w'}{\partial y\partial z}\right)\Bigg]$$

$$F_4^{\mathrm{n}}=-\rho'\frac{\partial w'}{\partial t}-\bar\rho u'\frac{\partial w'}{\partial x}-\rho'\bar u\frac{\partial w'}{\partial x}-\rho'u'\frac{\partial\bar w}{\partial x}-\rho'u'\frac{\partial w'}{\partial x}-\bar\rho v'\frac{\partial w'}{\partial y}-\rho'\bar v\frac{\partial w'}{\partial y}$$

$$-\rho'v'\frac{\partial\bar w}{\partial y}-\rho'v'\frac{\partial w'}{\partial y}-\bar\rho w'\frac{\partial w'}{\partial z}-\rho'\bar w\frac{\partial w'}{\partial z}-\rho'w'\frac{\partial\bar w}{\partial z}-\rho'w'\frac{\partial w'}{\partial z}$$

$$-\frac{1}{\gamma M^2}\left(\rho'\frac{\partial T'}{\partial z}+T'\frac{\partial\rho'}{\partial z}\right)+\frac{1}{Re_0}\Bigg[T'\frac{\partial\tau}{\partial x}\left(\frac{\partial w'}{\partial x}+\frac{\partial u'}{\partial z}\right)+\tau\frac{\partial T'}{\partial x}\left(\frac{\partial w'}{\partial x}+\frac{\partial u'}{\partial z}\right)$$

$$+T'\frac{\partial\tau}{\partial y}\left(\frac{\partial v'}{\partial z}+\frac{\partial w'}{\partial y}\right)+\tau\frac{\partial T'}{\partial y}\left(\frac{\partial v'}{\partial z}+\frac{\partial w'}{\partial y}\right)$$

$$+T'\frac{\partial\tau}{\partial z}\left(-\frac{2}{3}\frac{\partial u'}{\partial x}-\frac{2}{3}\frac{\partial v'}{\partial y}+\frac{4}{3}\frac{\partial w'}{\partial z}\right)+\tau\frac{\partial T'}{\partial z}\left(-\frac{2}{3}\frac{\partial u'}{\partial x}-\frac{2}{3}\frac{\partial v'}{\partial y}+\frac{4}{3}\frac{\partial w'}{\partial z}\right)$$

$$+\tau T'\left(\frac{\partial^2 w'}{\partial x^2}+\frac{\partial^2 w'}{\partial y^2}+\frac{4}{3}\frac{\partial^2 w'}{\partial z^2}+\frac{1}{3}\frac{\partial^2 u'}{\partial x\partial z}+\frac{1}{3}\frac{\partial^2 v'}{\partial y\partial z}\right)\Bigg]$$

$$F_5^{\mathrm{n}}=-\frac{1}{\gamma}\left(\rho'\frac{\partial T'}{\partial t}+\bar\rho u'\frac{\partial T'}{\partial x}+\rho'\bar u\frac{\partial T'}{\partial x}+\rho'u'\frac{\partial\bar T}{\partial x}+\rho'u'\frac{\partial T'}{\partial x}+\bar\rho v'\frac{\partial T'}{\partial y}+\rho'\bar v\frac{\partial T'}{\partial y}\right.$$

$$\left.+\rho'v'\frac{\partial\bar T}{\partial y}+\rho'v'\frac{\partial T'}{\partial y}+\bar\rho w'\frac{\partial T'}{\partial z}+\rho'\bar w\frac{\partial T'}{\partial z}+\rho'w'\frac{\partial\bar T}{\partial z}+\rho'w'\frac{\partial T'}{\partial z}\right)$$

$$-\frac{1-\gamma}{\gamma}\left(T'\frac{\partial\rho'}{\partial t}+\bar T u'\frac{\partial\rho'}{\partial x}+T'\bar u\frac{\partial\rho'}{\partial x}+T'u'\frac{\partial\bar\rho}{\partial x}+T'u'\frac{\partial\rho'}{\partial x}+\bar T v'\frac{\partial\rho'}{\partial y}\right.$$

$$\left.+T'\bar v\frac{\partial\rho'}{\partial y}+T'v'\frac{\partial\bar\rho}{\partial y}+T'v'\frac{\partial\rho'}{\partial y}+\bar T w'\frac{\partial\rho'}{\partial z}+T'\bar w\frac{\partial\rho'}{\partial z}+T'w'\frac{\partial\bar\rho}{\partial z}+T'w'\frac{\partial\rho'}{\partial z}\right)$$

$$+\frac{1}{Re_0 Pr}\left(T'\frac{\partial\tau}{\partial x}\frac{\partial T'}{\partial x}+\tau\frac{\partial T'}{\partial x}\frac{\partial T'}{\partial x}+T'\frac{\partial\tau}{\partial y}\frac{\partial T'}{\partial y}+\tau\frac{\partial T'}{\partial y}\frac{\partial T'}{\partial y}+T'\frac{\partial\tau}{\partial z}\frac{\partial T'}{\partial z}\right.$$

$$
+\tau'\frac{\partial T'}{\partial z}\frac{\partial T'}{\partial z}+\tau T'\frac{\partial^2 T'}{\partial x^2}+\tau T'\frac{\partial^2 T'}{\partial y^2}+\tau T'\frac{\partial^2 T'}{\partial z^2}\Big)
$$

$$
+\frac{(\gamma-1)M^2}{Re_0}\Big[\frac{4}{3}\bar{\mu}\Big(\frac{\partial u'}{\partial x}\Big)^2+\frac{4}{3}\tau T'\Big(\frac{\partial u'}{\partial x}\Big)^2+\frac{8}{3}\tau T'\frac{\partial \bar{u}}{\partial x}\frac{\partial u'}{\partial x}+\frac{4}{3}\bar{\mu}\Big(\frac{\partial v'}{\partial y}\Big)^2
$$

$$
+\frac{4}{3}\tau T'\Big(\frac{\partial v'}{\partial y}\Big)^2+\frac{8}{3}\tau T'\frac{\partial \bar{v}}{\partial y}\frac{\partial v'}{\partial y}+\frac{4}{3}\bar{\mu}\Big(\frac{\partial w'}{\partial z}\Big)^2+\frac{4}{3}\tau T'\Big(\frac{\partial w'}{\partial z}\Big)^2+\frac{8}{3}\tau T'\frac{\partial \bar{w}}{\partial z}\frac{\partial w'}{\partial z}
$$

$$
-\frac{4}{3}\bar{\mu}\frac{\partial u'}{\partial x}\frac{\partial v'}{\partial y}-\frac{4}{3}\tau T'\frac{\partial \bar{u}}{\partial x}\frac{\partial v'}{\partial y}-\frac{4}{3}\tau T'\frac{\partial u'}{\partial x}\frac{\partial \bar{v}}{\partial y}-\frac{4}{3}\tau T'\frac{\partial u'}{\partial x}\frac{\partial v'}{\partial y}-\frac{4}{3}\bar{\mu}\frac{\partial u'}{\partial x}\frac{\partial w'}{\partial z}
$$

$$
-\frac{4}{3}\tau T'\frac{\partial \bar{u}}{\partial x}\frac{\partial w'}{\partial z}-\frac{4}{3}\tau T'\frac{\partial u'}{\partial x}\frac{\partial \bar{w}}{\partial z}-\frac{4}{3}\tau T'\frac{\partial u'}{\partial x}\frac{\partial w'}{\partial z}-\frac{4}{3}\bar{\mu}\frac{\partial v'}{\partial y}\frac{\partial w'}{\partial z}
$$

$$
-\frac{4}{3}\tau T'\frac{\partial \bar{v}}{\partial y}\frac{\partial w'}{\partial z}-\frac{4}{3}\tau T'\frac{\partial v'}{\partial y}\frac{\partial \bar{w}}{\partial z}-\frac{4}{3}\tau T'\frac{\partial v'}{\partial y}\frac{\partial w'}{\partial z}+\bar{\mu}\Big(\frac{\partial u'}{\partial y}\Big)^2+\tau T'\Big(\frac{\partial u'}{\partial y}\Big)^2
$$

$$
+2\tau T'\frac{\partial \bar{u}}{\partial y}\frac{\partial u'}{\partial y}+\bar{\mu}\Big(\frac{\partial v'}{\partial x}\Big)^2+\tau T'\Big(\frac{\partial v'}{\partial x}\Big)^2+2\tau T'\frac{\partial \bar{v}}{\partial x}\frac{\partial v'}{\partial x}+2\bar{\mu}\frac{\partial u'}{\partial y}\frac{\partial v'}{\partial x}
$$

$$
+2\tau T'\frac{\partial \bar{u}}{\partial y}\frac{\partial v'}{\partial x}+2\tau T'\frac{\partial u'}{\partial y}\frac{\partial \bar{v}}{\partial x}+2\tau T'\frac{\partial u'}{\partial y}\frac{\partial v'}{\partial x}+\bar{\mu}\Big(\frac{\partial u'}{\partial z}\Big)^2+\tau T'\Big(\frac{\partial u'}{\partial z}\Big)^2
$$

$$
+2\tau T'\frac{\partial \bar{u}}{\partial z}\frac{\partial u'}{\partial z}+\bar{\mu}\Big(\frac{\partial w'}{\partial x}\Big)^2+\tau T'\Big(\frac{\partial w'}{\partial x}\Big)^2+2\tau T'\frac{\partial \bar{w}}{\partial x}\frac{\partial w'}{\partial x}+2\bar{\mu}\frac{\partial u'}{\partial z}\frac{\partial w'}{\partial x}
$$

$$
+2\tau T'\frac{\partial \bar{u}}{\partial z}\frac{\partial w'}{\partial x}+2\tau T'\frac{\partial u'}{\partial z}\frac{\partial \bar{w}}{\partial x}+2\tau T'\frac{\partial u'}{\partial z}\frac{\partial w'}{\partial x}+\bar{\mu}\Big(\frac{\partial v'}{\partial z}\Big)^2+\tau T'\Big(\frac{\partial v'}{\partial z}\Big)^2
$$

$$
+2\tau T'\frac{\partial \bar{v}}{\partial z}\frac{\partial v'}{\partial z}+\bar{\mu}\Big(\frac{\partial w'}{\partial y}\Big)^2+\tau T'\Big(\frac{\partial w'}{\partial y}\Big)^2+2\tau T'\frac{\partial \bar{w}}{\partial y}\frac{\partial w'}{\partial y}+2\bar{\mu}\frac{\partial v'}{\partial z}\frac{\partial w'}{\partial y}
$$

$$
+2\tau T'\frac{\partial \bar{v}}{\partial z}\frac{\partial w'}{\partial y}+2\tau T'\frac{\partial v'}{\partial z}\frac{\partial \bar{w}}{\partial y}+2\tau T'\frac{\partial v'}{\partial z}\frac{\partial w'}{\partial y}\Big]
$$

附录 B 线性 PSE 式(3.3.5)的系数矩阵元素

$$
V_{yy}^1=\begin{pmatrix}
0 & 0 & 0 & 0 & 0\\
0 & -\frac{1}{Re_0}\bar{\mu} & 0 & 0 & 0\\
0 & 0 & -\frac{4}{3}\frac{1}{Re_0}\bar{\mu} & 0 & 0\\
0 & 0 & 0 & -\frac{1}{Re_0}\bar{\mu} & 0\\
0 & 0 & 0 & 0 & -\frac{1}{Re_0 Pr}\bar{\mu}
\end{pmatrix}
$$

$$
\hat{A}_{11}=\bar{u}
$$

$$
\hat{A}_{12}=\bar{\rho}
$$

$$\hat{A}_{13} = 0$$

$$\hat{A}_{14} = 0$$

$$\hat{A}_{15} = 0$$

$$\hat{A}_{21} = \frac{\bar{T}}{\gamma M^2}$$

$$\hat{A}_{22} = \bar{\rho}\bar{u} - \frac{8}{3}\frac{\mathrm{i}\alpha}{Re_0}\bar{\mu} - \frac{4}{3}\frac{1}{Re_0}\frac{\partial\bar{\mu}}{\partial x}$$

$$\hat{A}_{23} = -\frac{1}{Re_0}\frac{\partial\bar{\mu}}{\partial y}$$

$$\hat{A}_{24} = -\frac{1}{3}\frac{\mathrm{i}\beta}{Re_0}\bar{\mu} - \frac{1}{Re_0}\frac{\partial\bar{\mu}}{\partial z}$$

$$\hat{A}_{25} = \frac{\bar{\rho}}{\gamma M^2} - \frac{\tau}{Re_0}\left(\frac{4}{3}\frac{\partial\bar{u}}{\partial x} - \frac{2}{3}\frac{\partial\bar{v}}{\partial y} - \frac{2}{3}\frac{\partial\bar{w}}{\partial z}\right)$$

$$\hat{A}_{31} = 0$$

$$\hat{A}_{32} = \frac{2}{3}\frac{1}{Re_0}\frac{\partial\bar{\mu}}{\partial y}$$

$$\hat{A}_{33} = \bar{\rho}\bar{u} - \frac{\mathrm{i}2\alpha}{Re_0}\bar{\mu} - \frac{1}{Re_0}\frac{\partial\bar{\mu}}{\partial x}$$

$$\hat{A}_{34} = 0$$

$$\hat{A}_{35} = -\frac{\tau}{Re_0}\left(\frac{\partial\bar{u}}{\partial y} + \frac{\partial\bar{v}}{\partial x}\right)$$

$$\hat{A}_{41} = 0$$

$$\hat{A}_{42} = -\frac{1}{3}\frac{\mathrm{i}\beta}{Re_0}\bar{\mu} + \frac{2}{3}\frac{1}{Re_0}\frac{\partial\bar{\mu}}{\partial z}$$

$$\hat{A}_{43} = 0$$

$$\hat{A}_{44} = \bar{\rho}\bar{u} - \frac{\mathrm{i}2\alpha}{Re_0}\bar{\mu} - \frac{1}{Re_0}\frac{\partial\bar{\mu}}{\partial x}$$

$$\hat{A}_{45} = -\frac{\tau}{Re_0}\left(\frac{\partial\bar{u}}{\partial z} + \frac{\partial\bar{w}}{\partial x}\right)$$

$$\hat{A}_{51} = \frac{1-\gamma}{\gamma}\bar{T}\bar{u}$$

$$\hat{A}_{52} = \frac{(\gamma-1)M^2}{Re_0}\left(-\frac{8}{3}\bar{\mu}\frac{\partial\bar{u}}{\partial x} + \frac{4}{3}\bar{\mu}\frac{\partial\bar{v}}{\partial y} + \frac{4}{3}\bar{\mu}\frac{\partial\bar{w}}{\partial z}\right)$$

$$\hat{A}_{53} = \frac{(\gamma-1)M^2}{Re_0}\left(-2\bar{\mu}\frac{\partial\bar{v}}{\partial x} - 2\bar{\mu}\frac{\partial\bar{u}}{\partial y}\right)$$

$$\hat{A}_{54} = \frac{(\gamma-1)M^2}{Re_0}\left(-2\bar{\mu}\frac{\partial \overline{w}}{\partial x} - 2\bar{\mu}\frac{\partial \bar{u}}{\partial z}\right)$$

$$\hat{A}_{55} = \frac{\bar{\rho}\bar{u}}{\gamma} - \frac{\mathrm{i}2\alpha}{Re_0 Pr}\bar{\mu} - \frac{1}{Re_0 Pr}\frac{\partial \bar{\mu}}{\partial x} - \frac{\tau}{Re_0 Pr}\frac{\partial \overline{T}}{\partial x}$$

$$\hat{B}_{11} = \bar{v}$$

$$\hat{B}_{12} = 0$$

$$\hat{B}_{13} = \bar{\rho}$$

$$\hat{B}_{14} = 0$$

$$\hat{B}_{15} = 0$$

$$\hat{B}_{21} = 0$$

$$\hat{B}_{22} = \bar{\rho}\bar{v} - \frac{1}{Re_0}\frac{\partial \bar{\mu}}{\partial y}$$

$$\hat{B}_{23} = -\frac{1}{3}\frac{\mathrm{i}\alpha}{Re_0}\bar{\mu} + \frac{2}{3}\frac{1}{Re_0}\frac{\partial \bar{\mu}}{\partial x}$$

$$\hat{B}_{24} = 0$$

$$\hat{B}_{25} = -\frac{\tau}{Re_0}\left(\frac{\partial \bar{u}}{\partial y} + \frac{\partial \bar{v}}{\partial x}\right)$$

$$\hat{B}_{31} = \frac{\overline{T}}{\gamma M^2}$$

$$\hat{B}_{32} = -\frac{1}{3}\frac{\mathrm{i}\alpha}{Re_0}\bar{\mu} - \frac{1}{Re_0}\frac{\partial \bar{\mu}}{\partial x}$$

$$\hat{B}_{33} = \bar{\rho}\bar{v} - \frac{4}{3}\frac{1}{Re_0}\frac{\partial \bar{\mu}}{\partial y}$$

$$\hat{B}_{34} = -\frac{1}{3}\frac{\mathrm{i}\beta}{Re_0}\bar{\mu} - \frac{1}{Re_0}\frac{\partial \bar{\mu}}{\partial z}$$

$$\hat{B}_{35} = \frac{\bar{\rho}}{\gamma M^2} - \frac{\tau}{Re_0}\left(-\frac{2}{3}\frac{\partial \bar{u}}{\partial x} + \frac{4}{3}\frac{\partial \bar{v}}{\partial y} - \frac{2}{3}\frac{\partial \overline{w}}{\partial z}\right)$$

$$\hat{B}_{41} = 0$$

$$\hat{B}_{42} = 0$$

$$\hat{B}_{43} = -\frac{1}{3}\frac{\mathrm{i}\beta}{Re_0}\bar{\mu} + \frac{2}{3}\frac{1}{Re_0}\frac{\partial \bar{\mu}}{\partial z}$$

$$\hat{B}_{44} = \bar{\rho}\bar{v} - \frac{1}{Re_0}\frac{\partial \bar{\mu}}{\partial y}$$

$$\hat{B}_{45} = -\frac{\tau}{Re_0}\left(\frac{\partial \bar{v}}{\partial z} + \frac{\partial \overline{w}}{\partial y}\right)$$

$$\hat{B}_{51}=\frac{1-\gamma}{\gamma}\overline{T}\overline{v}$$

$$\hat{B}_{52}=\frac{(\gamma-1)M^2}{Re_0}\left(-2\bar{\mu}\frac{\partial\bar{u}}{\partial y}-2\bar{\mu}\frac{\partial\bar{v}}{\partial x}\right)$$

$$\hat{B}_{53}=\frac{(\gamma-1)M^2}{Re_0}\left(-\frac{8}{3}\bar{\mu}\frac{\partial\bar{v}}{\partial y}+\frac{4}{3}\bar{\mu}\frac{\partial\bar{u}}{\partial x}+\frac{4}{3}\bar{\mu}\frac{\partial\overline{w}}{\partial z}\right)$$

$$\hat{B}_{54}=\frac{(\gamma-1)M^2}{Re_0}\left(-2\bar{\mu}\frac{\partial\overline{w}}{\partial y}-2\bar{\mu}\frac{\partial\bar{v}}{\partial z}\right)$$

$$\hat{B}_{55}=\frac{\bar{\rho}\bar{v}}{\gamma}-\frac{1}{Re_0Pr}\frac{\partial\bar{\mu}}{\partial y}-\frac{\tau}{Re_0Pr}\frac{\partial\overline{T}}{\partial y}$$

$$\hat{D}_{11}=-\mathrm{i}\omega+\mathrm{i}\alpha\bar{u}+\mathrm{i}\beta\overline{w}+\frac{\partial\bar{u}}{\partial x}+\frac{\partial\bar{v}}{\partial y}+\frac{\partial\overline{w}}{\partial z}$$

$$\hat{D}_{12}=\mathrm{i}\alpha\bar{\rho}+\frac{\partial\bar{\rho}}{\partial x}$$

$$\hat{D}_{13}=\frac{\partial\bar{\rho}}{\partial y}$$

$$\hat{D}_{14}=\mathrm{i}\beta\bar{\rho}+\frac{\partial\bar{\rho}}{\partial z}$$

$$\hat{D}_{15}=0$$

$$\hat{D}_{21}=\bar{u}\frac{\partial\bar{u}}{\partial x}+\bar{v}\frac{\partial\bar{u}}{\partial y}+\overline{w}\frac{\partial\bar{u}}{\partial z}+\frac{\mathrm{i}\alpha\overline{T}}{\gamma M^2}+\frac{1}{\gamma M^2}\frac{\partial\overline{T}}{\partial x}$$

$$\hat{D}_{22}=-\mathrm{i}\omega\bar{\rho}+\mathrm{i}\alpha\bar{\rho}\bar{u}+\mathrm{i}\beta\bar{\rho}\overline{w}+\bar{\rho}\frac{\partial\bar{u}}{\partial x}+\frac{1}{Re_0}\left[\frac{4}{3}\left(-\mathrm{i}\frac{\mathrm{d}\alpha}{\mathrm{d}x}+\alpha^2\right)+\beta^2\right]\bar{\mu}$$
$$-\frac{4}{3}\frac{\mathrm{i}\alpha}{Re_0}\frac{\partial\bar{\mu}}{\partial x}-\frac{\mathrm{i}\beta}{Re_0}\frac{\partial\bar{\mu}}{\partial z}$$

$$\hat{D}_{23}=\bar{\rho}\frac{\partial\bar{u}}{\partial y}-\frac{\mathrm{i}\alpha}{Re_0}\frac{\partial\bar{\mu}}{\partial y}$$

$$\hat{D}_{24}=\bar{\rho}\frac{\partial\bar{u}}{\partial z}+\frac{\alpha\beta}{Re_0}\frac{1}{3}\bar{\mu}+\frac{\mathrm{i}\beta}{Re_0}\frac{2}{3}\frac{\partial\bar{\mu}}{\partial x}-\frac{\mathrm{i}\alpha}{Re_0}\frac{\partial\bar{\mu}}{\partial z}$$

$$\hat{D}_{25}=\frac{\mathrm{i}\alpha\bar{\rho}}{\gamma M^2}-\frac{\mathrm{i}\alpha\tau}{Re_0}\left(\frac{4}{3}\frac{\partial\bar{u}}{\partial x}-\frac{2}{3}\frac{\partial\bar{v}}{\partial y}-\frac{2}{3}\frac{\partial\overline{w}}{\partial z}\right)-\frac{\mathrm{i}\beta\tau}{Re_0}\left(\frac{\partial\bar{u}}{\partial z}+\frac{\partial\overline{w}}{\partial x}\right)+\frac{1}{\gamma M^2}\frac{\partial\bar{\rho}}{\partial x}$$
$$-\frac{1}{Re_0}\left[\left(\frac{4}{3}\frac{\partial^2\bar{u}}{\partial x^2}+\frac{\partial^2\bar{u}}{\partial y^2}+\frac{\partial^2\bar{u}}{\partial z^2}+\frac{1}{3}\frac{\partial^2\bar{v}}{\partial x\partial y}+\frac{1}{3}\frac{\partial^2\overline{w}}{\partial x\partial z}\right)\tau\right.$$
$$\left.+\left(\frac{4}{3}\frac{\partial\bar{u}}{\partial x}-\frac{2}{3}\frac{\partial\bar{v}}{\partial y}-\frac{2}{3}\frac{\partial\overline{w}}{\partial z}\right)\frac{\partial\tau}{\partial x}+\left(\frac{\partial\bar{u}}{\partial y}+\frac{\partial\bar{v}}{\partial x}\right)\frac{\partial\tau}{\partial y}+\left(\frac{\partial\bar{u}}{\partial z}+\frac{\partial\overline{w}}{\partial x}\right)\frac{\partial\tau}{\partial z}\right]$$

$$\hat{D}_{31}=\bar{u}\frac{\partial\bar{v}}{\partial x}+\bar{v}\frac{\partial\bar{v}}{\partial y}+\overline{w}\frac{\partial\bar{v}}{\partial z}+\frac{1}{\gamma M^2}\frac{\partial\overline{T}}{\partial y}$$

$$\hat{D}_{32}=\bar{\rho}\frac{\partial\bar{v}}{\partial x}+\frac{2}{3}\frac{\mathrm{i}\alpha}{Re_0}\frac{\partial\bar{\mu}}{\partial y}$$

$$\hat{D}_{33}=-\mathrm{i}\omega\bar{\rho}+\mathrm{i}\alpha\bar{\rho}\bar{u}+\mathrm{i}\beta\bar{\rho}\bar{w}+\bar{\rho}\frac{\partial\bar{v}}{\partial y}+\frac{1}{Re_0}\left(-\mathrm{i}\frac{\mathrm{d}\alpha}{\mathrm{d}x}+\alpha^2+\beta^2\right)\bar{\mu}-\frac{\mathrm{i}\alpha}{Re_0}\frac{\partial\bar{\mu}}{\partial x}-\frac{\mathrm{i}\beta}{Re_0}\frac{\partial\bar{\mu}}{\partial z}$$

$$\hat{D}_{34}=\bar{\rho}\frac{\partial\bar{v}}{\partial z}+\frac{2}{3}\frac{\mathrm{i}\beta}{Re_0}\frac{\partial\bar{\mu}}{\partial y}$$

$$\begin{aligned}\hat{D}_{35}=&-\frac{\mathrm{i}\alpha\tau}{Re_0}\left(\frac{\partial\bar{u}}{\partial y}+\frac{\partial\bar{v}}{\partial x}\right)-\frac{\mathrm{i}\beta\tau}{Re_0}\left(\frac{\partial\bar{v}}{\partial z}+\frac{\partial\bar{w}}{\partial y}\right)+\frac{1}{\gamma M^2}\frac{\partial\bar{\rho}}{\partial y}\\&-\frac{1}{Re_0}\left[\left(\frac{1}{3}\frac{\partial^2\bar{u}}{\partial x\partial y}+\frac{\partial^2\bar{v}}{\partial x^2}+\frac{4}{3}\frac{\partial^2\bar{v}}{\partial y^2}+\frac{\partial^2\bar{v}}{\partial z^2}+\frac{1}{3}\frac{\partial^2\bar{w}}{\partial y\partial z}\right)\tau+\left(\frac{\partial\bar{u}}{\partial y}+\frac{\partial\bar{v}}{\partial x}\right)\frac{\partial\tau}{\partial x}\right.\\&\left.+\left(-\frac{2}{3}\frac{\partial\bar{u}}{\partial x}+\frac{4}{3}\frac{\partial\bar{v}}{\partial y}-\frac{2}{3}\frac{\partial\bar{w}}{\partial z}\right)\frac{\partial\tau}{\partial y}+\left(\frac{\partial\bar{v}}{\partial z}+\frac{\partial\bar{w}}{\partial y}\right)\frac{\partial\tau}{\partial z}\right]\end{aligned}$$

$$\hat{D}_{41}=\bar{u}\frac{\partial\bar{w}}{\partial x}+\bar{v}\frac{\partial\bar{w}}{\partial y}+\bar{w}\frac{\partial\bar{w}}{\partial z}+\frac{\mathrm{i}\beta}{\gamma M^2}\bar{T}+\frac{1}{\gamma M^2}\frac{\partial\bar{T}}{\partial z}$$

$$\hat{D}_{42}=\bar{\rho}\frac{\partial\bar{w}}{\partial x}+\frac{1}{3}\frac{\alpha\beta}{Re_0}\bar{\mu}-\frac{\mathrm{i}\beta}{Re_0}\frac{\partial\bar{\mu}}{\partial x}+\frac{2}{3}\frac{\mathrm{i}\alpha}{Re_0}\frac{\partial\bar{\mu}}{\partial z}$$

$$\hat{D}_{43}=\bar{\rho}\frac{\partial\bar{w}}{\partial y}-\frac{\mathrm{i}\beta}{Re_0}\frac{\partial\bar{\mu}}{\partial y}$$

$$\begin{aligned}\hat{D}_{44}=&-\mathrm{i}\omega\bar{\rho}+\mathrm{i}\alpha\bar{\rho}\bar{u}+\mathrm{i}\beta\bar{\rho}\bar{w}+\bar{\rho}\frac{\partial\bar{w}}{\partial z}+\frac{1}{Re_0}\left(-\mathrm{i}\frac{\mathrm{d}\alpha}{\mathrm{d}x}+\alpha^2+\frac{4}{3}\beta^2\right)\bar{\mu}\\&-\frac{\mathrm{i}\alpha}{Re_0}\frac{\partial\bar{\mu}}{\partial x}-\frac{4}{3}\frac{\mathrm{i}\beta}{Re_0}\frac{\partial\bar{\mu}}{\partial z}\end{aligned}$$

$$\begin{aligned}\hat{D}_{45}=&-\frac{\mathrm{i}\alpha\tau}{Re_0}\left(\frac{\partial\bar{u}}{\partial z}+\frac{\partial\bar{w}}{\partial x}\right)+\frac{\mathrm{i}\beta\bar{\rho}}{\gamma M^2}-\frac{\mathrm{i}\beta\tau}{Re_0}\left(-\frac{2}{3}\frac{\partial\bar{u}}{\partial x}-\frac{2}{3}\frac{\partial\bar{v}}{\partial y}+\frac{4}{3}\frac{\partial\bar{w}}{\partial z}\right)+\frac{1}{\gamma M^2}\frac{\partial\bar{\rho}}{\partial z}\\&-\frac{1}{Re_0}\left[\left(\frac{1}{3}\frac{\partial^2\bar{u}}{\partial x\partial z}+\frac{1}{3}\frac{\partial^2\bar{v}}{\partial y\partial z}+\frac{\partial^2\bar{w}}{\partial x^2}+\frac{\partial^2\bar{w}}{\partial y^2}+\frac{4}{3}\frac{\partial^2\bar{w}}{\partial z^2}\right)\tau+\left(\frac{\partial\bar{u}}{\partial z}+\frac{\partial\bar{w}}{\partial x}\right)\frac{\partial\tau}{\partial x}\right.\\&\left.+\left(\frac{\partial\bar{v}}{\partial z}+\frac{\partial\bar{w}}{\partial y}\right)\frac{\partial\tau}{\partial y}+\left(-\frac{2}{3}\frac{\partial\bar{u}}{\partial x}-\frac{2}{3}\frac{\partial\bar{v}}{\partial y}+\frac{4}{3}\frac{\partial\bar{w}}{\partial z}\right)\frac{\partial\tau}{\partial z}\right]\end{aligned}$$

$$\hat{D}_{51}=\frac{1}{\gamma}\left(\bar{u}\frac{\partial\bar{T}}{\partial x}+\bar{v}\frac{\partial\bar{T}}{\partial y}+\bar{w}\frac{\partial\bar{T}}{\partial z}\right)-\mathrm{i}\omega\frac{1-\gamma}{\gamma}\bar{T}+\mathrm{i}\alpha\frac{1-\gamma}{\gamma}\bar{T}\bar{u}+\mathrm{i}\beta\frac{1-\gamma}{\gamma}\bar{T}\bar{w}$$

$$\begin{aligned}\hat{D}_{52}=&\frac{\bar{\rho}}{\gamma}\frac{\partial\bar{T}}{\partial x}+\frac{1-\gamma}{\gamma}\bar{T}\frac{\partial\bar{\rho}}{\partial x}+\frac{\mathrm{i}\alpha(\gamma-1)M^2}{Re_0}\left(-\frac{8}{3}\bar{\mu}\frac{\partial\bar{u}}{\partial x}+\frac{4}{3}\bar{\mu}\frac{\partial\bar{v}}{\partial y}+\frac{4}{3}\bar{\mu}\frac{\partial\bar{w}}{\partial z}\right)\\&+\frac{\mathrm{i}\beta(\gamma-1)M^2}{Re_0}\left(-2\bar{\mu}\frac{\partial\bar{u}}{\partial z}-2\bar{\mu}\frac{\partial\bar{w}}{\partial x}\right)\end{aligned}$$

$$\begin{aligned}\hat{D}_{53}=&\frac{\bar{\rho}}{\gamma}\frac{\partial\bar{T}}{\partial y}+\frac{1-\gamma}{\gamma}\bar{T}\frac{\partial\bar{\rho}}{\partial y}+\frac{\mathrm{i}\alpha(\gamma-1)M^2}{Re_0}\left(-2\bar{\mu}\frac{\partial\bar{v}}{\partial x}-2\bar{\mu}\frac{\partial\bar{u}}{\partial y}\right)\\&+\frac{\mathrm{i}\beta(\gamma-1)M^2}{Re_0}\left(-2\bar{\mu}\frac{\partial\bar{v}}{\partial z}-2\bar{\mu}\frac{\partial\bar{w}}{\partial y}\right)\end{aligned}$$

$$\hat{D}_{54}=\frac{\bar{\rho}}{\gamma}\frac{\partial\bar{T}}{\partial z}+\frac{1-\gamma}{\gamma}\bar{T}\frac{\partial\bar{\rho}}{\partial z}+\frac{\mathrm{i}\alpha(\gamma-1)M^2}{Re_0}\left(-2\bar{\mu}\frac{\partial\bar{w}}{\partial x}-2\bar{\mu}\frac{\partial\bar{u}}{\partial z}\right)$$
$$+\frac{\mathrm{i}\beta(\gamma-1)M^2}{Re_0}\left(-\frac{8}{3}\bar{\mu}\frac{\partial\bar{w}}{\partial z}+\frac{4}{3}\bar{\mu}\frac{\partial\bar{u}}{\partial x}+\frac{4}{3}\bar{\mu}\frac{\partial\bar{v}}{\partial y}\right)$$

$$\hat{D}_{55}=-\mathrm{i}\omega\frac{\bar{\rho}}{\gamma}+\mathrm{i}\alpha\left(\frac{\bar{\rho}\bar{u}}{\gamma}-\frac{1}{Re_0Pr}\frac{\partial\bar{\mu}}{\partial x}-\frac{\tau}{Re_0Pr}\frac{\partial\bar{T}}{\partial x}\right)$$
$$+\mathrm{i}\beta\left(\frac{\bar{\rho}\bar{w}}{\gamma}-\frac{1}{Re_0Pr}\frac{\partial\bar{\mu}}{\partial z}-\frac{\tau}{Re_0Pr}\frac{\partial\bar{T}}{\partial z}\right)$$
$$+\frac{1-\gamma}{\gamma}\left(\bar{u}\frac{\partial\bar{\rho}}{\partial x}+\bar{v}\frac{\partial\bar{\rho}}{\partial y}+\bar{w}\frac{\partial\bar{\rho}}{\partial z}\right)-\frac{\tau}{Re_0}\left\{\frac{1}{Pr}\left(\frac{\partial^2\bar{T}}{\partial x^2}+\frac{\partial^2\bar{T}}{\partial y^2}+\frac{\partial^2\bar{T}}{\partial z^2}\right)\right.$$
$$+(\gamma-1)M^2\left[\frac{4}{3}\left(\frac{\partial\bar{u}}{\partial x}\right)^2+\left(\frac{\partial\bar{u}}{\partial y}\right)^2+\left(\frac{\partial\bar{u}}{\partial z}\right)^2+\left(\frac{\partial\bar{v}}{\partial x}\right)^2+\frac{4}{3}\left(\frac{\partial\bar{v}}{\partial y}\right)^2+\left(\frac{\partial\bar{v}}{\partial y}\right)^2\right.$$
$$+\left(\frac{\partial\bar{w}}{\partial x}\right)^2+\left(\frac{\partial\bar{w}}{\partial y}\right)^2+\frac{4}{3}\left(\frac{\partial\bar{w}}{\partial z}\right)^2$$
$$\left.\left.-\frac{4}{3}\frac{\partial\bar{u}}{\partial x}\frac{\partial\bar{v}}{\partial y}-\frac{4}{3}\frac{\partial\bar{u}}{\partial x}\frac{\partial\bar{w}}{\partial z}+2\frac{\partial\bar{u}}{\partial y}\frac{\partial\bar{v}}{\partial x}+2\frac{\partial\bar{u}}{\partial z}\frac{\partial\bar{w}}{\partial x}-\frac{4}{3}\frac{\partial\bar{v}}{\partial y}\frac{\partial\bar{w}}{\partial z}+2\frac{\partial\bar{v}}{\partial z}\frac{\partial\bar{w}}{\partial y}\right]\right\}$$
$$-\frac{1}{Re_0Pr}\left(\frac{\partial\bar{T}}{\partial x}\frac{\partial\tau}{\partial x}+\frac{\partial\bar{T}}{\partial y}\frac{\partial\tau}{\partial y}+\frac{\partial\bar{T}}{\partial z}\frac{\partial\tau}{\partial z}\right)-\left(\mathrm{i}\frac{\mathrm{d}\alpha}{\mathrm{d}x}-\alpha^2-\beta^2\right)\frac{\bar{\mu}}{Re_0Pr}$$

第 4 章　感受性问题简述

4.1 引　　言

如本书前言所述，一个基于科学知识上的转捩预测，需要对与转捩有关的四个问题，即感受性问题、扰动演化问题、转捩判据问题和转捩机理问题都有所认识。

感受性问题研究的是边界层外的扰动如何激发边界层内的扰动问题。更确切地说，是边界层外的扰动如何激发边界层内以 T-S 波形式出现的小扰动的问题。当然，对 bypass 转捩而言，则不一定是以 T-S 波形式出现的小扰动。

感受性问题的研究，一般是要求在已知某位置边界层外缘的扰动特性，包括其频率、波长等，能得到在某位置(不一定就是扰动的位置)被激发的频率相同的 T-S 波的幅值。而后者幅值和前者幅值之比，则是感受性研究应该给出的感受性系数。

对不可压缩边界层，感受性问题是一个已经研究得较多的问题。而对超声速、高超声速边界层，则其研究只有十几年的历史，而且主要是用 DNS 方法。

用 DNS 方法研究感受性固然比较直截了当，但也有其复杂之处。因为边界层外缘的扰动激发边界层内小扰动的问题，从数学角度看就相当于解一个小扰动满足的线性微分方程的非齐次问题。数值解中自然包含了齐次方程的解，也就是对应于 T-S 波的那些解，以及由非齐次项即驱动项导致的强迫解。全面地解决感受性问题，就要把驱动项和因感受性作用而产生的 T-S 波从总的解中分离出来，以得到由感受性产生的 T-S 波的幅值和驱动项的幅值之比，即感受性系数。可惜的是，在很多有关感受性的 DNS 的文章中，却缺乏这种分析。为了说清这一问题，下面举一个例子。这个例子是不可压缩边界层的一种感受性问题，是张永明和周恒做的[1]。

假设有一个二维的不可压缩边界层。取一矩形的计算域，如图 4.1.1 所示。其法向的尺度为 5 倍名义边界层厚度，以保证 T-S 波在上边界已衰减到很小。流向取 16 倍的自由流扰动波长($16\lambda_{fs}$)，以保证激发的 T-S 波的演化有足够长的时间和空间而尚未到达下游出口处，以免出现出口处的数值反射。

初始流场和入口条件由平板边界层的 Blasius 解给出，但在计算域上边界不是均匀流动，而是在均匀流速上叠加一个行进波式的扰动：

$$u(x, y_{5\delta}, t) = 0, \quad v(x, y_{5\delta}, t) = v_{5\delta}\sin(\alpha_{fs}x - \omega_{fs}t) \tag{4.1.1}$$

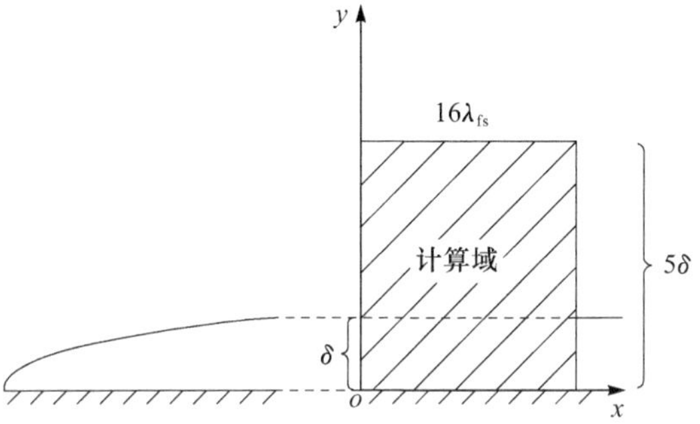

图 4.1.1　计算域示意图

其中，α_{fs}、ω_{fs}、$v_{5\delta}$分别为扰动的波数、频率、幅值。经过一段过渡时间后，边界层外缘也会出现与其色散关系相同的简谐扰动，其幅值趋于定常后，可表达为

$$u(x,y_\delta,t)=u_{fs}\sin(\alpha_{fs}x-\omega_{fs}t+\phi_u),\quad v(x,y_\delta,t)=v_{fs}\sin(\alpha_{fs}x-\omega_{fs}t+\phi_v) \tag{4.1.2}$$

其中，u_{fs}、v_{fs}为扰动的幅值；ϕ_u、ϕ_v 为与上边界扰动的相位差。

假设在平板壁面流向某一范围内有一均匀突起，其高度为 h_{hm}，则在该范围内采用线性化的方法，仍可将边界条件取在平板壁面，但流向速度的边界条件不再是 0，而是

$$u(x_{hm},0,t)=-h_{hm}U'(0),\quad v(x_{hm},0,t)=0 \tag{4.1.3}$$

其中，x_{hm}为凸起处流向坐标；$U'(0)$为平板处基本流的速度导数。平板上其他位置则仍使用无滑移边界条件：

$$u(x_{f1},0,t)=0,\quad v(x_{f1},0,t)=0 \tag{4.1.4}$$

其中，x_{f1}为无凸起处流向坐标。

在涡扰动与壁面凸起的相互作用下，边界层内出现了符合 T-S 波长的波，如图 4.1.2 所示，其中速度 u、v 的波长 $\lambda_u=\lambda_v$ 与由线性稳定性理论得到的 T-S 波的波长 λ_{ts}相等，而不等于边界层外缘作用的涡扰动的波长，但显然是经过调制的波。

实际上，图 4.1.2 中的扰动是多种因素的合成结果，将其记为 R0，其中包含基本流、对基本流的修正、平均值为 0 的周期性扰动，而最后这项又包含上边界周期性扰动分别对基本流和凸起物作用产生的两种周期性扰动。将壁面没有凸起物但在上边界存在由式(4.1.1)表达的扰动时的流动用 R1 表示，其中包含基本流、对平均流的修正，以及平均值为 0 的周期性扰动。将上边界没有扰动但在壁面有凸起物时导致的平均流用 R2 表示，其中包含基本流和对其的修正。将 R1 中的平均流场用 R3 表示。在扰动很小的情况下，这几种因素的影响可以线性叠加。于是，可使用如下办法从 R0 中筛出被激发的 T-S 波：

R0 − R1 − (R2 − R3)——T-S 波

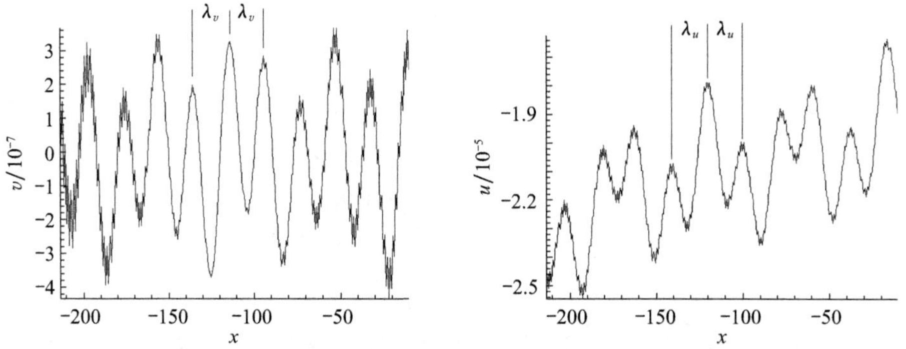

(a) v　　　　(b) u

图 4.1.2　边界层内某一高度的速度沿 x 变化

其中,(R2－R3)是凸起物对基本流的修正。用此方法得到的波,就对应被激发的 T-S 波,如图 4.1.3 所示。

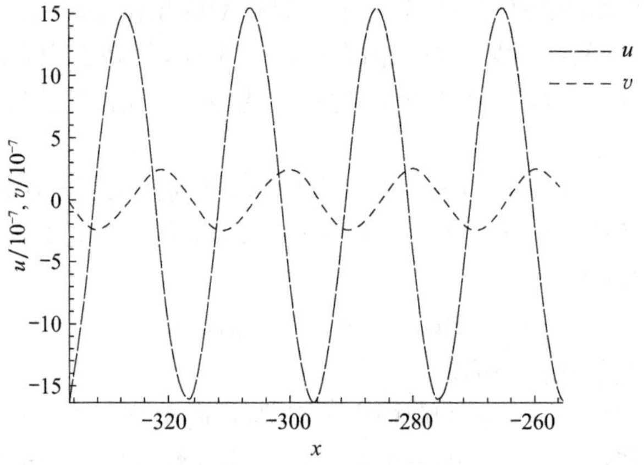

图 4.1.3　筛选出的 T-S 波

图 4.1.4 给出了边界层内新激发出来的扰动波的剖面及线性理论得出的 T-S 波剖面,可以看出,二者在边界层内吻合得很好。这说明此扰动波就是 T-S 波,证实了边界层的确经历了感受性过程。

图 4.1.5 给出了感受性强度与自由流涡扰动的关系。自由流涡扰动以边界层外缘扰动速度 u_{fs}的幅值表示,被激发的 T-S 波的幅值用 u_{ts}表示。当涡扰动幅值小于自由流速度的 1%,凸起物无量纲高度 $h'=h^*/\delta_r<0.2$ 时(其中 h^* 为凸起物实际高度,$\delta_r=(\nu x/U_\infty)^{1/2}=\delta^*/1.7208$,故 $h'=1.7208h_{hm}$),u_{ts}和 u_{fs}呈线性关系。这一结论与 Dietz[2] 实验所得结论完全一致。

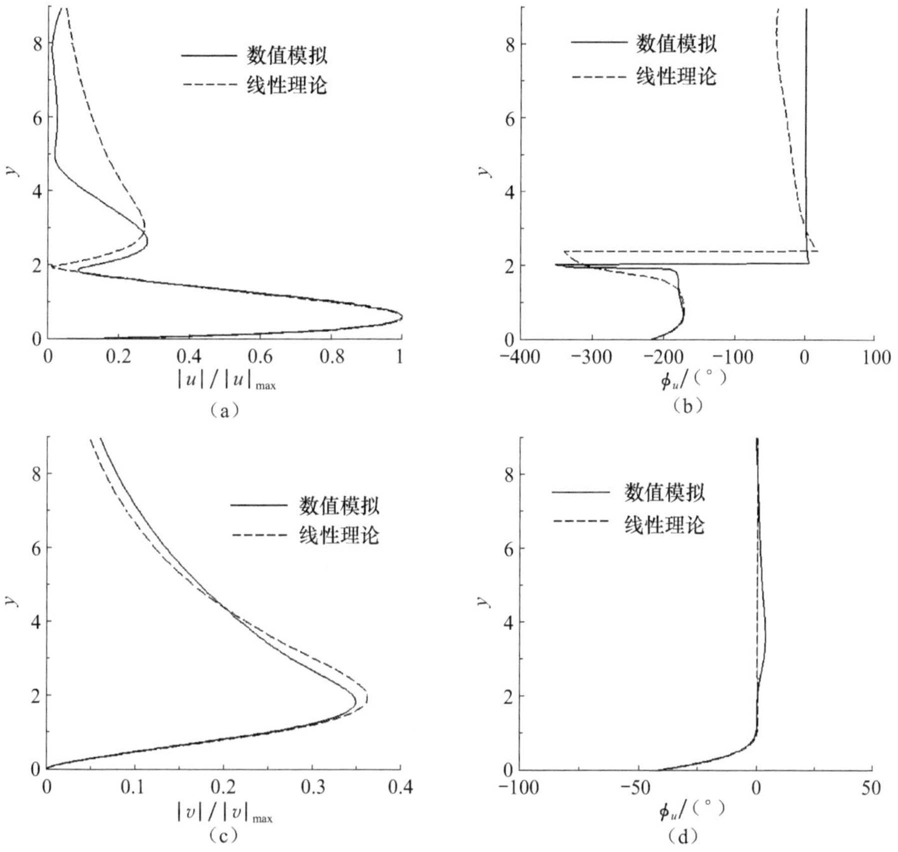

图 4.1.4　边界层内由感受性激发的扰动波与 T-S 波的比较

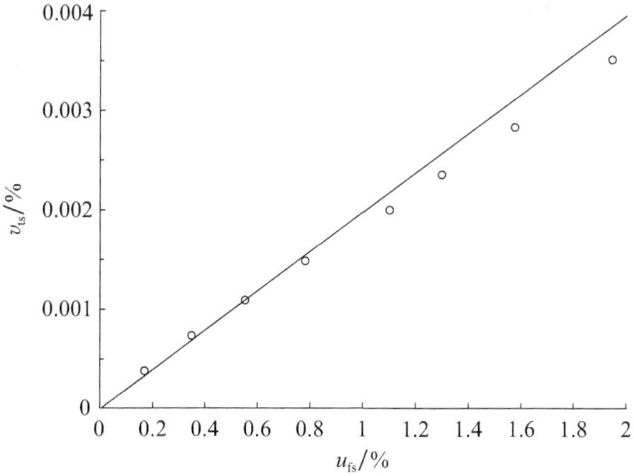

（a）法向速度幅值的比较

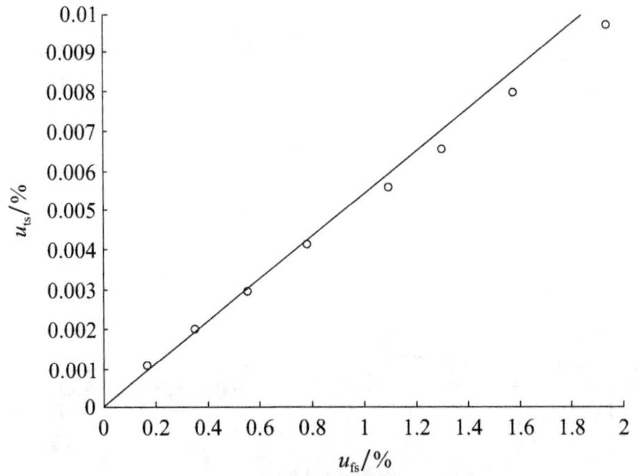

(b) 流向速度幅值的比较

图 4.1.5 被激发的 T-S 波幅值与自由流涡扰动流向速度幅值的关系

可惜在有关超声速、高超声速感受性的 DNS 中,没有见到这种分析,而大多只是在下游一些地方辨认出有符合 T-S 波色散关系的波,但很难得到确切的感受性系数。

4.2 感受性问题的一般概述

在 4.1 节中已对感受性问题作了简单介绍,本节将主要介绍有关感受性问题的理论研究概况。

边界层的不稳定性属于对流不稳定性(convective instability),这意味着,在没有持续外来(加)扰动的情形下,流动最终要回到定常状态,不会产生转捩。

对边界层来讲,并不存在一个不依赖于外来(加)扰动的普适的转捩位置或普适的转捩判据。图 4.2.1 是根据多位学者的实验结果拟合出来的转捩雷诺数和来流湍流度的关系曲线,显示出转捩位置随着湍流度的增大而显著提前。尤其是当来流湍流度较低时,这种依赖关系特别敏感。因此,预测转捩的科学问题中不能回避感受性问题。

边界层周边环境中存在各种形式的扰动。在来流中,可能有非定常脉动。小幅值脉动可认为是线性的,可表示成行进波的形式,如 $\exp\{i(k_1x+k_2y+k_3z-\omega t)\}$,其中 k_1、k_2 和 k_3 分别是扰动在流向、法向和展向的波数。在背景来流是均匀的条件下,非定常脉动可分解为声波、涡波和熵波。声波是压力脉动,其相速度为

$$c = 1 \pm (k_1^2 + k_2^2 + k_3^2)^{1/2}/(k_1 M)$$

其中,M 是来流马赫数。

涡波和熵波分别代表涡量和温度的扰动被动地被背景流动带向下游,其相速

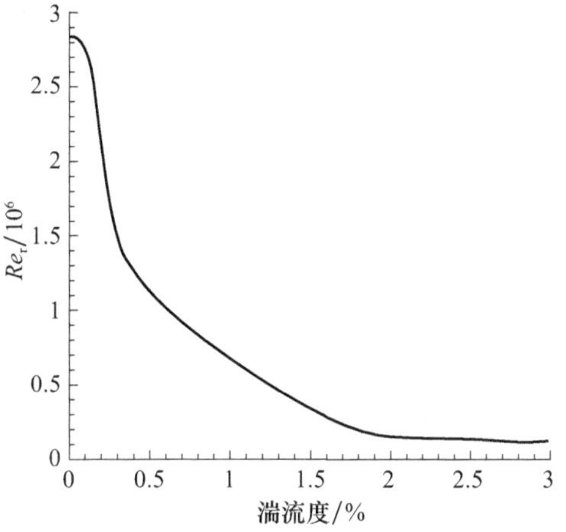

图 4.2.1　来流湍流度对边界层流动转捩位置(雷诺数)的影响

度是 $c\approx 1$。

壁面粗糙度是另一种常见外来扰动,可分两类:一类是局部粗糙度,如"鼓包"(hump)或"凹陷"(indentation);另一类是分布粗糙度,如波形壁(wavy wall)。刻画壁面粗糙度的参数是其流向变化的尺度 l_w 和高度 h(相对于当地边界层厚度)。

一般地,这些扰动中的任何一种都无法单独激发不稳定波,这是因为它们各自的特征时间和特征长度一般都与边界层内的不稳定模态波的特征时间和特征长度不同,即不满足同样的色散关系。色散关系可表示为

$$\Delta(\alpha,\beta,\omega,x) = 0 \tag{4.2.1}$$

其中,α 和 β 分别为流向和展向波数;ω 为频率;x 表示在不同流向位置的参数,含义是色散关系与流向位置有关。

与稳定性问题不同,感受性问题是系统(边界层)对"外力"(外界扰动)的响应,因此必须由非齐次的边值问题来描述,其中的非齐次项代表外来扰动所产生的"强迫力"。感受性研究的关键问题是寻找"尺度转化"机理,使得"强迫项(力)"的尺度与不稳定波的特征时间和特征长度相当,即满足"共振条件",这样的"强迫力"才能与特征模态之间产生共振,从而有效地激发不稳定波。重要的"尺度转化"由外来扰动与基本流的非平行性作用,或两个外来扰动之间相互作用来实现。

感受性研究在 20 世纪 80 年代因为 Goldstein[3,4] 和 Ruban[5] 的杰出工作而取得重大突破。这些工作和稍后的发展由 Goldstein 等[6] 作了介绍和综述。

在其后 10 年内,感受性研究十分活跃,Saric 等[7] 综述了这期间的大部分理论、计算和实验进展。

近年来，Fedorov[8]以及 Zhong 等[9]总结了超声速边界层的感受性问题研究结果。下面介绍具体的研究成果。

4.3 亚声速边界层的感受性

已经研究过的有五个方面的问题。

1. 前缘调节机理(leading-edge adjustment mechanism)

Goldstein[3]研究了声波与边界层在前缘区的相互作用。假设声波沿流向传播，则它在这一方向的速度可表示为 $u_\infty \mathrm{e}^{\mathrm{i}(\alpha_s^* x^* - \omega^* t^*)}$ + c. c.，其中 α_s^*、x^*、ω^* 及 t^* 分别是有量纲的流向波数、流向坐标、频率及时间。为了能激发不稳定模态，频率要求满足 $\nu\omega^*/U_\infty^2 \ll 1$，因此可定义小参数 $\varepsilon = (\nu\omega^*/U_\infty^2)^{1/6} \ll 1$。声波与边界层的作用发生在距前缘距离为 $O(U_\infty/\omega^*)$ 的区域。在此区域内，$x \equiv (\omega^*/U_\infty)x^* = O(1)$，边界层对应于 $y \equiv \varepsilon^{-3}(\omega^* U_\infty)y^* = O(1)$。边界层流动具有较强的非平行性，声波压力脉动在边界层内引起的响应满足非齐次非定常线性化边界层方程，其通解是特解和边界层方程的齐次(特征)解的叠加。在 $x = O(1)$ 时，通解需要通过数值求解非齐次非定常边界层方程得到，但在该区域的下游，即 $x \gg 1$ 处，扰动的流向速度的通解有如下渐近形式：

$$u = u_\infty \{ u_s(\eta) \mathrm{e}^{\mathrm{i}(\alpha_s^* x^* - \omega^* t^*)} + C_0 x^\tau u_E(\eta) \mathrm{e}^{\mathrm{i}(-\gamma x^{3/2} - \omega^* t^*)} + \text{c. c.} \} \quad (4.3.1)$$

其中，$\eta = y/(2x)^{1/2}$；C_0、γ 和 τ 都是常数。上式第一项代表 Stokes 波(特解)；第二项是渐近特征(齐次)解，由 Lam 和 Rott[10]首先发现，因此被称为 Lam-Rott 渐近特征解。指数中的 γ 是复数，其虚部大于零，因此特征解是衰减的。但重要的是，特征解的当地波数约为 $-\frac{3}{2}\gamma x^{1/2}$，波长为 $O(x^{-1/2})$，也就是说，由于边界层的非平行性，特征解的波长在不断缩短。根据边界层理论，在扰动向下游发展的过程中，由黏性引起的位移会在边界层靠外的无黏区诱导出流向压力梯度。Goldstein 指出，由于波长在缩短，诱导压力梯度随距离而不断增大，在距前缘距离为 $O(\varepsilon^{-2}U_\infty/\omega^*)$，即 $x = O(\varepsilon^{-2})$ 的区域，它与动量方程中惯性和黏性扩散项变成同一量级，扰动的演化满足 O-S 或三层结构方程[11,12]。O-S 方程的特征解，即 T-S 波的波数 $\alpha(x_1)$ 和 Lam-Rott 特征解的波数 $-\frac{3}{2}\gamma x^{1/2}$ 在渐近意义上是匹配的，即当 $x_1 \equiv \varepsilon^2 x \to 0$ 时，有

$$\alpha(x_1) \to -\frac{3}{2}\gamma x^{1/2}$$

前缘调节机理在物理上可解释为：声波作用在前缘区域的边界层上，首先激发 Lam-Rott 模态(也可解释为声波在非平行性的折射作用下转化成 Lam-Rott 模

态)，后者再演化成 T-S 波。因此，式(4.3.1)中的常数 C_0 代表感受性系数，即特征模态的幅值与外来扰动的幅值之比。通过求解非齐次边界层方程，可确定感受性系数为

$$C_0 = 0.420 + 0.818\mathrm{i}$$

它与频率无关。用被激发的 T-S 波在中性曲线下分支处 x_I 的幅值，还可以定义另一个感受性系数：

$$K_I(\omega) = C_0 \exp\left\{-\varepsilon^{-2}\int_0^{x_I} \alpha(x_1)\mathrm{d}x_1\right\} \tag{4.3.2}$$

值得注意的是，K_I 是频率的函数。因此，如果来流中不同频率的声波具有相同幅值，那么它们所激发的 T-S 波在中性曲线下分支处的幅值不同，与通常的 e^N 方法中隐含的假设，即在中性曲线上的点代表的扰动都具有相同的幅值不符。

Goldstein 考虑的是最简单的情形，做了如下假设：①平板边界层；②声波的传播方向与平板平行(即入射角为零)；③不可压缩流动(马赫数为 0，此时声波退化成波长为无穷的脉动)。其后，Heinrich 和 Kerschen 等考虑了入射角 θ 和马赫数 M 的影响，关于平板边界层的定量结果，在 Goldstein 和 Hultgren 的综述[6]中已有介绍。

Hammerton 和 Kerschen[13]将 Goldstein 的渐近理论推广到了有限厚度机翼边界层对声波的感受性问题上(图 4.3.1)，分析了前缘钝度、攻角对感受性的影响，此时的感受性系数可写成

$$C_0 = C_s\cos\theta + M^{-1/2}\sin(\theta/2)C_a \tag{4.3.3}$$

其中，C_s 和 C_a 依赖于前缘几何形状、钝度、攻角、机翼厚(弯)度以及声波的无量纲频率 $S \equiv \omega^* r_n/U_\infty$($r_n$ 是前缘曲率半径)。Corke 及其合作者则通过数值求解线性化 N-S 方程，研究了这些较为复杂的边界层的感受性，计算了有关的感受性系数。对于前缘为抛物型的机翼，Hammerton 和 Kerschen 理论分析得到的感受性系数 C_0 和 S 之间的关系如图 4.3.2 所示；而图 4.3.3 是 Haddad 和 Corke[14]的数值结果。

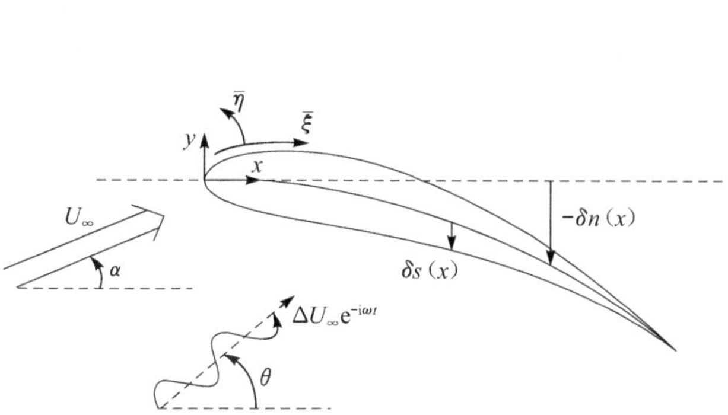

图 4.3.1　有攻角的有限厚度机翼边界层与来流中的声波扰动[13]

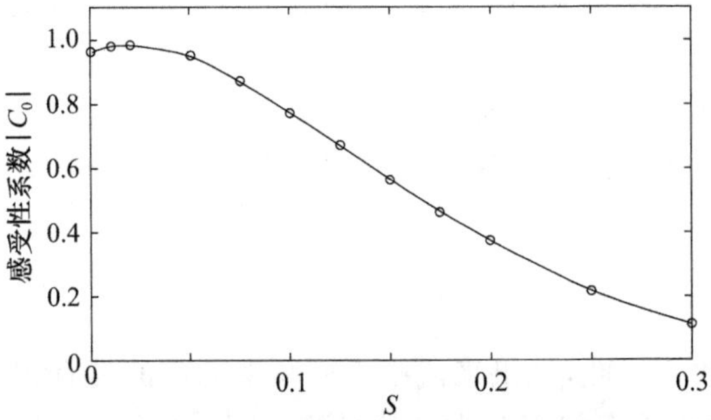

图 4.3.2　感受性系数$|C_0|$与无量纲频率 S 之间的依赖关系[13]

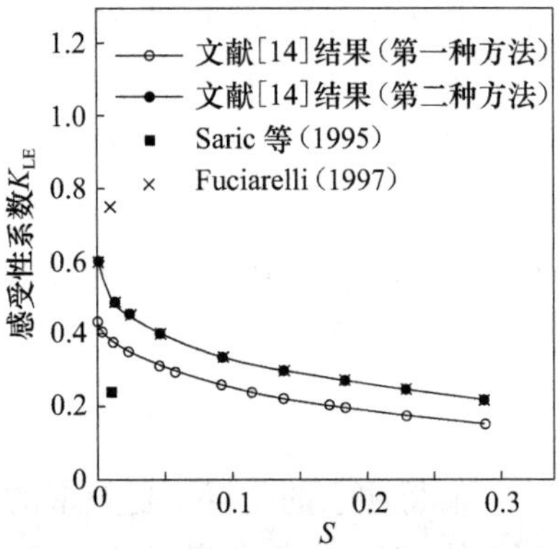

图 4.3.3　感受性系数 K_{LE}与无量纲频率 S 之间的依赖关系[14]

K_{LE}的下标 LE 表示前缘

注意，数值结果采用的感受性系数是由式(4.3.3)所定义的。理论和数值结果均显示，对于同一物理频率 ω^*，感受性随钝度增加而降低。图 4.3.4 显示了声波入射角 θ 对感受性的影响。理论和数值结果都表明，感受性系数在 $\theta=0°$时最小，$\theta\approx100°$时最大，而且最大值要比最小值大 1 或 2 个数量级。

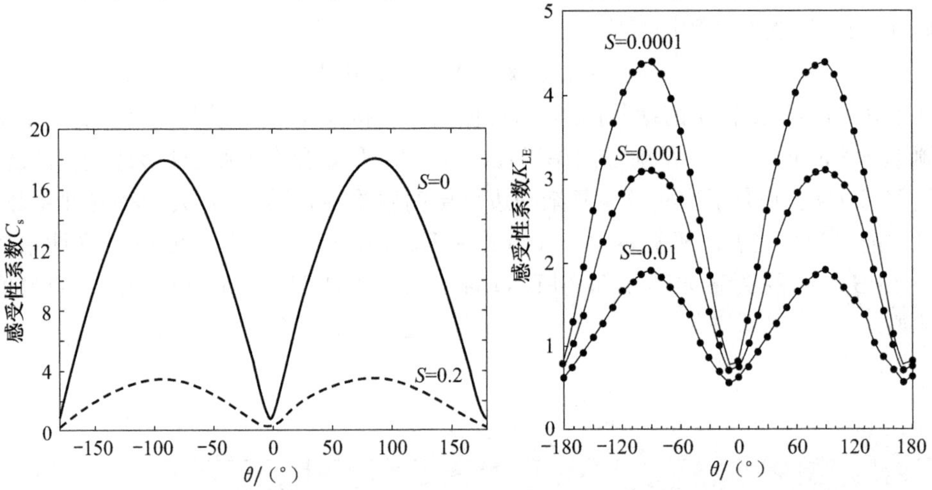

（a）Hammerton和Kerschen[13]的理论结果　　（b）Erturk和Corke的数值结果

图 4.3.4　感受性系数随声波入射角 θ 的变化

Hammerton 和 Kerschen[15]分析发现，攻角 α 和机翼厚(弯)度 $n(x)$对感受性的影响可以用参数 μ 来表征：

$$\mu = (b/r_{\mathrm{n}})^{1/2}\left[\alpha - \frac{1}{\pi}\int_0^1 \frac{n'(x)}{\sqrt{x(2-x)}}\mathrm{d}x\right]$$

其中，$x=x^*/b$；b 代表机翼弦长。图 4.3.5 是理论预测机翼下壁面边界层的感受性系数 C_{a} 随 $|\mu|$ 的变化。有趣的是，两者之间的关系是非单调的。上壁面边界层的感受性系数随 $|\mu|$ 先减小再增大；而下壁面边界层的感受性系数先增加，在 $|\mu|=0.4$ 时达到最大后再减小。图 4.3.6 是 Haddad 等[16]得到的关于抛物体边界层感受性的数值结果。显然，(上壁面边界层)感受性系数 K_I 随攻角单调增加。这与 Hammerton 和 Kerschen 的理论结果(图 4.3.5)似有差异。但必须注意到，理论和计算采用了不同感受性系数。感受性系数 C_{a} 反映的是单纯的前缘耦合，而 K_I 除此之外还包括了特征模态随后的线性演化。当攻角增大时，导致线性失稳提前，K_I 因此增大。这也许是 K_I 和 C_{a} 随 $|\mu|$ 变化趋势是相反的原因。

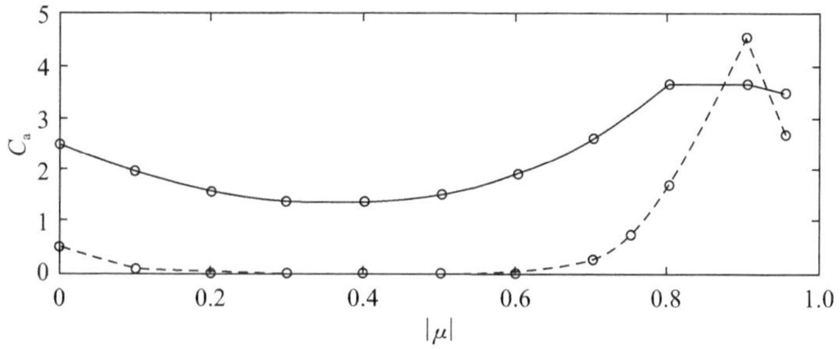

（a）机翼上壁面边界层

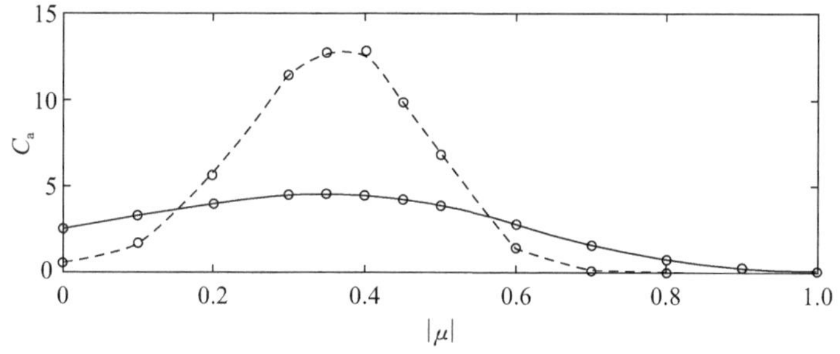

（b）机翼下壁面（压力面）边界层

图 4.3.5　感受性系数 C_{a}(纵坐标)随攻角参数 μ 的变化[15]

图中实线和虚线分别是两种不同参数下所得结果

Wanderley 和 Corke[17]用数值方法计算了有限厚度平板边界层的感受性，并比较了平板前缘为椭圆和超椭圆两种情形。椭圆与平板结合处虽然是光滑的，但曲率不连续，声波在此处会激发较强的 T-S 波。而超椭圆，其曲率在结合处降低到零，以保证曲率的连续性，从而消除该处的局部感受性。图 4.3.7 是计算所得到的感受性系数 K_I 随频率 $F=\nu\omega^*/U_\infty^2$ 的变化，并与 Saric 等[18,19]的实验结果作了

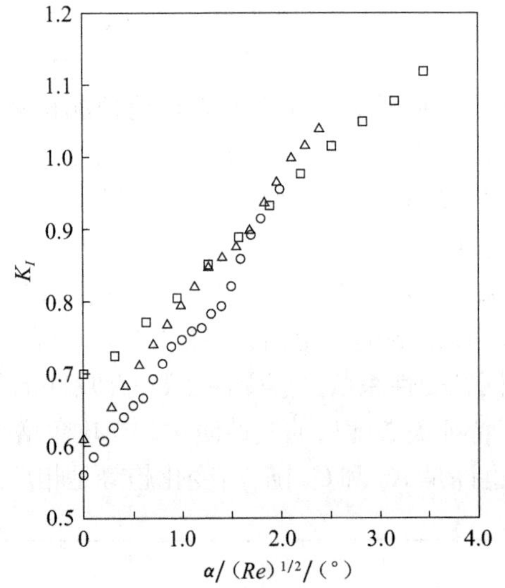

图 4.3.6　翼攻角 α 对感受性系数 K_I 的影响[16]

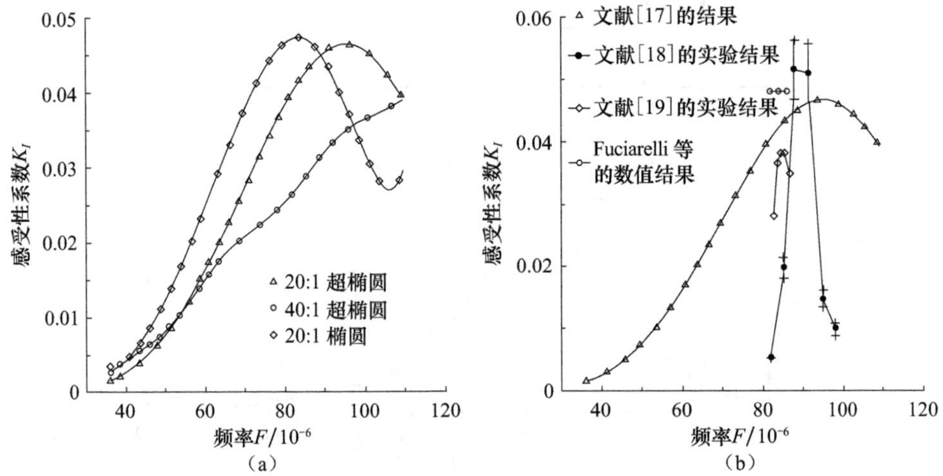

图 4.3.7　前缘为椭圆、超椭圆的平板边界层的感受性系数(a)
及计算结果和实验比较(b)[17]

对比。可以看到,计算结果和实验之间存在较大甚至是定性的差别。实验结果显示出感受性对频率有很强的选择性,远超过计算结果的预测。造成这种差别的原因尚不清楚。

2. 声波与局部壁面粗糙元相互作用

在实际应用中,壁面并非完全光滑。微小的壁面粗糙度在感受性中起着重要作用。Goldstein[4]和 Ruban[5]第一次阐明了由孤立粗糙元所导致的局部流动与声波相互作用而产生 T-S 波的机理。为确定起见，考虑位于距前缘距离为 L 处的孤立粗糙元，其高度为 h^*，在流向变化的尺度为 $d \gg L$。定义雷诺数 $Re = U_\infty L/\nu$，则此处的 T-S 波的特征频率 ω^* 和特征波长 λ_{TS} 为

$$\omega^* \sim O(Re^{1/4}U_\infty/L), \quad \lambda_{TS} \sim O(Re^{-3/8}L) \tag{4.3.4}$$

对应的波数 $\alpha^* \sim O(Re^{3/8}L^{-1})$。无量纲频率 $\omega = Re^{-1/4}\omega^* L/U_\infty = O(1)$ 和波数 $\alpha = Re^{3/8}\alpha^* L = O(1)$ 满足 T-S 波的色散关系。在这样的特征尺度下，T-S 不稳定波可由著名的非定常三层结构理论(triple-deck theory)来描述[11,12]。

为了能激发 T-S 模态，粗糙元的流向尺度 d 必须和 T-S 模态的波长相当，即 $d \sim O(\lambda_{TS})$。由粗糙元引起的局部流动由定常三层结构理论来描述[20]。在厚度为 $O(Re^{-5/8}L)$ 的黏性底层，速度场可表示为

$$Re^{1/2}(h^*/L)U_\infty(u_M(X,Y), Re^{-1/4}v_M(X,Y))$$

其中，$X = Re^{3/8}(x^* - L)/L$；$Y = Re^{5/8}y^*/L$。假设 $h^*/L \ll Re^{-5/8}$，则求解线性化的三层结构方程，就可以得到局部流场。同样，声波的频率必须和 T-S 波不稳定性的特征频率同一量级。

由于 $\omega^* \gg U_\infty/L$，声波的压力脉动在黏性底层驱动 Stokes 波，其流向速度为 $\varepsilon_s(u_s(Y)e^{-i\omega^* t^*} + \text{c. c.})$，此处 $\varepsilon_s \ll 1$，是来流中声波速度脉动的量级。定常流场和 Stokes 波作用，产生的非定常强迫项可表示为 $\varepsilon_s F(X,Y)e^{-i\omega^* t^*} + \text{c. c.}$，它同时具有特征模态的频率和长度尺度。所产生的响应满足非齐次三层结构方程。在黏性底层，流向速度为 $\varepsilon_s Re^{5/8}(h^*/L)U_\infty(u_F e^{-i\omega^* t^*} + \text{c. c.})$。在 $h^*/L \ll Re^{-5/8}$ 时，扰动的动量方程可线性化。通过对 X 进行傅里叶变换，可在波数空间求得关于响应的解，做傅里叶反变换就可得到物理空间的解

$$u_F = \frac{1}{2\pi}\int_{-\infty}^{\infty} \frac{\overline{F}(k,Y)}{\Delta(k,\omega)} e^{ikX} dk \tag{4.3.5}$$

其中，$\overline{F}(k,Y)$ 和 $\Delta(k,\omega)$ 分别代表强迫项的傅里叶变换和 T-S 波的特征关系。若 α 是 T-S 波的波数，则满足特征关系：

$$\Delta(\alpha,\omega) = 0$$

$k = \alpha$ 是被积函数的简单奇点。利用留数定理和适当变换在 k 空间的积分路径，可以证明，在 $X \gg 1$ 时

$$u_F \sim \frac{\hat{F}(\alpha,Y)e^{i\alpha X}}{\partial\Delta(\alpha,\omega)/\partial\alpha} \tag{4.3.6}$$

显然，u_F 是被激发的 T-S 波的特征函数。此时，感受性系数可定义为

$$\Lambda = \max_Y |u_F| / (h^*/L) \tag{4.3.7}$$

应注意的是，对于孤立粗糙元，虽然强迫项的谱 $\overline{F}(k,Y)$ 是连续的，但对一个

给定的频率，只有其中一个谱分量 $\bar{F}(\alpha, Y)$ 与特征模态产生共振。图 4.3.8 显示了理论预测的感受性系数与粗糙度的流向尺度的关系，并与实验进行了对比，两者定量相符。感受性系数的最大值出现在某个特定的 d，这反映了上面所提到感受性的共振特性。如果粗糙元的流向尺度远大于或远小于 T-S 波长，那么其形状函数的傅里叶变换在 $k=\alpha$ 时就很小，即不会激发较大的 T-S 波。

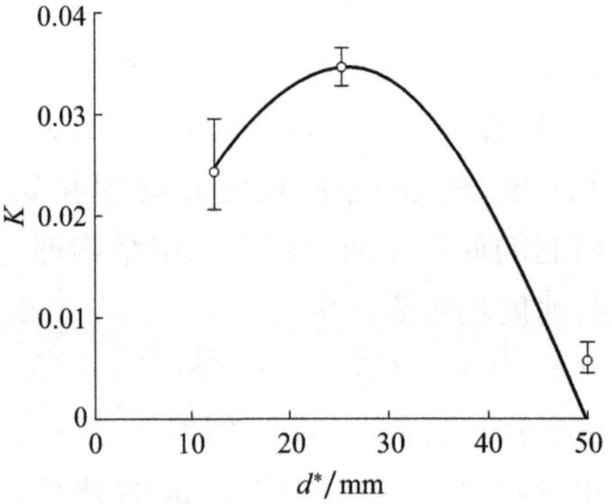

图 4.3.8　感受性系数 K 与粗糙度的流向尺度 d^* 的关系[6]

以上所述的解析解只有在 $h^*/L \ll Re^{-5/8}$ 时才可能。当 $h^*/L = O(Re^{-5/8})$ 时，局部定常扰动是非线性的，相应地，它与 Stokes 波作用所产生的非定常响应的控制方程也不再是常系数的，两者均须进行数值求解。Bodonyi 等考虑了这种情形[21]。

需要强调的是，基于大雷诺数的渐近理论可给出 T-S 波准确的渐近尺度，只有在这一基础上才能描述感受性的本质和关键，即尺度转化。在理解了尺度转化的前提下，Choudhari 和 Strett[22] 将 Goldstein-Ruban 理论用有限雷诺数的数学方式来表示，以期在定量上更精确地计算感受性系数。

3. 来流中涡波与局部壁面粗糙元相互作用

如前所述，涡波是来流中另一种重要的非定常扰动，也被认为是来流中湍流的主要组成部分。与声波不同，它几乎没有压力脉动，因此除非其频率特别低，或波长特别长，否则涡量脉动不能在边界层内部引起大的速度脉动，而只能影响到边界层外缘，涡脉动几乎完全被位于外缘的“边缘层”(edge layer)所吸收。而频率非常低的涡量脉动虽然能进入边界层，但其时间尺度又远大于 T-S 波的特征周期。

正因为如此，在很长一段时间内，人们认为涡波在感受性中的作用不重要。但这一观点有悖于转捩敏感地依赖来流湍流度这个基本事实，因为对低速流来说，湍流扰动主要以涡波形式出现。Duck 等[23]注意到，虽然涡波不能穿透边界层而进入黏性底层，粗糙元所引起的局部定常流动却能影响到边界层的外缘，即三层结构的“顶层”(upper deck)。这样，涡波和局部定常流动在顶层和“边缘层”发生相互作用，从而激发 T-S 波，其幅值也可用三层结构理论来计算。

Duck 等假设了涡波在法向上是周期的，给出了一阶渐近理论，但未做任何定量计算。Wu[24]将他们的分析推广到二阶渐近近似，并允许涡扰动在法向上具有任意分布，得到了具有二阶精度的感受性系数的表达式，结果发现感受性只与涡波的无黏滑移速度有关，这一特性使得与实验定量比较成为可能。关于边界层对涡波的感受性定量实验，其主要困难是涡波通常是随机的。但 Dietz[2]成功地在控制条件下生成单一频率的涡波，并仔细地测量了涡波的分布及其与单个和多个粗糙元作用所激发的 T-S 波。Wu 针对 Dietz 的实验做了计算。所得感受性系数与雷诺数、频率以及粗糙元个数的关系如图 4.3.9 所示。

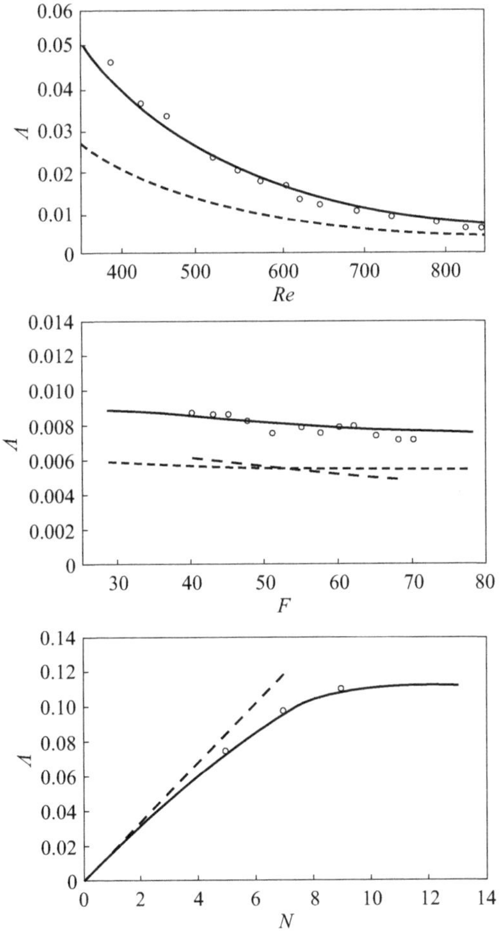

图 4.3.9　涡波-局部粗糙元作用的感受性系数 Λ(纵坐标)与雷诺数 Re、频率 F 以及粗糙元个数 N 的关系[24]

实线：二阶理论；虚线：一阶理论；圆形：实验

理论预测与实验数据相符很好。张永明和周恒对涡波与粗糙元的相互作用进行了数值模拟，也得到了与实验相符的结果。

4. 分布式壁面粗糙度与涡波、声波相互作用

分布式壁面粗糙度在感受性中的作用同样受到重视。实际粗糙度的几何形状非常复杂，为了揭示基本机理，通常采用最简单的模型，即波纹壁。将壁面形状表示为 $h^* e^{i\alpha_w^* x^*}$ +c. c. ，其中 α_w^* 是波纹壁的物理波数。粗糙元所导致的定常流动与涡波的相互作用，产生了时间和流向都是周期的强迫项 $h^* F e^{i(\alpha_w^* x^* - \omega^* t^*)}$ + c. c. 。由于 α_w^* 是实数，与特征模态的共振只能在频率为 ω^* 的 T-S 波的中性位置 x_n 附近才能发生，且 α_w^* 和中性模态的波数 $\alpha(n)$ 还需近似相等。Wu[25] 用三层结构理论分析了这一感受性过程。通过尺度（量级）分析，发现共振条件是：无量纲化波数满足关系：

$$\alpha_w = \alpha(x_n) + Re^{-3/16}\alpha_d \tag{4.3.8}$$

其中，$Re^{-3/16}\alpha_d$ 代表"失调(detuning)效应"。涡波与波纹壁相互作用所产生的响应经历三个阶段，如图 4.3.10 所示。在共振前阶段，$(\alpha - \alpha_n) \gg Re^{-3/16}$，波纹壁波数 α_w 与 T-S 模态的局部波数 $\alpha(x)$ 之差大于 $Re^{-3/16}$ 量级，边界层响应属于非共振的强迫振荡。共振发生的区域则对应于

$$x - x_n = Re^{-3/16}\bar{x}, \quad \bar{x} = O(1) \tag{4.3.9}$$

式中，$\bar{x}$ 是共振区的局部变量。在这一区间上，由共振所产生的 T-S 波在黏性底层的流向速度可表示为 $\varepsilon_v Re^{3/16}(h^*/L)A(\bar{x})u_{TS}$，其中 ε_v 代表涡波的强度，u_{TS} 是 T-S 波的特征函数，$A(\bar{x})$ 描述 T-S 波的幅值演化，它满足方程

$$A'(\bar{x}) = \sigma\bar{x}A + Fe^{i\alpha_d\bar{x}} \tag{4.3.10}$$

和初始条件：当 $\bar{x} \to -\infty$ 时，$A \to -Fe^{i\alpha_d\bar{x}}/(\sigma\bar{x})$。求解可得

$$A = Fe^{\frac{1}{2}\sigma\bar{x}^2}\int_{-\infty}^{\bar{x}} e^{-\frac{1}{2}\sigma\xi^2 + i\alpha_d\xi} d\xi$$

在后共振阶段（图 4.3.10），即 $\bar{x} \to \infty$ 时，$A \to -FA_\infty e^{\frac{1}{2}\sigma\bar{x}^2}$，响应最终演化成增长的 T-S 波。感受性系数可定义为

$$K_I = Re^{3/16}A_\infty \max|u_{TS}|, \quad A_\infty = \int_{-\infty}^{\infty} e^{-\frac{1}{2}\sigma\xi^2 + i\alpha_d\xi} d\xi \tag{4.3.11}$$

Wu 进一步将分析推广到二阶，得到精度为 $O(Re^{-1/8})$ 的感受性系数的表达式。图 4.3.11 是一阶、二阶理论的预测与实验结果比较。可以看出，一阶理论基本准确，但二阶理论与实验相符程度非常满意。

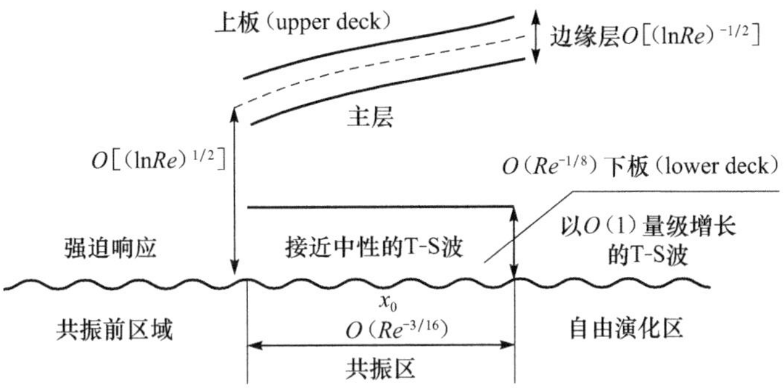

图 4.3.10　分布粗糙元(波纹壁)感受性的物理过程[25]

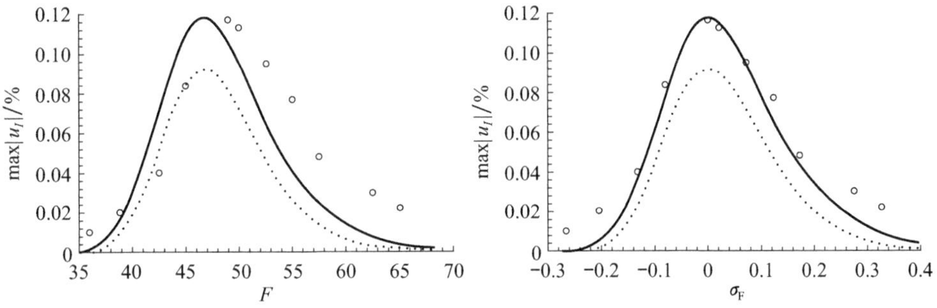

(a) 感受性系数(纵坐标)与频率F的关系　　(b) 感受性系数与失调参数σ_F的关系

图 4.3.11　分布粗糙元(波纹壁)与涡波相互作用的所激发的 T-S 波初始幅值和频率 F 及失调参数 σ_F 的关系[25]

$\sigma_F=(F-F_C)/F_C$，F_C 是中性模态频率

实线：二阶理论；虚线：一阶理论；圆形：实验

值得注意的是：①尽管粗糙度是分布式的，但如式(4.3.9)所示，感受性(通过共振激发特性模态)事实上具有局部性；②如图 4.3.11 所示，周期波纹壁比局部粗糙元能更有效地激发 T-S 波。

对于周期波纹壁与声波相互作用的感受性，上述方法也适用，稍有不同的是，声波与波纹壁所导致的定常流的作用发生在黏性底层。Choudhari[26] 提出了另一种方法，把波纹壁处理成孤立粗糙元的叠加，来计算感受性系数。

另外需要指出的是，Crouch[27] 也曾研究了波纹壁与涡波的相互作用，但没有分析对感受性最关键的共振区，其理论和结论(感受性系数很低)都是错误的。

上述三小节中的理论表明，即使微小的壁面粗糙度，也会与来流中声波、涡波产生相互作用，产生 T-S 波。

5. 涡波与声波相互作用

本节前述所描述的感受性机理都需要壁面粗糙度。Luo 和 Zhou[28] 首先指出,来流中两个不同频率的扰动,如 $\varepsilon e^{i(\alpha_j^* x^* - \omega_j^* t^*)}$ $(j=1,2)$相互作用,生成的强迫项(雷诺应力)中含有差频成分 $e^{i(\alpha_1^* - \alpha_2^*)x^* - i(\omega_1^* - \omega_2^*)t^*}$,如果$(\alpha_1^* - \alpha_2^*)$和$(\omega_1^* - \omega_2^*)$满足 T-S 波的色散关系,则也可以激发 T-S 模态。但 Luo 和 Zhou 没有考虑来流中扰动的物理和数学性质。Wu[29]则进一步指出,一定频率范围内的声波和涡波相互作用的确可以产生满足色散关系的$(\alpha_1^* - \alpha_2^*)$和$(\omega_1^* - \omega_2^*)$。根据 T-S 波的渐近(三层结构)理论,与感受性有关的声波和涡波的无量纲化波数 α_s 和 α_v 必须有以下标度 $\alpha_1^* L = Re^{3/8}\alpha_s$,$\alpha_2^* L = Re^{3/8}\alpha_v$。对于马赫数 $M=O(1)$的来流,无量纲频率 $\omega_1^* L/U_\infty = Re^{3/8}\omega_s$,$\omega_2^* L/U_\infty = Re^{3/8}\omega_v$。声波和涡波的频率和波数分别满足各自的色散关系:

$$\omega_s/\alpha_s = 1 \pm \frac{1}{M\cos\theta}, \quad \omega_v/\alpha_v = 1 \tag{4.3.12}$$

差频强迫项与中性特征模态发生共振的条件是

$$(\alpha_s - \alpha_v) = \alpha, \quad (\omega_s - \omega_v) = (\alpha_s - \alpha_v) \pm \alpha_s/(M\cos\theta) = Re^{-1/8}\alpha \tag{4.3.13}$$

由式(4.3.12)和式(4.3.13)可得

$$\alpha = \frac{\omega_s}{1 + M\cos\theta}, \quad \omega_v = \omega_s \tag{4.3.14}$$

和波纹壁面与声(涡)波的相互作用类似,共振发生的区域对应于式(4.3.9),所激发的 T-S 波在黏性底层的流向速度为 $\varepsilon^2 Re^{5/16} A(\bar{x}) u_{TS}$,幅值函数 $A(\bar{x})$仍满足控制方程(4.3.10)。当然,其中的强迫项由分析声波与涡波在顶层的相互作用所得,其感受性系数可定义为

$$C_v = \varepsilon^2 Re^{5/16} A(\bar{x}) u_{TS}/(\varepsilon u_\infty p_a) \tag{4.3.15}$$

式中,u_∞和 p_a 分别代表涡波速度和声波的压力扰动。感受性系数和声波频率 $f_s = \omega^* \nu/U_\infty^2$有如下标度关系:

$$C_v = \varepsilon\kappa f_s^{-1/2} \tag{4.3.16}$$

其中,κ 依赖于马赫数 M、入射角 θ 和展向波数 β。在马赫数很低时,如 $M \leqslant 0.1$,该机理较弱,但随 M 的增加而迅速增强。图 4.3.12 为 $M=0.5$ 时 κ 随 θ 和 β_N 的变化,而 $\beta_N = \beta\lambda^{-5/4}$,其中 λ 是无量纲壁面速度梯度。

计算表明,对于频率为 $f_s = 10^{-4}$ 的声波和幅值为 0.03%的涡波,它们之间的相互作用所产生的 T-S 波的流向速度幅值和声波的速度幅值相当。

值得强调的是,和(局部或分布)粗糙元与声(涡)波作用不同,该机理不需要粗糙度;另外,它与“前缘调节机理”也不同,该机理自动地发生在中性曲线下支,所产生的 T-S 波不经历任何衰减,而是立即增长。因此,涡波与声波相互作用能够非常有效地激发 T-S 波。

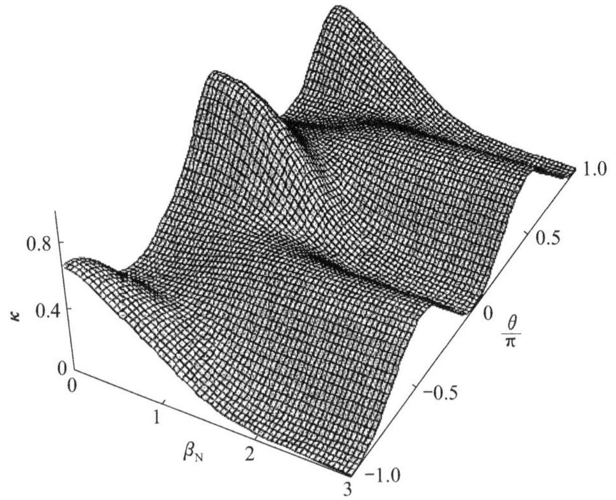

图 4.3.12　涡波与声波相互作用的感受性系数中参数 κ 和入射角及展向波数的关系[29]

4.4　超声速边界层的感受性

已经研究过的有两个方面的问题。

1. 前缘感受性机理

在超声速边界层中，存在多个不稳定特征模态，如 Mack 第一、第二模态，不同的模态之间可能相互转化。而且，有些模态的相速度接近于来流速度或来流中的声波传播速度，可能与来流中的涡波和声波有紧密联系。因此，感受性问题比亚声速边界层复杂得多。

图 4.4.1 显示了不同模态的相速度随雷诺数的变化[30]。为了理解感受性，图中的横坐标雷诺数可代表距前缘的无量纲距离。导致转捩的不稳定模态是 Mack 第一、第二模态，同时也存在被称为“快模态”(fast mode)的衰减模态[31,32]。在靠近前缘，Mack 第一模态的相速度趋近 $1-1/M$，与来流中慢声波的传播速度相等，因此第一模态也被称为“慢模态”(slow mode)，它可被看成从上游的声波连续谱分支发展而来的(在某些参数条件下，二维第一模态并非是增长的，称其为“慢模态”更合适些)。

“快模态”在接近前缘位置处的相速度为 $1+1/M$，与来流中的快声波的传播速度相等。在向下游发展中，其相速度随距离减小，先降到 1，与来流中的涡波、熵波同步(synchronized)；随后继续下降而与“慢模态”的相速度重叠。这个快、慢模

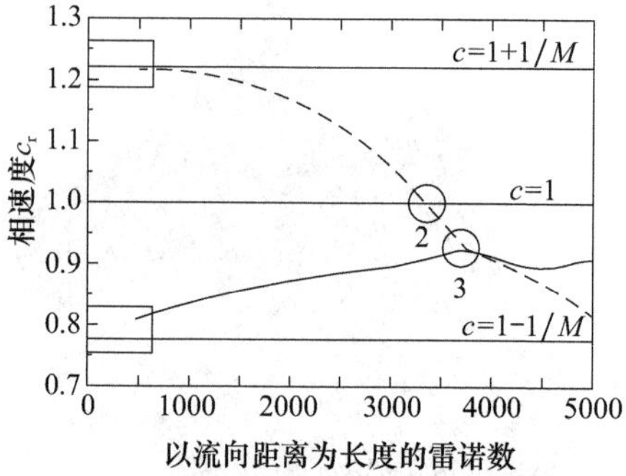

图 4.4.1 超声速边界层中各种模态的相速度随雷诺数的变化[30]

实线:慢模态;虚线:快模态

态的"同步点"(synchonisation point)在感受性中的作用受到很多关注,因此将在本节后文中讨论。

Fedorov 等[30,33]研究了超声速边界层对来流中快、慢声波的感受性,其主要物理过程包括声波的折射、散射和反射以及不稳定波的激发,如图 4.4.2 所示。Fedorov 和 Khokhlov[33]的渐近理论假设小参数$\varepsilon=(\nu\omega^*/U_\infty^2)^{1/4}\ll 1$,其中$\omega^*$是声波的物理频率。声波激发特征模态发生在距前缘距离为$\varepsilon^{-2}U_\infty\omega^*$的区域,因此引入变量$x_2=\varepsilon^{-2}x^*/(U_\infty\omega^*)$。根据入射角$\theta$的大小,可区分两种情形。在入射角$\theta=O(\varepsilon)$时,折射后的声波作用在边界层上,其响应的压力满足非齐次积分方程:

$$p(x_2)-\lambda\int_0^{x_2}\sqrt{\frac{\xi}{x_2-\xi}}p(\xi)\mathrm{d}\xi=\mathrm{e}^{\pm\mathrm{i}q^2x_2}+\sqrt{\pm\frac{\mathrm{i}}{\pi}}q\int_0^{x_2}\frac{\mathrm{e}^{\pm\mathrm{i}q^2\xi}}{\sqrt{x_2-\xi}}\mathrm{d}\xi \tag{4.4.1}$$

式中,"±"号分别对应于慢、快声波情况;常数q依赖于入射角θ(当$\theta=0$时,$q=0$);常数λ是马赫数及声波波数的函数。在$\theta=O(1)$时,入射波作用在前缘上,生成(二次)散射波,其中包含快、慢声波,它们在边界层内所激发的特征模态的压力满足方程:

$$p(x_2)-\lambda\int_0^{x_2}\sqrt{\frac{\xi}{x_2-\xi}}p(\xi)\mathrm{d}\xi=gx_2^{-1/2} \tag{4.4.2}$$

当$x_2\gg 1$时,方程(4.4.1)和(4.4.2)均有如下性质:

$$p\rightarrow C_0x_2^{1/4}\mathrm{e}^{\pi\lambda^2x_2^2/2}+O(x_2^{-1}) \tag{4.4.3}$$

式中,第一项代表渐近特征解,与下游的第一模态快声波模态匹配,因此C_0代表的是感受性系数。值得强调的是,与亚声速情形不同,在慢声波模态,特征模态是增长的,而且相速度与来流中的慢声波传播速度相当,因此第一模态可以看成由慢声波逐渐演化而来。对于快声波,所激发的快模态是衰减的。

图 4.4.3(a)是慢(快)声波分别激发慢(快)模态的感受性系数,在θ较小时,主要是折射效应,在θ较大时,还包括散射波效应。图 4.4.3(b)是慢(快)声波激

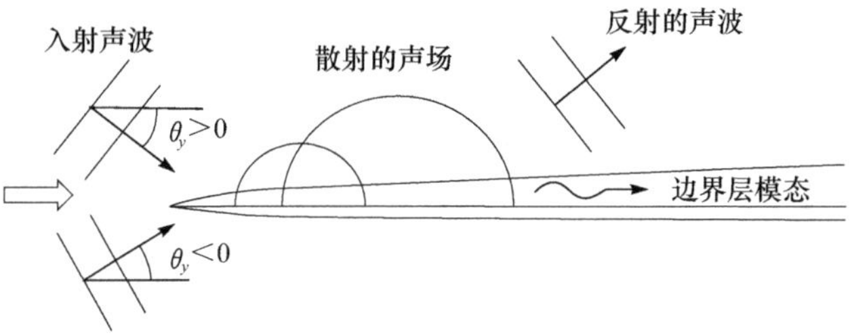

图 4.4.2　来流中慢、快声波激发慢模态的物理过程[30]

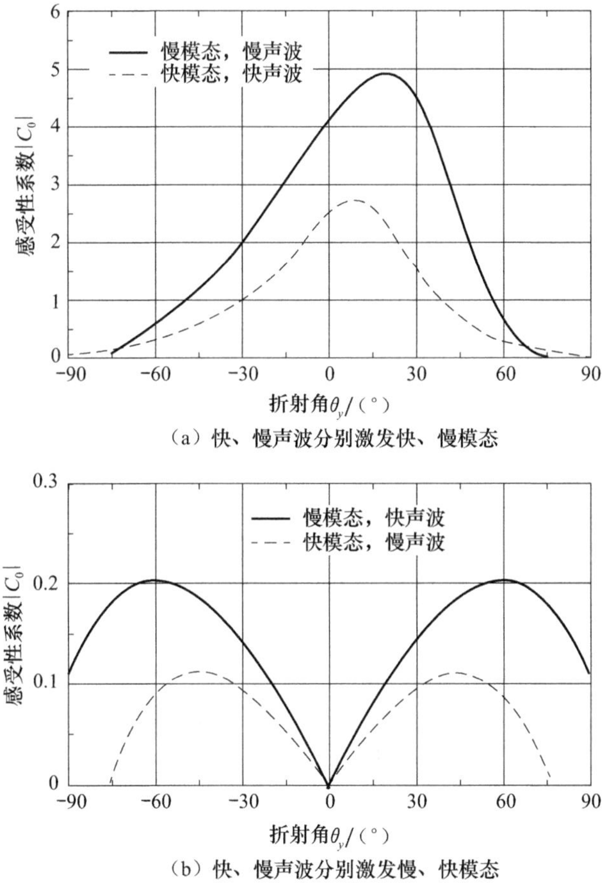

图 4.4.3　快、慢声波的感受性系数与声波入射角的关系[30]

发快(慢)模态的感受性系数。在这种情形下,只有散射效应。因此,在 $\theta=0$ 时感受性系数为 0。

关于超声速边界层的感受性实验研究很少,其有限的数据来自 Maslov 等[34]

的实验。图 4.4.4 给出了慢声波激发第一模态的理论预测和实验结果的比较。可见，在二维和三维性较弱（$\theta_z=\arctan(\beta/\alpha)<15°$）时，理论和实验结果基本相符，但在三维性较强时，差别较大；尤其在强三维情形（$\theta_z>50°$），理论和实验结果甚至出现定性的差别。DNS 也证实了边界层对慢声波的感受性机理[35]。

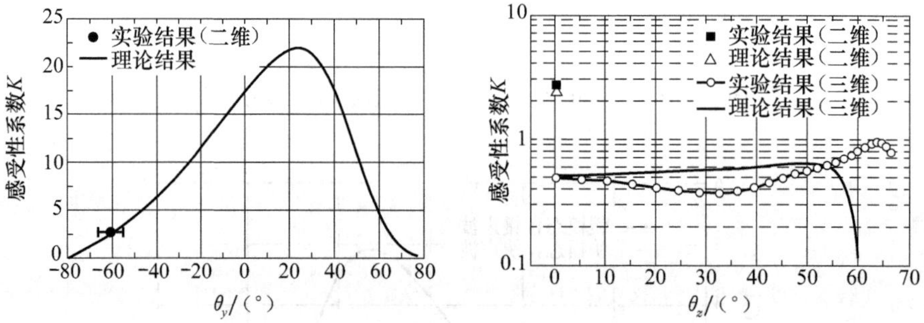

图 4.4.4　理论预测的慢模态感受性系数与实验结果比较[30]

必须指出的是，Fedorov 和 Khokhlov 关于慢声波感受性理论的适用范围有限制，即模态的展向波数 $\beta<\sqrt{M^2-1}\alpha$。在这个范围外（$\beta>\sqrt{M^2-1}\alpha$），第一模态的相速度 $c_r\ll1$[36]，不能由来流中的慢声波直接发展而来。这些具有较强三维性的第一模态的激发机理与亚声速边界层类似，包括涡波与声波相互作用[29]、声波/涡波与壁面粗糙度相互作用[4,24,25]。

2. 模态转化

根据 Fedorov 和 Khokhlov[31] 的理论，来流中的快、慢声波（连续谱）可以分别直接激发快、慢模态（离散谱）。在 $\theta\neq0$ 时，也可以由前缘散射效应间接地激发快、慢模态。其中，慢模态演化成增长的第一模态，但快模态是衰减的。进一步的问题是：在高马赫数下增长更快的 Mack 第二模态是如何被激发的？来流中的快声波在感受性中有无作用？要回答这两个问题，需要考虑不同模态的转化。

在某些条件（马赫数、壁面温度）下，慢（第一）模态连续转化成 Mack 第二模态（或者说，第一、第二模态属于同一族模态），在这种情形下，Mack 第二模态事实上也是由慢声波激发的。但在另一些参数下，慢模态并不连续转化成 Mack 第二模态。无论哪种情形，发展到下游某个位置，慢模态和快模态可能具有相同的相速度，这个位置即为“同步点”。因为表征快速变化的波数实部相同，而波数的虚部 $\alpha_i\ll1$，两个模态由于基本流的弱非平行效应耦合起来，从而导致模态转化。从物理上讲，一个模态在非平行流中传播时，其形状会偏离局部特征函数，由此产生的畸变在另一模态的特征函数上的投影一般不是 0，这样的散射效应将一个模态的部分能量转化到另一模态。Fedorov 和 Khokhlov[33] 用多重尺度法分析了快、慢模

态的耦合和转化。如果快、慢模态的幅值分别是 A_f 和 A_s，则所得到的幅值演化方程可表示为

$$A'_f(x)=c_{11}(x)A_f+c_{12}A_s,\quad A'_s(x)=c_{21}(x)A_f+c_{22}A_s \tag{4.4.4}$$

如果给定同步点上游的幅值，求解此方程组就可以预测同步点下游两个模态的幅值。尤其是，尽管上游只有快模态（$A_s=0, A_f\neq 0$），同步点下游也会出现 Mack 第二模态。基于这一结果，来流中的快声波在感受性中的作用通常被描述为：快声波直接激发快模态，快模态在同步点附近激发 Mack 第二模态[8]。Ma 和 Zhong[32,35] 就高超声速边界层对快声波的感受性进行了 DNS 计算，结果显示，在靠近前缘边界层响应的主要成分确实是快模态，而 Mack 第二模态在下游出现。不仅如此，他们还发现，在来流中扰动仅是涡波或熵波的情形，涡波、熵波与激波作用，也会在激波下游生成快声波。激发 Mack 第二模态的主要是这个快声波，而不是来流中的涡波或熵波。

必须指出的是，上述理论和数值计算工作在若干关键点上还有待进一步推敲。首先，快模态在和涡波、熵波的“同步点”上并非是连续的。根据局部线性稳定性分析，该点上、下游的快模态尽管有相同的相速度，但特征值有一个阶跃，特征函数也不同[37]。从空间演化角度看，下游的快模态能否从上游发展而来，与上游快模态的幅值有何定量关系，这些问题在理论上均没有答案，DNS 也没有特别关注这一微小的阶跃。其次，快、慢模态“同步”是数值意义上的近似概念，并非严格的同步，因为两个模态的增长率不同。增长率在数值上很小，在渐近意义上却是 $O(1)$ 量级。因此，有关模态转化的数学描述[31] 并不是严格的大雷诺数渐近理论。

Mack 第二模态的一个有趣的特征是，如果第二模态不是慢模态的延续，那么其下分支中性模态则与涡波、熵波近似同步。在无黏极限下，下分支中性模态与涡波、熵波真正同步。因此，涡波、熵波可能激发 Mack 第二模态，而且有可能发展合适的大雷诺数渐近理论来描述这一感受性机制。

参考文献

[1] 张永明，周恒. 自由流中涡扰动的边界层感受性的数值研究. 应用数学与力学，2005，26(5)：505-511

[2] Dietz A J. Local boundary-layer receptivity to a convected free-stream disturbance. Journal of Fluid Mechanics，1999，378：291-317

[3] Goldstein M E. The evolution of Tollmien-Sclichting waves near a leading edge. Journal of Fluid Mechanics，1983，127：59-81

[4] Goldstein M E. Scattering of acoustic waves into Tollmien-Schlichting waves by small streamwise variations in surface geometry. Journal of Fluid Mechanics，1985，154：509-529

[5] Ruban A I. On Tollmien-Schlichting wave generation by sound. Izv. Akad. Nauk. SSSR

Mekh. Zhid. Gaza. ,1984,5:44

[6] Goldstein M E,Hultgren L S. Boundary-layer receptivity to long-wave free-stream disturbances. Annual Review of Fluid Mechanics,1989,21:137-166

[7] Saric W S,Reed H L,Kerschen E J. Boundary-layer receptivity to freestream disturbances. Annual Review of Fluid Mechanics,2002,34:291-319

[8] Fedorov A V. Transition and stability of high-speed boundary layers. Annual Review of Fluid Mechanics,2011,43:79-95

[9] Zhong X,Wang X. Direct numerical simulation on the receptivity,instability,and transition of hypersonic boundary layers. Annual Review of Fluid Mechanics,2012,44:527-561

[10] Lam S H,Rott N. Theory of linearized time-dependent boundary layers. Cornell University Report. AFOSR,TN-60-1100,1960

[11] Lin C C. On the stability of two-dimensional parallel flows. Part 3. Stability in a viscous fluid. Quarterly of Applied Mathematics,1946,3:277-301

[12] Smith F T. On the nonparallel flow stability of the Blasius boundary layer. Proceedings of the Royal Society London A,1979,366:91-109

[13] Hammerton P W,Kerschen E J. Boundary-layer receptivity for a parabolic leading edge. Journal of Fluid Mechanics,1996,310:243-267

[14] Haddad O M, Corke T. Boundary layer receptivity to free-stream sound on parabolic bodies. Journal of Fluid Mechanics,1998,368:1-26

[15] Hammerton P W,Kerschen E J. Leading-edge receptivity for bodies with mean aerodynamic loading. Journal of Fluid Mechanics,2005,535:1-32

[16] Haddad O M,Erturk E,Corke T. Acoustic receptivity of the boundary layer over parabolic bodies at angles of attack. Journal of Fluid Mechanics,2005,536:377-400

[17] Wanderley J B V,Corke T. Boundary layer receptivity to free-stream sound on elliptic leading edges of flat plates. Journal of Fluid Mechanics,2001,429:1-21

[18] Saric W S,White E B. Influence of high-amplitude noise on boundary-layer transition to turbulence. AIAA Paper 98-2645,1998

[19] Saric W S,Wei W,Rasmussen B K. Effect of leading-edge on sound receptivity. Laminar-Turbulent Transition,Berlin:Springer-Verlag,1995,4:413-420

[20] Smith F T. Laminar flow over a small hump on flat plate. Journal of Fluid Mechanics, 1973,57:803-824

[21] Bodonyi R J,Welch W J C,Duck P W,et al. A numerical study of the interaction between unsteady free-stream disturbances and localized variations in surface geometry. Journal of Fluid Mechanics,1989,209:285-308

[22] Choudhari M,Street C. A finite Reynolds number approach for the prediction of boundary-layer receptivity in localized regions. Physics of Fluids,1992,4:2495-2514

[23] Duck P W,Ruban A I,Zhikharev C N. The generation of Tollmien-Schlichting waves by free-stream turbulence. Journal of Fluid Mechanics,1996,312:341-371

[24] Wu X. On local boundary-layer receptivity to vortical disturbances in the free stream. Journal of Fluid Mechanics, 2001, 449: 373-393

[25] Wu X. Receptivity of boundary layers with distributed roughness to vortical and acoustic disturbances: A second-order asymptotic theory and comparison with experiments. Journal of Fluid Mechanics, 2001, 431: 91-133

[26] Choudhari M. Boundary-layer receptivity due to distributed surface imperfections of a deterministic or random nature. Theoretical and Computational Fluid Dynamics, 1993, 4(3): 101-117

[27] Crouch J D. Non-localized receptivity of boundary layers. Journal of Fluid Mechanics, 1992, 244: 567-581

[28] Luo J S, Zhou H. On the generation of Tollmien-Schlichting waves in the boundary layer of a flat plate by disturbances in the free stream. Proceedings of the Royal Society London A, 1988, 413: 351-367

[29] Wu X. Generation of Tollmien-Schlichting waves by convecting gusts interacting with sound. Journal of Fluid Mechanics, 1999, 397: 285-316

[30] Fedorov A V. Receptivity of high-speed boundary layer to acoustic disturbances. Journal of Fluid Mechanics, 2003, 491: 101-129

[31] Fedorov A V, Khoklov A P. Excitation of unstable modes in a supersonic boundary layer by acoustic waves. Fluid Dynamics, 1991, 9: 456-467

[32] Ma Y, Zhong X. Receptivity of a supersonic boundary layer over a flat plate. Part 2: Receptivity to freestream sound. Journal of Fluid Mechanics, 2003, 488: 79-121

[33] Fedorov A V, Khoklov A P. Prehistory of instability in a hypersonic boundary layer. Theoretical and Computational Fluid Dynamics, 2001, 14: 359-375

[34] Maslov A A, Shiplyuk A N, Sidorenko A A, et al. Leading-edge receptivity of a hypersonic boundary layer on a flat plate. Journal of Fluid Mechanics, 2001, 426: 73-94

[35] Ma Y, Zhong X. Receptivity of a supersonic boundary layer over a flat plate. Part 3: Effects of different types of free-stream disturbances. Journal of Fluid Mechanics, 2005, 532: 63-109

[36] Smith F T. On the first-mode instability in subsonic, supersonic or hypersonic boundary layers. Journal of Fluid Mechanics, 1989, 198: 127-153

[37] Fedorov F, Tumin A. High-speed boundary layer instability: Old terminology and a new framework. AIAA Journal, 2011, 49(8): 1647-1657

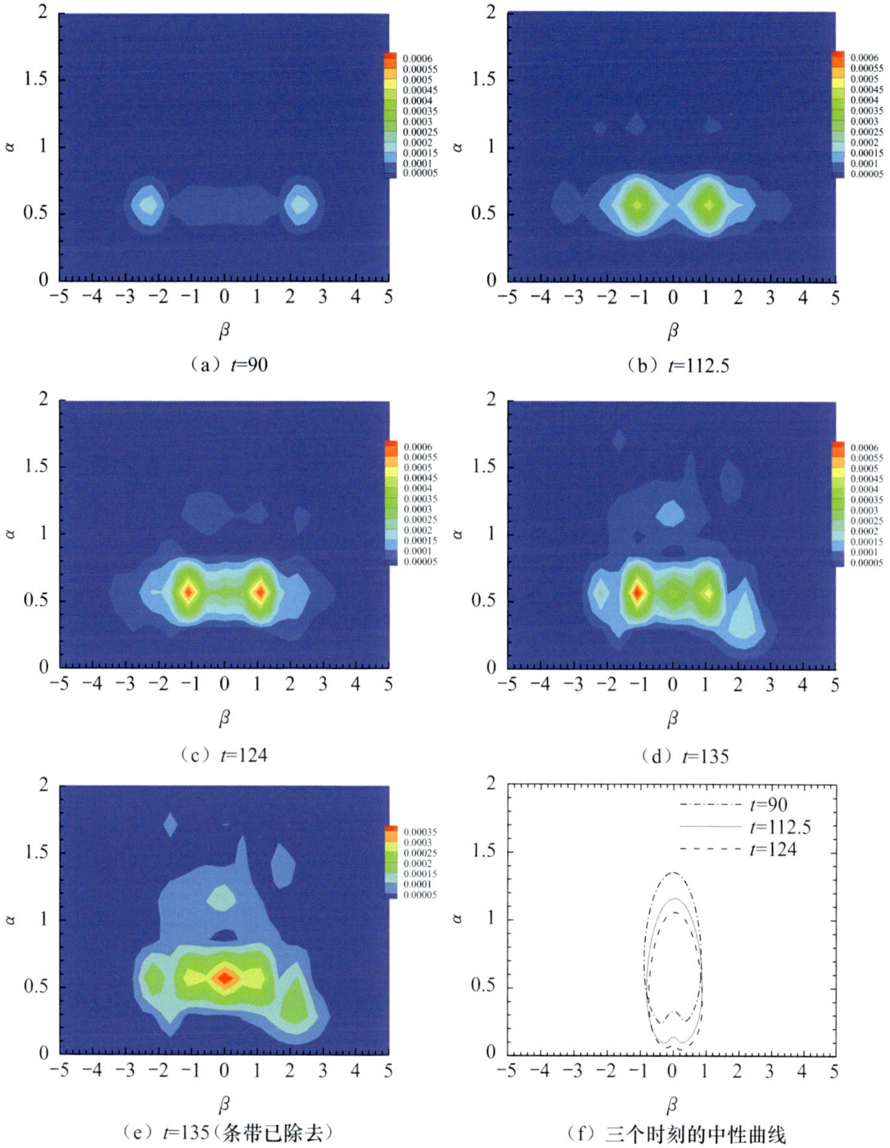

（a）t=90　（b）t=112.5

（c）t=124　（d）t=135

（e）t=135（条带已除去）　（f）三个时刻的中性曲线

图 1.6.10　不同时刻扰动能量的谱分布

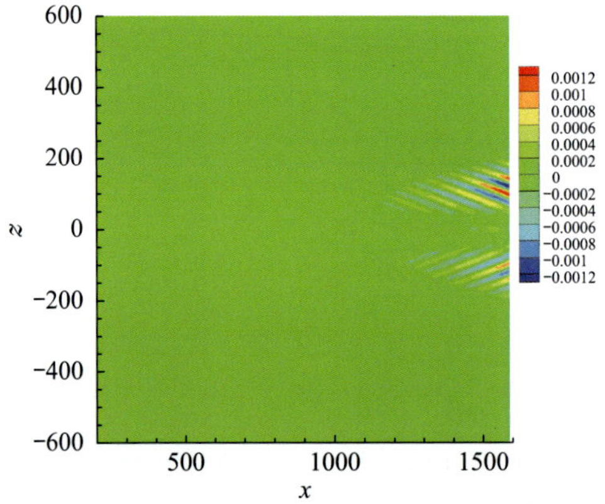

图 2.3.16　流向扰动速度 u' 在 (x,z) 平面内的等值线图

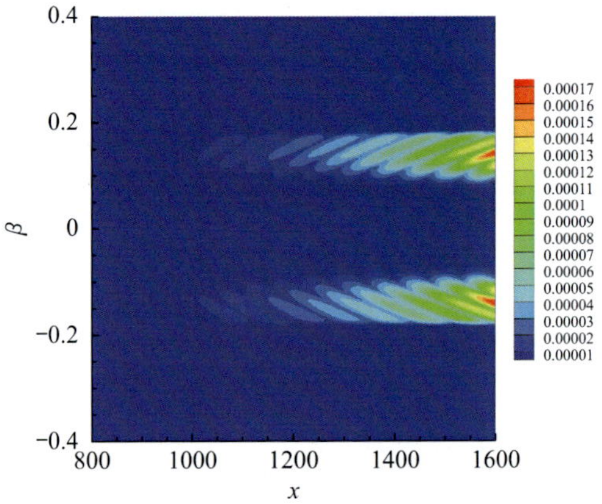

图 2.3.19　流向扰动速度在 (x,β) 平面内的等值线图

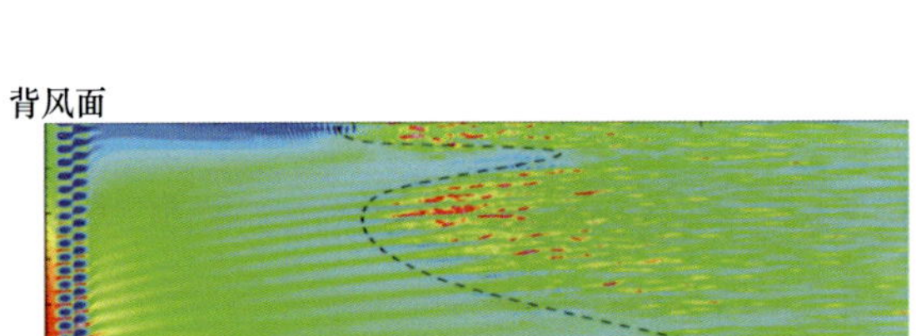

图 2.5.15　中国科学院力学所用 DNS 方法所得的转捩线